工业和信息化人才培养规划教材

Industry And Information Technology Training Planning Materials

U0650933

Technical And Vocational Education

高职高专计算机系列

C 语言程序设计 实例教程

The C Programming Language

管银枝 胡颖辉 ◎ 主编

邓丽萍 夏侯赟 万丽华 ◎ 副主编

人民邮电出版社

北 京

图书在版编目（CIP）数据

C语言程序设计实例教程 / 管银枝，胡颖辉主编. --
北京：人民邮电出版社，2011.8(2018.8重印)
工业和信息化人才培养规划教材. 高职高专计算机系列
ISBN 978-7-115-25817-5

Ⅰ．①C… Ⅱ．①管… ②胡… Ⅲ．①
C语言－程序设计－高等职业教育－教材 Ⅳ．①TP312

中国版本图书馆CIP数据核字(2011)第130540号

内 容 提 要

本书采用项目式写法，是作者长期教学实践的心得与成果。全书由浅入深，逐步介绍了 C 语言的基础知识，程序设计的方法、算法的表示，数组、结构体、共用体、枚举类型等构造类型的数据的相关知识，指针、文件等程序设计的一些实现方法。

本书是一本通俗易懂、使初学者容易入门的 C 语言教材。为方便教学，在每章节的后面均配有适量的习题。

本书适合作为高职高专院校计算机程序设计的教材，也是一本很好的自学教材。

◆ 主　　编　管银枝　胡颖辉
　　副 主 编　邓丽萍　夏侯赟　万丽华
　　责任编辑　王　威

◆ 人民邮电出版社出版发行　　北京市丰台区成寿寺路 11 号
　　邮编　100164　电子邮件　315@ptpress.com.cn
　　网址　http://www.ptpress.com.cn
　　固安县铭成印刷有限公司印刷

◆ 开本：787×1092　1/16
　　印张：19　　　　　　　　　2011 年 8 月第 1 版
　　字数：486 千字　　　　　　2018 年 8 月河北第 8 次印刷

ISBN 978-7-115-25817-5

定价：34.00 元

读者服务热线：(010)81055256　印装质量热线：(010)81055316
反盗版热线：(010)81055315
广告经营许可证：京东工商广登字 20170147 号

前　言

　　C语言作为一门重要的软件开发入门课程，主要应该让学生适应和熟悉计算机语言的思维方式，着重掌握运用计算机语言解决问题的能力。但是传统的C语言教材将重点放在语法上，过分强调语法的系统性和全面性，案例大多选用与数学问题相关，与现实生活联系不紧密，学生难以激起学习积极性。

　　本书将重心放在引导学生编程入门，掌握基本的编程思想和方法，对于冷僻的、对后续学习没有什么帮助的知识尽量精简，理论知识以够用为度；同时尽量选用与实际应用相关的案例，从而激发学生的学习兴趣。

　　本书采用符合职业教育行动导向的项目教学方式，通过项目化、案例化组织全书内容，每章采用"任务提出"→"任务分析"→"任务实施"→"相关知识"的方法，构建把理论知识、实践技能与实际应用环境融为一体的学习情境，从而使学生享受编程的乐趣，激发学生学习兴趣，引导学生逐渐掌握编程入门和用编程解决问题的能力，养成良好的编程习惯。

　　本书由江西信息应用职业技术学院的管银枝、胡颖辉任主编，邓丽萍、夏侯赟、万丽华任副主编。全书共11章，其中第1章、第7章由何薇编写，第2章、第3章由胡颖辉编写，第4章由夏侯赟编写，第5章、第10章由邓丽萍编写，第6章、第8章、第11章由管银枝编写，第9章由万丽华编写。全书由管银枝、胡颖辉、邓丽萍负责统稿校稿。

　　由于作者水平有限，书中难免会出现疏漏之处，恳请读者给予批评指正。

编　者

2011 年 7 月

目　录

第1章

C 语言概述

C 语言是最受欢迎的计算机语言之一，它之所以得到普遍应用，是与它的特点分不开的。本章节学习的目的是让初学者在深入学习 C 语言之前，首先对 C 语言的重要性及学习方法有个初步的了解。通过本章的学习，应了解 C 语言的特点，C 语言程序的基本结构，C 库函数，重点掌握 WIN-TC 集成开发环境下上机操作过程及操作步骤。

1.1 C 语言出现的历史背景

1.1.1 计算机程序设计语言的发展

计算机程序设计语言从诞生至今已经历了 4 代。

（1）机器语言：由一组计算机可识别的 0 和 1 所组成的序列构成。

（2）汇编语言：把上述的一组 0 和 1 的序列用一条指令来代替。

（3）面向过程的高级语言：机器语言和汇编语言都是面向机器的，而不是面向解题的过程。使用高级语言来编程序时，人们不必去熟悉计算机的内部结构和工作原理，而把主要的精力放在算法的描述上面，因此这种语言又称为算法语言。从 1954 年出现 FORTRAN 语言后，至今世界上已出现了上千种高级语言。

（4）非过程化的高级语言：传统的高级语言编程实际上是提出问题"做什么"，然后再去构造"怎么做"的解题过程，而使用非过程化的高级语言进行程序编写时，人们只要提出"做什么"即可，而"怎么做"的过程则由计算机去解决。这种语言更适合非计算机专业的人员学习。

1.1.2 C 语言的发展

C 语言是在 1972 年由 AT&T Bell 实验室的 Dennis Ritchie 和 Ken Thompson 发明的。

它采用了 Algol 和 Pascal 的风格，是一种通用的程序设计语言（General-purpose Programming Language），简洁的语法和高效的执行速度使得它在系统程序设计中大受欢迎。

20 世纪 60 年代末，Ken Thompson 为了开发一种操作系统 UNIX，设计了一种 B 语言作为系统程序设计语言，它是 BCPL 语言的子集。该操作系统和 B 语言是在只有 8KB 内存的 PDP-7 机器上实现的。

1970 年 UNIX 项目获得了 24KB 内存的 PDP-11。这时，不断成长的 UNIX 团体开始感觉到 B 语言的局限性，于是在 B 语言的基础上加入了数据类型、结构定义和其他操作符，这种新的语言就是 C 语言。

虽然 C 语言是一种通用的程序设计语言，它却与系统程序设计紧密地联系在一起。它首先被用于编写 UNIX 操作系统的核心，从此就与 UNIX 的实现相联系起来。

20 世纪 70 年代，因为各大学对 UNIX 情有独钟，因而 C 语言也在大学里流行。20 世纪 80 年代 UNIX 的商业版出现时，C 语言开始在社会中广受欢迎。1982 年一个 ANSI 工作组开始为 C 制定标准，并最终于 1989 年完成[ANSI 1989]，该标准于 1990 年被接受为国际标准（ISO/IEC 9899—1999）。

1.2　C 语言的特点

C 语言发展如此迅速，而且成为最受欢迎的语言之一，主要因为它具有强大的功能。许多著名的系统软件，如 DBASE Ⅲ PLUS、DBASE Ⅳ 都是使用 C 语言编写的。用 C 语言加上一些汇编语言子程序，就更能凸显 C 语言的优势了，像 PC-DOS、WORDSTAR 等就是用这种方法编写的。归纳起来，C 语言具有下列特点。

（1）语言简洁、紧凑，使用方便、灵活。C 语言仅有 32 个关键字，9 种控制语句，压缩了一切不必要的成分。程序书写形式自由，主要使用小写字母。

（2）运算符丰富。C 语言的运算符包含的范围很广，共有 34 种运算符。C 语言把括号、赋值、强制类型转换等都作为运算符处理，从而使 C 语言的运算类型极为丰富、表达式类型多样化。

（3）数据结构丰富，具有现代化语言的各种数据结构。C 语言的数据类型有整型、实型、字符型、数组类型、指针类型、结构体类型、共用体类型等，能用来实现各种复杂的数据结构。

（4）具有结构化的控制语句。用函数作为程序的模块单位，便于实现程序的模块化。C 语言是理想的结构化程序设计语言，符合现代编程风格要求。

（5）语法限制不太严格，程序设计自由度大。数据类型可相互通用（整型和字符型），对下标越界不作检查，由程序员自己保证程序的正确性。

（6）C 语言允许直接访问物理地址，能进行位操作，能实现汇编语言的大部分功能，可以直接对硬件进行操作。C 语言可与机器硬件打交道，直接访问内存地址，具有"高"、"低"级语言之功能。

（7）生成目标代码质量高、程序执行效率高，仅比汇编语言目标代码效率低 10%～20%。

（8）用 C 语言写的程序可移植性好。程序基本不作修改就能用于各种计算机和各种操作系统。

1.3　C 语言程序简介

为了说明 C 语言源程序结构的特点，先看以下几个程序。这几个程序由简到难，表现了 C 语言源程序在组成结构上的特点。虽然有关内容还未介绍，但可从这些例子中了解到组成一个 C 语言源程序的基本部分和书写格式。注意程序的基本格式、标点符号、对齐方式几个方面，通过读程序掌握一个 C 语言程序的基本结构和程序执行过程。

【例 1-1】编程实现第一个程序：在显示器显示欢迎信息。

（1）启动 WinTC 编程开发环境。

方法：在 Windows 中单击"开始"|"程序"|"Win-TC"|"Win-TC"菜单，启动 WinTC 软件。

（2）建立新源程序文件。

方法：选择"文件"|"新建文件"菜单命令。

（3）输入 main()函数，输入程序。

main()是主函数的函数名，表示这是一个主函数。每一个 C 源程序都必须有，且只能有一个主函数（main 函数）。main()函数是程序的入口，可包含多条语句。printf()是一个由系统定义的标准函数，通过 printf()函数可以把要输出的内容送到显示器去显示。

程序如下：

```
main()
{
  printf("c 语言世界 www.vcok.com, 您好! \n");
  getch();
}
```

（4）编译连接并运行源程序。在 WinTC 软件中，首先选择"文件"|"保存"菜单命令保存程序，然后选择"运行"|"编译连接并运行"菜单命令进行程序的编译和连接。程序运行的结果如图 1-1 所示。

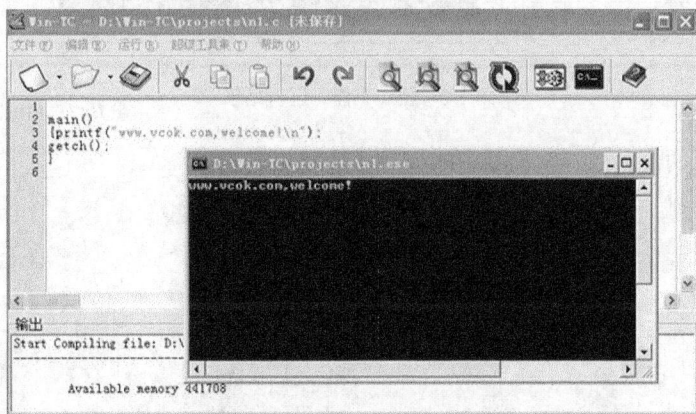

图 1-1　例 1-1 程序运行结果

【例 1-2】include 文件。

include 称为文件包含命令，扩展名为.h 的文件也称为头文件或首部文件。

```
#include  "stdio.h "
#include  "math.h "
main()                          /*主函数*/
{                               /* main 函数开始*/
  float x,s;                    /*定义两个实型变量，以被后面程序使用*/
  printf("input number:\n");    /*显示提示信息*/
  scanf("%f",&x);               /*从键盘获得一个实数 x */
```

```
s=sqrt(x);                      /*求 x 的算术平方根, 并把它赋给变量 s */
printf("%f \n", s);
getch();                        /*显示程序运算结果*/
}                               /* main 函数结束*/
```

（1）程序的功能是从键盘输入一个数 x，求 x 的算术平方根，然后输出结果。

（2）在 main()之前的两行称为预处理命令（详见后面章节）。

（3）例题中的主函数体中分为两部分，一部分为说明部分，另一部分为执行部分。

（4）程序的每行后用/ *和*/括起来的部分是注释语句，该部分本身对程序执行并无意义，程序不会执行注释部分，其用途是说明程序，方便理解程序。

（5）程序的运行结果如图 1-2 所示。

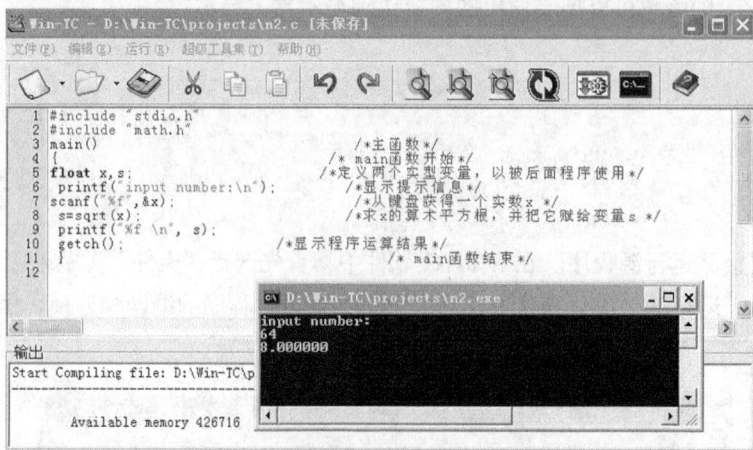

图 1-2　例 1-2 程序运行结果

【例 1-3】输入两个整数，输出其中的大数。

```
int max(int a,int b);           /*函数说明*/
 main()                         /*主函数*/
{
int x,y,z;                      /*变量说明*/
 printf("input two numbers:\n");
 scanf("%d%d",&x,&y);           /*输入 x,y 值*/
 z=max(x,y);                    /*调用 max 函数*/
 printf("maxmum=%d",z);         /*输出*/
 getch();
}
int max(int a,int b)            /*定义 max 函数*/
{
 if(a>b) return a;  else  return b;    /*把结果返回主调函数*/
}
```

本程序由两个函数组成，主函数和 max()函数。一个源文件中可以包含多个函数，但程序的入口是从 main()函数开始执行的。本程序的作用是在屏幕上显示提示串，并请用户输入两个数并回车。其执行结果如图 1-3 所示。

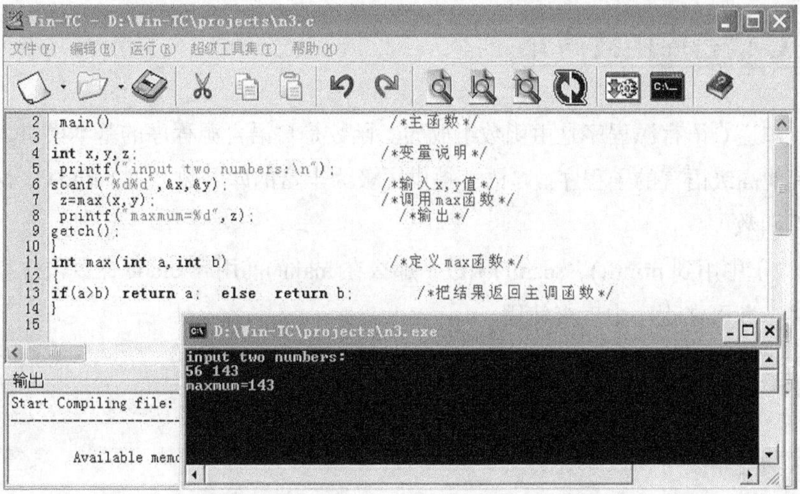

图 1-3 例 1-3 程序运行结果

相关知识

1.3.1 C语言程序的结构特点

C语言程序有以下几个结构特点。

（1）一个C语言程序可以由一个或多个源文件组成。

（2）每个源文件可由一个或多个函数组成，函数是C语言源程序的基本模块。C语言函数分为库函数和用户自定义函数。C语言提供了极为丰富的库函数（详见附录）。

（3）一个C语言程序不论由多少个文件组成，都有一个且只能有一个main()函数，即主函数。

（4）源程序中可以有预处理命令（include 命令仅为其中的一种），预处理命令通常应放在源文件或源程序的最前面。

（5）每一个说明，每一个语句都必须以分号结尾。但预处理命令，函数头和花括号"}"之后不能加分号。

（6）标识符、关键字之间必须至少加一个空格以示间隔。若已有明显的间隔符，也可不加空格来间隔。

1.3.2 书写程序时应遵循的规则

从书写清晰、便于阅读和维护的角度出发，在书写程序时应遵循以下规则，以养成良好的编程风格。

（1）用{}括起来的部分，通常表示了程序的某一层次结构。{}一般与该结构语句的第一个字母对齐，并单独占一行。

（2）低一层次的语句或说明可比高一层次的语句或说明缩进若干格后书写。以便看起来更加清晰，增加程序的可读性。

1.3.3 C 语言库函数简介

从上一节知道 C 语言源程序是由函数组成的。函数是 C 语言源程序的基本模块，C 语言中的函数相当于其他高级语言的子程序。C 语言提供了极为丰富的库函数（如 Turbo C，MS C 都提供了三百多个库函数）。

如【例 1-2】中用到 printf()、scanf()函数，那么在 main()前用#include 命令包含有此两个函数原型的头文件，即可在程序中直接使用。

```
#include "stdio.h "
#include "math.h "
/* include 称为文件包含命令，扩展名为.h 的文件也称为头文件或首部文件*/
```

库函数从功能角度可作以下分类。

（1）字符类型分类函数。

用于对字符按 ASCII 码分类：字母、数字、控制字符、分隔符等。

（2）转换函数。

用于字符或字符串的转换；在字符量和各类数字量（整型，实型等）之间进行转换；在大小写之间进行转换。

（3）目录路径函数。

用于文件目录和路径操作。

（4）诊断函数。

用于内部错误检测。

（5）图形函数。

用于屏幕管理和各种图形功能。

（6）输入输出函数。

用于完成输入输出功能。

（7）接口函数。

用于与 DOS、BIOS 和硬件的接口。

（8）字符串函数。

用于字符串操作和处理。

（9）内存管理函数。

用于内存管理。

（10）数学函数。

用于数学函数计算。

（11）日期和时间函数。

用于日期、时间转换操作。

（12）进程控制函数。

用于进程管理和控制。

（13）其他函数。

用于其他各种功能。

以上各类函数不仅数量多，而且有的还需要硬件知识才会使用，因此要想全部掌握则需要一个较长的学习过程。应首先掌握一些最基本、最常用的函数，再逐步深入。由于篇幅关系，本书只介绍了很少一部分库函数，其余部分读者可根据需要查阅有关手册。

本章小结

1. C语言的特点

C语言是一种结构化语言。它层次清晰，便于按模块化方式组织程序，易于调试和维护。它不仅具有丰富的运算符和数据类型，便于实现各类复杂的数据结构。它还可以直接访问内存的物理地址，进行位（bit）一级的操作。

由于C语言实现了对硬件的编程操作，因此C语言集高级语言和低级语言的功能于一体。既可用于系统软件的开发，也适合于应用软件的开发。此外，C语言还具有效率高，可移植性强等特点。

（1）语言简洁、紧凑，使用方便、灵活。

（2）运算符丰富。

（3）数据结构丰富。

（4）具有结构化的控制语句。

2. C语言源程序的结构特点

（1）一个C语言程序可以由一个或多个源程序文件组成。

（2）每个源文件可由一个或多个函数组成。

（3）一个C程序文件不论由多少个文件组成，都有一个且只能有一个main()函数，即主函数。

（4）源程序中可以有预处理命令，预处理命令通常应放在源文件或源程序的最前面。

（5）每一个说明，每一个语句都必须以分号结尾。

（6）C语言的注释符是以"/*"开头并以"*/"结尾。

3. C语言的字符集

（1）字母：小写字母 a～z 共 26 个，大写字母 A～Z 共 26 个。

（2）数字：0～9 共 10 个。

（3）空白符。

（4）标点和特殊字符。

4．C 语言词汇

在 C 语言中使用的词汇分为 6 类：标识符，关键字，运算符，分隔符，常量，注释符等。

5．C 语言库函数简介

习 题 1

一、选择题

1．一个 C 语言程序的执行是_____。

　　A．本程序的 main()函数开始，到 main()函数结束

　　B．本程序文件的第一个函数开始，到本程序文件的最后一个函数结束

　　C．本程序的 main()函数开始，到本程序文件的最后一个函数结束

　　D．本程序文件的第一个函数开始，到本程序 main()函数结束

2．以下叙述正确的是_____。

　　A．在 C 语言程序中，main()函数必须位于程序的最前面

　　B．程序的每行中只能写一条语句

　　C．C 语言本身没有输入输出语句

　　D．在对一个 C 语言程序进行编译的过程中，可发现注释中的拼写错误

3．以下叙述不正确的是_____。

　　A．一个 C 语言源程序可由一个或多个函数组成

　　B．一个 C 语言源程序必须包含一个 main()函数

　　C．C 语言程序的基本组成单位是函数

　　D．在 C 语言程序中，注释说明只能位于一条语句的后面

4．C 语言规定：在一个源程序中，main()的位置_____。

　　A．必须在最开始　　　　　　　　　　　B．必须在系统调用的库函数后面

　　C．可以任意　　　　　　　　　　　　　D．必须在最后

5．一个 C 语言程序是由_____。

　　A．一个主程序和若干子程序组成　　　　B．函数组成

　　C．若干过程组成　　　　　　　　　　　D．若干子程序组成

二、填空题

1．C 源程序的基本单位是_____。

2．一个 C 源程序中至少包括一个_____。

3．在一个 C 源程序中，注释部分两侧的分界符分别为_____和_____。

4．在 C 语言中，格式输入操作是由库函数_____完成的，格式输出操作是由库函数_____完成的。

第2章

数据的定义和运算

计算机程序从本质上来说就是对数据的定义、存储和运算处理，在进行 C 语言程序设计前，必须掌握数据的定义和运算，本章主要介绍 C 语言的常量与变量、数据类型、运算符和表达式、数据类型转换和标识符，这些都是 C 语言程序设计的基础。

2.1 常量与变量

在程序中，不同类型的数据既可以以常量的形式出现，也可以以变量的形式出现。在程序执行期间，常量的值是不发生变化的；而变量的值是可变的，它代表内存中指定的存储单元，就像现实世界中我们装东西用的盒子。

任务提出

已知一个圆的半径，编程求这个圆的周长和面积。

任务分析

根据数学知识，圆的周长和面积都可以利用公式来求，如果我们用 r 代表圆的半径，用 l 代表圆的周长，用 s 代表圆的面积，用 PI 代表圆周率。这里圆周率 PI 是固定不变的，而半径是可变的，则圆的周长与面积也是可变的，这些元素如何在 C 语言里进行定义？这就是这一节要重点讲述的内容。

任务实施

程序清单如下：

```
#define PI 3.1415926        /*PI 为符号常量*/
```

```
main()
{ float  r,circle,area;                    /*r,circle,area 为单精度型的变量*/
  r=2.3;                                   /*对 r 赋值*/
  circle=2*PI*r;                           /*求圆的周长*/
  area=PI*r*r;                             /*求圆的面积*/
  printf("%f,%f\n", circle,area);          /*输出圆的周长和面积*/
  getch();
}
```

相关知识

2.1.1　常量

在程序执行过程中，其值不发生改变的量称为常量。

1. 直接常量

直接常量分为算术型运算常量和字符型常量两种。

（1）算术型运算常量，也叫整型常量或实型常量，如 123，0，20，3.1415926，0.00001 等。

（2）字符型常量是用双引号或单引号括起来的一串字符。如'A'，"123"，"HK"，"a+b="等。

2. 符号常量

程序中使用符号常量可提高程序的易读性、可修改性，便于调试程序，减少出错机会。例如，若程序中多次出现 3.1415926 这个直接常量，每次写起来比较麻烦，则我们用一名字（PI）代替它，这个名字 PI 就是符号常量。

符号常量在使用之前必须先定义，其一般形式如下：

```
#define 标识符 常量
```

其中，#define 是一条预处理命令（关于预处理命令在本书的第 7 章节中详细介绍），这样定义以后，在程序中所有出现该标识符的地方皆代之以该常量值。

关于符号常量的几点说明。

（1）符号常量不同于变量，它的值在其作用域内不能改变，也不能再被赋值，如在前面的任务实施程序中使用如下语句是错误的：

```
PI=3.14;
```

（2）习惯上，符号常量名用大写，变量名用小写。

（3）使用符号常量的好处是：含义清楚，且能做到"一改全改"。例如，在前面的任务实施程序中可以用"#define PI 3.14"替代原有的"#define PI 3.1415926"，以达到修改圆周率的目的。

2.1.2　变量

变量是指其值可以改变的量。一个变量应该有一个名字，在内存中占据一定的存储单元。变量名就是这个量的代号。如每个人都有名字一样，而变量值是这个量的取值。

变量在使用之前必须先定义,一般放在函数体的开头部分(注意:若有清屏函数 clrscr(),则必须放在清屏函数前面)。

1. 变量定义的一般形式

存储类型符(可以省略)　　数据类型符　变量名列表;

（1）存储类型符用来说明变量的存储类型,存储类型可以是自动类型(auto)、寄存器类型(register)、静态类型(static)、外部类型(extern),默认为自动类型(auto),如果对存储类型未作任何说明,则按默认的自动类型处理。关于存储类型在本书的第 7 章中会详细介绍。

（2）数据类型符用来说明变量的数据类型,数据类型可以是 C 语言中任意一种基本数据类型或构造数据类型。

（3）变量名列表中多个变量之间用逗号隔开,数据类型符与变量名之间必须用空格隔开。

（4）最后一个变量名之后必须以 ";" 结尾。

如:

```
char c1,c2,c3;              /* c1,c2,c3 为字符型变量*/
int a,b,max,min,sum;        /*a,b,max,min,sum 为整型变量*/
unsigned x,y;               /*x,y 为无符号整型变量*/
float average,score,temp;   /* average、score、temp 为实型变量*/
```

2. 变量的赋值

定义变量后,在使用之前需要给定一个初始值。在 C 语言中,可以通过赋值运算符 "=" 给变量赋值。变量赋值语句的一般格式是:

变量名=表达式;

变量的赋值,一般有以下两种情况:

（1）先定义变量,后赋值。如:

```
int r;
r=1;
```

（2）变量的初始化。

在定义变量的同时为其赋值,称为变量的初始化。定义的变量可以全部初始化,也可以部分初始化。对于上面的语句我们也可以这样写:

```
int r=1;
```

即定义了整型变量 r 的同时,对其赋初值为 1。

在给变量赋值时,应注意以下几个问题:

（1）变量在某一时刻只有一个确定的值,变量获得新值后,其原值将不再存在(喜新厌旧)。如:

```
int r;
r=1;
r=2;
```

该程序执行后,变量 r 的值是 2,而不是 1。

（2）定义多个同类型变量时,如果给所有变量赋同一个值,只能逐个处理。如有 3 个整型变量 x、y、z，且初值均为 10，可以写成下面的形式：

```
int  x=10,y=10,z=10;
```

（3）如果变量的类型与所赋数据的类型不一致，所赋数据将被转换成与变量相同的类型。例如，下面的定义是合法的：

```
int  x=10.5;
long  y=99;
```

该程序执行后，变量 x 的值是整数 10（只将整数部分赋给变量 x），变量 y 的值是长整数 99。

2.2　数据类型

计算机有各种各样的程序，每个程序需要处理的信息类型也各不相同，包括文字、数字、图形、声音、动画等，这些信息在程序中可以通过不同的数据类型进行定义，因此使用各种数据类型实现常量、变量数据的定义是程序设计的基本能力。

相关知识

2.2.1　基本数据类型

C 语言的数据结构是以数据类型形式出现的，所谓数据类型是按定义变量的性质、表示形式、占据存储空间的多少、构造特点来划分的。在 C 语言中，数据类型可分为基本数据类型、构造数据类型、指针类型、空类型 4 大类，如图 2-1 所示。

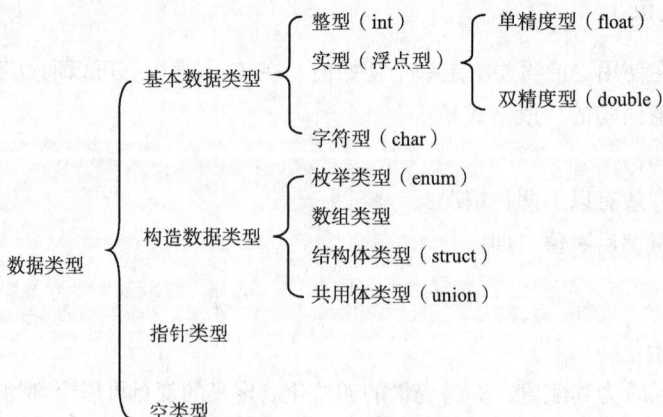

图 2-1　C 语言中的数据类型

C 语言的基本类型修饰符有 4 种：sign（有符号）、unsign（无符号）、long（长整型）和 short（短整型），这些类型修饰符可以与字符型或整型数据配合使用。C 语言的基本数据类型和取值范围如表 2-1 所示。

表 2-1　　　　　　　　　　　　C 语言基本数据类型描述

类　型	说　明	内存单元个数	取值范围	
char	字符型	1（8 位）	−128 ~ 127	即−2^7 ~（2^7−1）
unsigned char	无符号字符型	1（8 位）	0 ~ 255	即 0 ~（2^8−1）

类　型	说　明	内存单元个数	取值范围	
signed char	有符号字符型	1（8 位）	$-128 \sim 127$	即$-2^7 \sim （2^7-1）$
int	整型	2（16 位）	$-32768 \sim 32767$	即$-2^{15} \sim （2^{15}-1）$
unsigned int	无符号整型	2（16 位）	$0 \sim 65535$	即 $0 \sim （2^{16}-1）$
signed int	有符号整型	2（16 位）	$-32768 \sim 32767$	即$-2^{15} \sim （2^{15}-1）$
short int	短整型	2（16 位）	$-32768 \sim 32767$	即$-2^{15} \sim （2^{15}-1）$
unsigned short int	无符号短整型	2（16 位）	$0 \sim 65535$	即 $0 \sim （2^{16}-1）$
signed short int	有符号短整型	2（16 位）	$-32768 \sim 32767$	即$-2^{15} \sim （2^{15}-1）$
long int	长整型	4（32 位）	$-2147483648 \sim 2147483647$ 即$-2^{31} \sim （2^{31}-1）$	
unsigned long int	无符号长整型	4（32 位）	$0 \sim 4294967295$ 即 $0 \sim （2^{32}-1）$	
signed long int	有符号长整型	4（32 位）	$-2147483648 \sim 2147483647$ 即$-2^{31} \sim （2^{31}-1）$	
float	单精度实型	4（32 位）	$-3.4E+38 \sim 3.4E+38$	
double	双精度实型	8（64 位）	$-1.7E+308 \sim 1.7E+308$	

从表 2-1 可以看出，int 和 short int 是等价的，unsigned int 和 unsigned short int 等价。应注意的是，不同操作系统环境下规定可能不同。在前面任务完成程序中的 price、totalm 是实型变量，num 是整型变量。

2.2.2　整型数据

1．整型常量

整型常量就是数学中提到的整数。在 C 语言中，整型常量有十进制、八进制、十六进制 3 种表示方式，如表 2-2 所示。

表 2-2　　　　　　　　　　　　C 语言中整数的表示形式

进　制	数　码	前　缀	示　例
十进制	0 ~ 9	无	+156、−123、65535、0
八进制	0 ~ 7	0（注：不是字母 O）	015（十进制为 13）、0123（十进制为 83）
十六进制	0 ~ 9，A ~ F（a ~ f）	0x 或 0X	0X2A（十进制为 42）、0XA0（十进制为 160）

应注意的是，在程序中出现的八进制或十六进制一定要以前缀开头，但当程序以八或十六进制输出结果时前缀将消失。

2．整型变量

用来存储整型数（变量值是整型数）的变量为整型变量。

（1）整型变量的分类。

整型变量可分为以下 4 种类型。

① 基本型，以 int 表示（其所占字节数及表示范围见前面表 2-1）。

② 短整型，以 short 表示。

③ 长整型，以 long 表示。

④ 无符号整型，以 unsigned 表示。unsigned 可以加在 int、short 和 long 的前面表示有符号整型数，省略表示为有符号整型数。如：

```
int x,y;                /*指定变量 x, y 为整型变量*/
long a,b,c;             /*指定变量 a, b, c 为长整型变量*/
unsigned age,height;    /*指定变量 age, height 为无符号整型变量*/
```

（2）整型数据在内存中的存放形式。

任何数据在计算机内部都以二进制形式存放。一般情况下，8 位二进制数组合在一起称为一个字节（Byte），字节是最基本的存储单元，大量的字节按序组合在一起构成内存的存储空间。变量其本质就是对应内存中一定的内存单元，不同类型的变量占用的内存单元数量、含义各不相同。如定义了一个整型变量 i，并通过赋值语句存放数据，其数据将占用 2 个字节的内存：

```
int i = 9;      /*定义 i 为一个整型变量的同时赋值为 9*/
```

0	000 0000	0000 1001

数值在计算机中是以补码表示的（有符号数的第一位为符号位）：

正数的补码和原码（即该数的二进制代码）相同。

负数的补码是将该数的绝对值的原码取反加 1，也可以是将该原码除符号位外按位取反后加 1。例如，求–9 的补码，方法如下。

–9 的绝对值 9 的原码：

0	000 0000	0000 1001

取反：

1	111 1111	1111 0110

再加 1 得–9 的补码：

1	111 1111	1111 0111

（3）整型数据的溢出。

在给整型变量赋值时，要注意其取值范围，如果将一个大于 32767 或小于–32768 的数据赋值一个 int 型变量就会产生溢出。

【例 2-1】写出下列程序的运行结果。

程序清单如下：

```
    main()
{ int x,y;
  x=32767;
  y=x+1;                  /*x+1 后超出了整型数据范围，造成数据溢出*/
  printf("%d,%d\n",x,y);
  getch();
}
```

运行结果：

```
32767, -32768
```

分析：32767 的原码和补码分别为 0 111 1111 和 1111 1111，补码加 1 后，按位进位最终最高位为 1，其余各位均为 0（是-32768 的补码）；在计算机中最高位作为符号位来处理（0 代表正数，1 代表负数），所以恢复为原码后变为-32768。若以%d 输出 32769，则结果是-32767。

2.2.3 实型数据

1. 实型常量

实型也叫浮点型，在 C 语言中，实型常量有两种表示形式：

（1）十进制小数形式。

小数形式是由数码 0～9 和小数点组成（注意：必须有小数点）。例如：6.789，.789，6.，0.0 都是十进制小数形式的合法表示。

（2）指数形式。

指数形式又称科学计数法。由十进制小数加上阶码标志"e"或"E"以及阶码（只能为整数，可以带符号）组成。其一般形式为：

```
a E n
```

其中 a 为十进制数，n 为十进制整数，其值为 $a*10^n$。应当注意，E 的前后必须有数字，且其后的数字必须是整数，如 E2，e，3.2e+2.1 都是不合法的。

2. 实型变量

用来存储实数（变量值是实数）的变量称为实型变量。

（1）实型变量的分类。

实型变量分为以下 3 种类型。

① 单精度型，以 float 表示。

② 双精度型，以 double 表示。

③ 长双精度型，以 long double 表示。

（2）实型数据在内存中的存储形式。

实型数据以指数形式存放，分为数符、小数部分、指数部分。具体存放如下。

数符	小数部分	指数部分

应当注意以下几点。

① 数符占一位，用来表示数据的符号。

② 小数部分占的位（bit）数越多，数的有效数字越多，精度越高。

③ 指数部分占的位数越多，则能表示的数值范围越大。

（3）实型数据的误差。

由于实型变量的存储单元有限，单精度实型的有效位数是 7 位，双精度实型的有效位是 16 位，Turbo C 中规定小数点后最多保留 6 位，因此，在进行赋值和计算时会产生误差。

【例 2-2】 写出下列程序的运行结果。

```
main()
{ float x=123456789;
            /*数值位数超过了单精度的有效位 7 位，从第 8 位开始数据不准确*/
  float y=33333.33333;
  /*单精度有效位 7 位，而整数部分就占了 5 位，所以小数 2 位之后的为无效数字*/
  double z=11111.777777777;
  /*z 为双精度型数据，有效位为 16 位，但 C 规定小数后保留 6 位小数，其余部分四舍五入*/
  printf("x=%f\ny=%f\nz=%lf",x,y,z);
  getch();
}
```

运行结果：

```
x=123456792.000000
y=33333.332031
z=11111.777778
```

2.2.4 字符型数据

1. C 语言的字符集

字符是组成语言的最基本的元素。C 语言字符集由字母，数字，空格，标点和特殊字符组成。在字符常量，字符串常量和注释中还可以使用汉字或其他可表示的图形符号。

（1）字母：小写字母 a ~ z 共 26 个，大写字母 A ~ Z 共 26 个。

（2）数字：0 ~ 9 共 10 个。

（3）空白符：空格符、制表符、换行符等统称为空白符。空白符只在字符常量和字符串常量中起作用。在其他地方出现时，只起间隔作用，编译程序对它们忽略。因此在程序中使用空白符与否，对程序的编译不发生影响，但在程序中适当的地方使用空白符将增加程序的清晰性和可读性。

（4）标点和特殊字符。

2. 字符常量

字符常量是用单引号括起来的一个字符。如：'a', 'A', '=', '?', '1', ', '等都是合法的字符常量。

在 C 语言中每一个字符型常量均有其特定的值，即一个字符一个编码，通常使用 ASCII 码表示，且在内存中也是以 ASCII 码值存放占一个字节。如字符'A'的值为 65，'B'的值为 66，'a'的值为 97，'0'的值为 48。因此字符常量还可以作为整型量进行运算。

如：'a'+1 的值为 98，或'a'+1 的值为'b'。

字符常量有以下特点。

（1）字符常量只能用单引号括起来，不能用双引号或其他符号。

（2）字符常量只能是单个字符，不能是字符串。

（3）字符可以是字符集中任意字符。

3. 转义字符

C 语言中有一种特殊的以反斜杠"\"开头的字符序列——转义字符，它表示某个特定的 ASCII

码字符。在程序中，转义字符表示的是一个字符（如'\101'中只包含一个字符），要放在一对单引号内。C 语言中常用的转义字符及其含义如表 2-3 所示。

表 2-3　　　　　　　　　　　　　　常用的转义字符及其含义

字符形式	转义字符的含义	ASCII 代码
\n	回车换行符，光标移到下一行行首	10
\t	横向跳到下一制表位（8 位为一格，光标跳到下一格起始位置，如第 9 或 17 位等）	9
\b	退一格，光标往左移动一格	8
\r	回车不换行，光标移到本行行首	13
\f	走纸换页	12
\\	用于输出反斜杠字符"\"	92
\'	用于输出单引号字符'	39
\"	用于输出双引号字符"	34
\a	系统响铃	7
\ddd	三位八进制数 ddd 对应的 ASCII 码字符（如，'\101'表示字母 A）	
\xhh	两位十六进制数 hh 对应的 ASCII 码字符（如，'\x41'表示字母 A）	
\0	字符串的结束标志	

【例 2-3】写出下列程序的运行结果。

```
#include <stdio.h>
main()
{
    printf("\n\t\t\b\103");
    printf("\n\t");
    printf("\\*HELLO,WORLD*\\");
    printf("\n\t\t\b\x43");
    getch();
}
```

运行结果：

```
        C
\*HELLO,WORLD*\
        C
```

4. 字符变量

字符变量用来存放字符型数据，要注意一个字符变量只能放一个字符，不能存放多个字符，若是字符串必须用后面要讲的数组来存放。

（1）字符数据在内存中的存储形式。

前面介绍过字符在内存中以其 ASCII 码存放且占一个字节，如字符'a'的 ASCII 码为 97，字符'b'的 ASCII 码为 98，如果将其分别放在字符变量 c1 和 c2 中，十进制存储形式如下：

c1 ⟶ ☐ 97 ☐　　　　　c2 ⟶ ☐ 98 ☐

其二进制存储形式如下：

$c1 \longrightarrow \boxed{0110\ 0001}$　　　$c2 \longrightarrow \boxed{0110\ 0010}$

（2）字符变量的应用举例。

【例2-4】写出下列程序的运行结果。

程序清单如下：

```
main()
{
    char c1,c2;
    c1='A';
    c2='b';
    c1=c1+32;
    c2=c2-32;
    printf("c1=%c,c2=%c",c1,c2);
    getch();
}
```

5. 字符串常量

（1）字符串常量的定义。

字符串常量是一对双引号括起来的字符序列。如"how do you do. "，"CHINA"，"a"，"123.45"，"C program"都是字符串常量。可以输出一个字符串，如：

```
printf("how do you do!");
```

应当注意，C语言中没有字符串变量，字符串存放在字符数组中，如，char c[10]={ "China"}，详细情况参见后面章节。

（2）字符串常量在内存中的存储形式。

字符串常量在内存中存储时一个字符占用一个字节，并且在字符串的末尾有一个结束符（'\0'）。如字符串"China"在内存中的存储情况如下所示：

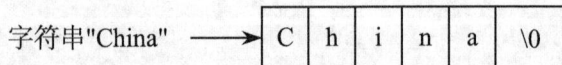

字符串"China" $\longrightarrow$ | C | h | i | n | a | \0 |

（3）字符常量与字符串常量的区别。

① 字符常量由单引号括起来，字符串常量由双引号括起来。

② 字符常量只能是单个字符，字符串常量则可以含一个或多个字符。

③ 可以把一个字符常量赋予一个字符变量，但不能把一个字符串常量赋予一个字符变量。在C语言中没有相应的字符串变量。例如：

```
char c;
c='a';（对）
c="a";（错）
c="CHINA" ;（错）
```

④ 字符常量占一个字节的内存空间。字符串常量占的内存字节数等于字符串中字节数加1。增加的一个字节中存放字符'\0'（ASCII码为0），这是字符串结束的标志。

6. 字符串存放形式

前面我们强调过一个字符变量只能放一个字符，不能存放多个字符（字符串），这可以通过字符数组存放，字符数组的定义方法为：

```
char 变量名[字符串长度];
```

【例 2-5】请输入某班上参加 C 语言兴趣小组的名单，再输出。

程序清单如下：

```
main()
{
    int i;
    /*假设名单为：张三，李四,王二,朱赣杰,谢迅 */
    char name[100];
    printf("请输入班上参加了C语言兴趣小组的名单:\n");
    gets(name);   /*字符串的输入函数*/
    printf("该班上参加了C语言兴趣小组的名单：\n");
    printf("%s\n",name);
    getch();
}
```

2.3　运算符及表达式

完成程序中不同类型的数据定义之后，可以通过运算符连接组成的表达式，实现对数据的运算和处理。

任务提出

张三在 2009—2010 年第一学期的期末考试中，C 语言程序设计考了 94 分，英语 88 分，数学 92 分，计算机基础 90 分，编程求张三这个学期所有课程成绩的平均分。

任务分析

用变量 c、 english、 math、computer 分别代表 C 语言程序设计、英语、数学、计算机基础的成绩，average 代表所求出的平均分，可以定义表达式：四门课的总分之和除以 4 而得到。

任务实施

程序清单如下：

```
main()
{
    float c=94,english=88,math=92,computer=90,average;
    average=(c+english+math+computer)/4;
    printf("这学期张三同学的平均分为：%f",average);
    getch();
}
```

相关知识

C 语言运算符非常丰富，把除了控制语句和输入输出以外的几乎所有的基本操作都作为运算符处理，例如将赋值符"="作为赋值运算符，方括号作为下标运算符等。由运算符和操作数组成的符号序列称为表达式，C的运算符有以下几类。

（1）算术运算符：+ –*/%

（2）关系运算符：> < == >= <= !=

（3）逻辑运算符：! && ||

（4）位运算符：<< >> ~ |∧&

（5）赋值运算符：=及其扩展赋值运算符

（6）条件运算符：?:

（7）逗号运算符： ,

（8）指针运算符：*和&

（9）求字节数运算符：sizeof

（10）强制类型转换运算符：（类型）

（11）分量运算符： . –>

（12）下标运算符：[ ]

（13）其他：如函数调用运算符()

本节只介绍算术运算符、赋值运算符、逗号运算符等几种常用的运算符，在以后各章中结合有关内容将陆续介绍其他运算符。

2.3.1　算术运算符和算术表达式

1. 基本的算术运算符

基本的算术运算符有五个：+、–、*、/、%，其特性见表2-4所示。

表2-4　　　　　　　　　　　　　　基本运算符列表

运 算 符	名 称	运算类型	示 例	功 能	优 先 级
+	正号运算符	单目运算符	+5	取正数5	高
–	负号运算符	单目运算符	–5	取负数5	
*	乘法运算符	双目运算符	a*b	求a与b之积	
/	除法运算符	双目运算符	a/b	求a与b之商	
%	求余运算符	双目运算符	a%b	求a除以b的余数	↓
+	加法运算符	双目运算符	a+b	求a与b之和	
–	减法运算符	双目运算符	a–b	求a与b之差	低

注意

（1）求余运算符"%"，又称取模运算符，要求"%"的两侧必须为整型数，它的作用是取两个整型数相除的余数，余数的符号与被除数的符号相同。如–7%3=–1，7%（–3）=1，（–7）%（–3）=–1。

（2）对于除法运算符"/"，当两个操作数都是整数时，运算的结果是整数（舍去取整），即表示"整除"。如果参加运算的两个数中有一个是实数，则结果是实数（double）。如 9/5=1，9.0/5=1.800000。

（3）运算符的优先级：在表达式求值时，先按运算符的优先级别高低次序执行（算术运算符的优先级见上表 2-4）。

（4）运算符的结合性。

当一个运算对象两侧的运算符优先级相同时，若按从左到右的顺序进行运算，则称为左结合性；反之，称为右结合性。二基本算术运算符中的+、−、*、/、%均为左结合性，如 10/5*2 运算时按从左到右的顺序运算。

2. 特别的算术运算符——自增与自减运算符

作用是使变量的值增 1 或减 1，例如：

++i：在使用 i 之前，先使 i 的值加 1。

—i：在使用 i 之前，先使 i 的值减 1。

i++：在使用 i 之后，使 i 的值加 1。

i—：在使用 i 之后，使 i 的值减 1。

++i 和 i++不同之处在于++i 是先执行 i=i+1 后，再使用 i 的值（这时 i 的值是有变化的）；而i++是先使用 i 的值（是原值）后，再执行 i=i+1。

例如：已知 i=5，则

j=++i；（表示 i 的值先变成 6，再赋给 j，j 的值为 6）

j=i++；（表示先将 i 的值 5 赋给 j，j 的值为 5，然后 i 变为 6）

> （1）自增运算符（++）和自减运算符（—），只能用于变量，而不能用于常量或表达式，如 8++或（a+b）++都是不合法的。
>
> （2）++和—的结合方向是"自右至左"。如果有-i++，i 的左面是负号运算符，右面是自加运算符。而负号运算符和"++"运算符同一个优先级。即它相当于−（i++），若 i=6，则以下的输出结果是−6，6：
>
>   printf（"%d,%d"，−i++,i);　/*这里除了要注意−i++表达式的优先级外，还要注意在 printf 函数输出项中含有自增或自减，是自右向左输出列表项的值*/

【例 2-6】写出下列程序的运行结果。

```
main()
{
    int i=6,j=6,x,y;
    x=(++i)+(++i)+(++i);
    y=j+++j+++j++;
    printf("x=%d,y=%d",x,y);
    getch();
}
```

运行结果：

```
x=27,y=18
```

分析：建议所有的含有自增自减的表达式，最好将其作为一个整体放入一个新的变量中，如x=(++i)+(++i)+(++i)，假设（++i）放在变量 n 中，第一个 n 的值为 7，第二个 n 的值为 8，第三个n 的值为 9，整个表达式变为 x=n+n+n(即为 9+9+9)=27。表达式 y=j+++j+++j++，这个式子相当于y=(j++)+(j++)+(j++)=n+n+n=6+6+6=18。

2.3.2 赋值运算符和赋值表达式

"="是 C 语言的赋值运算符，在语句 a=x+y 中 "=" 就是赋值符号，而不是我们数学意义上的 "等于号"，数学上的 "等于号"（相当于关系运算符中的 "比较等于"）在 C 语言中用 "=="表示。

C 语言允许在赋值运算符 "=" 之前加上其他运算符，构成复合赋值运算符。C 语言共有 10 种复合赋值运算符，如表 2-5 所示：

表 2–5   C 语言的复合赋值运算符

名　　称	运　算　符	示　　例	等　价　于
加赋值运算符	+=	a+=b	a=a+b
减赋值运算符	–=	a–=b	a=a–b
乘赋值运算符	*=	a*=b	a=a*b
除赋值运算符	/=	a/=b	a=a/b
取余赋值运算符	%=	a%=b	a=a%b
位与赋值运算符	&=	a&=b	a=a&b
位或赋值运算符	|=	a|=b	a=a|b
异或赋值运算符	∧=	a∧=b	a=a∧b
左移赋值运算符	<<=	a<<=b	a=a<<b
右移赋值运算符	>>=	a>>=b	a=a>>b

注意

（1）赋值运算符和复合赋值运算符的结合方向均为从右到左，优先级只高于逗号运算符，而比其他运算符的优先级都低。

例如：表达式 x*=y+2 等价于 x=x*(y+2)。

赋值表达式是由赋值运算符 "=" 将一个变量和表达式连接起来的式子。赋值表达式的一般格式为：

变量名=表达式

（2）赋值运算符左边必须是变量。赋值表达式的值就是被赋值后的变量值。如果一个语句中出现多个复合赋值表达式时，从右向左依次进行赋值。例如：

```
a=12,printf("%d",a+=a-=a*=a);
```

先做运算 a=a*a=144，再做运算 a=a–144=144–144=0，最后做 a=a+0=0+0=0，结果是 0。

2.3.3 其他运算符（圆括号运算符、逗号运算符和 sizeof 运算符）

1. 圆括号运算符

圆括号运算符是 "()"，其优先级最高，用它将某些运算符和运算对象括起来以后，这些括起来的运算符和运算对象要优先运算（其用法与我们数学中的使用方法一样）。

例如：x=3，y=-4，z=6，表达式!(x>y)+(y!=z)||(x+y)&&(y-z)的结果是 1。

2. 逗号运算符

逗号运算符用"，"表示。在 C 语言中，符号"，"除了作为分隔符外，还可以作为运算符将若干个表达式连接在一起形成逗号表达式。

逗号表达式的一般格式为：

表达式 1,表达式 2,…,表达式 n

逗号表达式的运算规则是：先求解表达式 1，再求解表达式 2，依次求解到表达式 n。最后一个表达式的值就是整个逗号表达式的值。逗号运算符的优先级最低，结合性为自左至右。

例如：s=(a=1,b=2,c=3,c=a*(b+c));　最后 s 的值为 5。

3. 求字节数运算符 sizeof

（1）sizeof 的运算格式如下：

sizeof(数据类型名)

（2）sizeof 运算符的功能：测定某一种类型数据所占存储空间长度，结果是该类型在内存中所占的字节数。括号内可以是该数据类型名或是该类型的变量名。

【例 2-7】写出下列程序的运行结果。

```
main()
{ int a=10;
    float x=1.25;
    printf("%d,%d ",sizeof(a),sizeof(float));
    getch();
}
```

运行结果：

2,4

2.4　数据类型转换

数据类型种类较多，不同类型的数据含义各不相同。由于数据运算的时候可能会涉及不同类型数据，C 语言会严格检查表达式中的数据类型，不同类型的数据必须进行数据类型转换后才能通过语法检查。

相关知识

在 C 语言中，数据类型转换方式有两种：自动类型转换和强制类型转换。

2.4.1　自动类型转换

所谓自动类型转换指的是如下两种。

（1）不同的数据可以出现在同一个表达式中。在进行运算时，C 语言自动进行必要的数据类型转换，以完成表达式的求值。转换的优先顺序如图 2-2 所示：

例如：表达式 2+3L–2.5 求值过程中的类型转换可表示如下：

2+3L–2.5 ⟶ 2L+3L–2.5 ⟶ 5L–2.5 ⟶ 5.0–2.5 ⟶ 2.5

其中，2 首先转换成 long 型后完成加法运算，再将 long 型的结果再转换成 double 型后完成减法运算，最后结果是 double 型。

（2）当与一个运算符相关联的两个运算对象的类型不同时，其中的一个运算对象的类型将转换成与另一个运算对象的类型相同（但赋值运算以左边变量的类型为标准）。

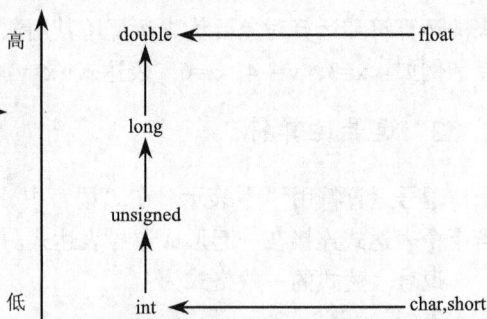

图 2-2 转换的优先顺序

【例 2-8】写出下列程序的运行结果。

```
main()
{
    int x=10;
    float y=3.45;
    x+=y;
    printf("x=%d\n",x);        /*此处若换为%f，则将得不到正确的结果*/
    getch();
}
```

运行结果：

```
x=13
```

2.4.2　强制类型转换

强制类型转换的运算格式如下：

（类型标识符）运算对象

可以利用强制类型转换运算符将一个表达式转换成所需类型。例如：

(double)a　　　　　（将 a 转换成 double 类型）

(int)(x+y)　　　　（将 x+y 的值转换成整型）

应当注意，表达式应该用括号括起来。如果写成(int)x+y 则只将 x 转换成整型，然后与 y 相加。

(float)(5%3)　　　/*将 5%3 的值转换成 float 型*/

应当注意，在强制类型转换时，得到一个所需类型的中间变量，原来变量的类型未发生变化。

【例 2-9】写出下列程序的运行结果。

```
main()
{
  float x=3.75;
  printf("(int)x=%d,x=%f\n",(int)x,x);
  getch();
}
```

运行结果：

```
(int)x=3,x=3.750000
```

2.5　C 语言的标识符

所谓标识符，是指用来标识程序中用到的变量、函数、类型、数组、文件以及符号常量等的有效字符序列。简言之，标识符就是一个名字。

任务提出

已知一本《C 语言程序设计》教材的单价为 29.8 元，设某班上共有 45 人，编程实现全班学生每人购买一本《C 语言程序设计》一共要多少钱？

任务分析

本题要求计算买 45 本书共花多少钱，首先，根据数学知识，我们知道买整班学生的《C 语言程序设计》书的总价等于一本书的价格乘以班上的总人数。但在 C 语言中怎样处理这些数值呢？我们可以利用不同的标识符代表不同的数据类型的值来求解。在这里我们定义实型数据 price 存放一本书的价格（29.8），整型数据 num 存放班级人数（45），实型数据 totalm 存放全班学生购书的总价，注意程序中英文单词的用法。根据常识 totalm=price *num 求出总价。

任务实施

程序清单如下：

```
#include "stdio.h"
main()
{
    int num;                        /*int 为关键字，num 为用户自定义的标识符*/
    float price,totalm;             /*float 为关键字，price,totalm 为用户自定义的标识符*/
    clrscr();                       /*对以前的输出结果的清除*/
    price=29.8;                     /*对单价 price 变量赋值*/
    num=45;                         /*对 num 变量赋值*/
    totalm=num*price;               /*求出总价*/
    printf("买全班 C 语言书共需：:%f",totalm);   /*输出总价*/
    getch();
}
```

相关知识

在 C 语言中，标识符分为 3 类：即关键字、预定义标识符和用户自定义标识符。

2.5.1 关键字（共 32 个）

关键字又称保留字，是 C 语言规定的具有特定意义的标识符，它已被 Turbo C 2.0 本身使用，不能作其他用途使用，每个关键字都有固定的含义。C 语言的关键字分为以下 4 类。

（1）标识数据类型的关键字（14 个）。

int, long, short, char, float, double, signed, unsigned , struct, union, enum, void, volatile, const.

（2）标识存储类型的关键字（5 个）。

auto, static, register, extern, typedef.

（3）标识流程控制的关键字（12 个）。

goto，return，break，continue，if，else，while，do，for，switch，case，default。

（4）标识运算符的关键字（1 个）。

sizeof。

2.5.2　预定义标识符

预定义标识符是一类具有特殊含义的标识符，用于标识库函数名和编译预处理命令。系统允许用户把这些标识符另作它用，但这将使这些标识符失去系统规定的原意，为了避免误解，建议不要将这些预定义标识符另作他用。

C 语言中常见的有以下几种。

（1）编译预处理命令。

define，ifdef，ifndef，endif，include，line，if，else 等，前面加 "#" 号，include 和 define 写在主函数 main 的上面。

（2）标准库函数。

包括数学函数：sqrt，abs（整数绝对值），fabs（实型数的绝对值），sin，pow 等，还有输入输出函数：scanf，printf，getchar，putchar，gets，puts 等。

2.5.3　用户自定义标识符

程序员根据自己的需要定义的用于标识变量、函数、数组等的一类标识符。用户在定义标识符时应符合 C 语言标识符的命名规则。

在 C 语言中，标识符的命名规则如下。

（1）只能由字母、数字和下划线 3 种字符组成。

（2）第一个字符必须为字母或下划线。

（3）不能是关键字。

用户自定义标识符的规定。

（1）C 语言中 "大小写敏感"，即大写字母和小写字母被视为两个不同的字符，如 sum、Sum、SUM。**应当注意**，C 语言中的关键字和预定义标识符全部以小写字母表示。

（2）最好根据其含义选用英文缩写及汉语拼音作为标识符（见名知意），以便于阅读。

（3）如果与预定义标识符相同，系统并不报错，只是预定义标识符失去原来的含义，代之以用户自定义的含义，这样会造成编程混乱现象，应避免发生。

本章小结

本章主要讲述了 C 语言的数据类型、标识符、常量与变量、数据类型、运算符和表达式、数据类型转换等。

C 语言中的数据类型包括基本类型、构造类型、指针类型和空类型，其中基本类型数据包括整型数据、实型数据和字符型数据。

标识符，是指用来标识程序中用到的变量名、函数名、类型名、数组名、文件名以及符号常量名等的有效字符序列。C 语言中的标识符包括 3 类：用户自定义标识符、关键字和预定义标识符。

C 语言中的常量分为直接常量和符号常量。变量是指程序运行过程中其值可以被改变的值。

C 语言提供了丰富的运算符，不同的运算符具有不同的优先级和结合性。

表达式是由运算符连接常量、变量、函数所组成的式子。每个表达式都有一个值，表达式求值按运算符的优先级和结合性所规定的顺序进行。

数据的类型是可以转换的，转换的方法有两种：自动类型转换和强制类型转换。

习 题 2

一、选择题

1. 下列选项中合法的字符常量是_____。
   A. 68　　　　　　　B. "B"　　　　　　　C. '\010'　　　　　　D. D

2. 设有语句 char a='\68';，则变量 a _____。
   A. 包含 1 个字符　　B. 包含 2 个字符　　C. 包含 3 个字符　　D. 说明不合法

3. 设 int a=2;，则执行完语句 a—=a+=a+2 后，a 的值是_____。
   A. 0　　　　　　　　B. 6　　　　　　　　C. −4　　　　　　　　D. 4

4. 下列关于逻辑运算符两侧运算对象的描述中，正确的是_____。
   A. 只能是整数 0 或 1　　　　　　　　B. 只能是整数 0 或非 0 整数
   C. 一个整型表达式　　　　　　　　　D. 可以是任何合法的表达式

5. 请选出合法的 C 语言赋值语句_____。
   A. i+1=i;　　　　　B. i=j=1　　　　　　C. i++;　　　　　　D. k = int (a+b);

6. 下面不是合法的数值常量是_____。
   A. 011　　　　　　　B. Oxabc　　　　　　C. 8.0E0.5　　　　　D. 1e1

7. 下面定义变量的语句中，错误的是_____。
   A. int _int;　　　　B. double int_;　　　C. char FOR;　　　　D. Float us&;

8. 若变量 a,b 已正确定义并赋值，下面符合语法的表达式是_____。
   A. a+1=b;　　　　　B. b=b+2=a+b;　　　C. ++a,b=a—;　　　D. float(a)/10;

9. 下面能正确定义字符数组的语句是_____。
   A. Char str=' ';　　　　　　　　　　　B. char str[ ]= '\0';
   C. char str[ ]={'\052'};　　　　　　　D. char str="\x42";

10. 若要求从键盘读入有空格字符的字符串，应使用的函数是_____。
    A. getc()　　　　　B. getchar()　　　　C. gets()　　　　　D. scanf()

11. 在程序中定义 int　i=6,j=6;　则语句 printf("%d,%d\n",i++,--j)的输出结果是_____。

    A．5,6 　　　　　　　　B．6,5 　　　　　　　　C．7,6 　　　　　　　　D．7,5

12. 下面程序运行中，输出的结果是_____。

```
main()
{ int x, y, z;
  x=y=1;
  z=x++,y++,++y ;
  printf("%d,%d,%d\n",x,y,z);
}
```

    A．2,2,1 　　　　　　　　B．2,3,1 　　　　　　　　C．2,3,3 　　　　　　　　D．2,3,2

13. 下面程序运行后，输出的结果是_____。

```
main()
{ int  a=0,b=0;
  a=10;/* b=20;*/
  printf("a+b=%d\n",a+b);
  getch();
}
```

    A．a+b=10 　　　　　　B．a+b=30 　　　　　　C．30 　　　　　　　　D．出错

14. 在 C 语言程序中，控制 double 类型输入输出的格式符是_____。

    A．%d 　　　　　　　　B．%f 　　　　　　　　C．%c 　　　　　　　　D．%1f

15. 下面程序运行后，输出的结果是_____。

```
main()
{
    char str[ ]= "12345" cp2;
    cp2=str[0]
    cp2=cp2+1;
    printf("%d\n", cp2);
}
```

    A．1 　　　　　　　　　B．2 　　　　　　　　　C．3 　　　　　　　　　D．4

16. 下面_____是合法的 C 语言赋值语句。

    A．i-- ; 　　　　　　　B．a=5,b=6; 　　　　　　C．a=b=5; 　　　　　　D．k=int(a-b);

17. 若已定义 a 为整型数据变量，且：

```
a= - 2L;
printf("%d\n",a);
```

    则以上语句_____。

    A．赋值不合法 　　　　B．输出值不确定 　　　　C．输出值为-2 　　　　D．输出值为 2

18. 设 x、y 均为整型变量，且 x=10,y=5,则以下语句的输出结果是_____。

```
printf("%d,%d\n",x--,--y);
```

    A．10, 5 　　　　　　　B．9, 5 　　　　　　　　C．9, 4 　　　　　　　　D．10, 4

19. 设 a、b、c、d、m、n 均为 int 型变量，且 a=5、b=6、c=7、d=8、m=2、n=2,则逻辑表达式 (m=a>b)&&(n=c>d)运算后，n 的值为_____。

    A．0 　　　　　　　　　B．1 　　　　　　　　　C．2 　　　　　　　　　D．3

20. 已知字母 A 的 ASCII 码值为十制的 65，下面程序运行时，输出的结果是_____。

```
main()
{ char ch1,ch2;
```

```
ch1='A'+5-2;
ch2='A'+6-3;
printf("%d,%c\n",ch1,ch2);
getch();
}
```

  A. 68，D   B. 68，C   C. C，D   D. 不确定的值

21. 执行下面程序中输出语句后，a 的值是_____。

```
main()
  {
    int a;
    printf("%d\n",(a=3*2, a*3, a+4));
  }
```

  A. 6   B. 10   C. 18   D. 22

22. C 语言中，定义 PI 为一个符号常量，正确的是_____。

  A. #define PI　3. 14   B. define PI　3. 14

  C. #include PI　3. 14   D. include PI　3. 14

23. 下面整型变量说明正确的是_____。

  A. INT x;   B. int x;   C. x INT   D. x int;

24. 假定 x 和 y 为 double 型，则表达式 x=1，y=x+1/2 的值是_____。

  A. 1. 00000   B. 1   C. 1. 500000   D. 2

25. 请选出合法的 C 语言赋值语句_____。

  A. a=b=5;   B. a=5,a+2;   C. a=5,b=2;   D. k=int(a+b);

26. 设 int　a=2，则执行完语句 a+=a--=a*a;后，a 的值是_____。

  A. 0   B. -4   C. 4   D. 2

27. 设 a、b、c、d 均为 int 型变量，且 a=1、b=2、c=a+b、d=a=b，则逻辑表达式（a==a+d&&b==b-c）运算后，该表达式的值为_____。

  A. 3   B. 1   C. -1   D. 0

28. 下面选项中，不能看作一条语句的是_____。

  A. {;}   B. if(a>0);   C. a=0,b=0,c=0; D. if(b==0)m=1;n=2;

29. 设有定义：float a=2,b=4,h=3;，以下 C 语言表达式与代数式计算结果不相符的是_____。

  A. (a+b)*h/2 B. (1/2)*(a+b)*h C. (a+b)*h*1/2 D. h/2*(a+b)

30. 当 n 的值为 1 时，能正确将 n 的值赋给变量 a、b 的是_____。

  A. (a=n)||(b=n); B. n=b=a;   C. a=n=b;   D. (a=n)&&(b=n);

31. 下列表达式中，不属于逗号表达式的是_____。

  A. a=b,c   B. a,b=c   C. a,(b=c)   D. a=(b,c)

32. 用于无符号整形变量的输入输出数据的格式符是_____。

  A. %d   B. %u   C. %c   D. %f

33. 下面程序运行后，输出的结果是_____。

```
main()
{ unsigned int a;
  int b=-1;
  a=b;
  printf("%u",a);
```

```
    getch();
  }
```

  A. 32767   B. –32768   C. 65535   D. –1

34. 程序中定义 int k=11，则语句 printf("k=%d,k=%o,k=%x\n",k,k,k)的输出结果是_____。

  A. k=11,k=12,k=11 B. k=11,k=13,k=13 C. k=11,k=13,k=b D. k=11,k=012,k=xb

35. C语言中，存储字符串"ABC"占用的字节数是_____。

  A. 3   B. 4   C. 5   D. 6

36. 下面_____不能作为C语言程序中的标识符。

  A. student_number B. _lock   C. VC–L   D. Test1

37. 在C语言中，退格符是_____。

  A. \t   B. \n   C. \b   D. \f

38. 在C语言中，下列_____数据不是合法的实型数据。

  A. 0. 123   B. 123e3   C. 2. 1E3. 5   D. 789. 0

39. 已知各变量的类型说明如下：

```
int k,a,b;unsigned long w=5;
double x=1. 42;
```

  则下面_____是不符合C语言语法的表达式。

  A. x%(–3)   B. w+=–2

  C. a+=a–=(b=4)*(a=3)   D. k=(a=2,b=3,a+b)

40. 若变量 c 为 char 类型，下面_____表达能正确判断出 C 为小写字母

  A. (c >='a')&&(c <='z')   B. (c >='a')||(c ='z')

  C. ('a'<=c)and('z'>=c)   D. 'a' <=c <'z'

二、填空题

1. 以下程序输入 1␣2␣3 后的执行结果是_____。（注：␣代表空格。）

```
#include "stdio. h"
main()
{ int i,j;
  char k;
  scanf("%d%c%d",&i,&k,&j);
  printf("i=%d,k=%c,j=%d\n",i,k,j);
  getch();
}
```

2. 有以下程序，若输入 9876543210 后的执行结果是_____；若输入为：98␣76␣543210 后的执行结果是_____；若输入为：987654␣3210 后的执行结果为：_____。（注：␣代表空格。）

```
#include "stdio. h"
main()
{ int x1,x2;
  char y1,y2;
  scanf("%2d%3d%3c%c",&x1,&x2,&y1,&y2);
  printf("x1=%d,x2=%d,y1=%c,y2=%c\n",x,y);
  getch();
}
```

3. 若 x 和 y 均为 int 型变量，则以下语句的功能是_____。

```
x+=y;    y=x-y;  x-=y;
```

4. 有一输入函数 scanf("%d",k);则不能使 float 类型变量 k 得到正确数值的原因是：_____。

5. 有如下程序段，输入数据：12345ff1678 后，u 的值是_____，v 的值是_____。

```
int  u;
float  v;
scanf("%3d%f",&u,&v);
```

6. 以下程序的执行结果_____。

```
#include "stdio. h"
main()
{ short i=-1,j=1;
  printf("dec:%d,oct:%o,hex:%x,unsigned:%u\n",i,i,i,i);
  printf("dec:%d,oct:%o,hex:%x,unsigned:%u\n",j,j,j,j);
  getch();
}
```

7. 以下程序的执行结果是_____。

```
#include "stdio. h"
main()
{ char s='b';
  printf("dec:%d,oct:%o,hex:%x,ASCII:%c\n", s,s,s,s);
  getch();
}
```

8. 以下程序的执行结果是_____。（注：⊔代表空格。）

```
#include "stdio. h"
main()
{ float pi=3. 1415927;
  printf("%f,%. 4f,%4. 3f,%10. 3f\n",pi,pi,pi,pi);
  printf("\n%e,%. 4e,%4. 3e,%10. 3e\n",pi,pi,pi,pi);
  getch();
}
```

9. 以下程序的执行结果是：_____。

```
#include "stdio. h"
main()
{ char c='c'+5;
  printf("c=%c\n",c);
  getch();
}
```

三、编程题

1. 输入二个整数，求该两数的和与差。

2. 设计一个程序，已知三角形的三条边 a,b,c，求该三角形的面积（s=(a+b+c)/2，area=sqrt(s*(s−a)*(s−b)*(s−c))）。

3. 已知字符变量 ch1 的值是'B'，将其转换成小写字母后输出。

第3章

顺序结构程序设计

一个程序由很多条语句组成，要完成不同的功能，可以通过顺序、选择、循环 3 种程序结构来实现。本章介绍最简单的顺序结构程序设计方法。

3.1 程序设计方法

任务提出

判定 2000—2500 年的哪一年为闰年，并输出是闰年的年份的相关信息。面对该任务我们应如何编写出程序？

任务分析

显然我们无法直接写出程序，而是应该首先分析解决该问题的方法与步骤，这也称为算法，然后才能将算法用程序进行实现。

对于这个问题，解决的思路是对 2000—2500 年的每一个年份进行条件判断，判断闰年的条件如下。

（1）年份能被 4 整除，但不能被 100 整除。

（2）年份能被 100 整除，同时也能被 400 整除。

任务实施

设 year 为被检测的年份，具体算法如下。

第一步：2000 →year。

第二步：若 year 不能被 4 整除，则输出 "year 不是闰年"，然后转到第六步。

第三步：若 year 能被 4 整除但不能被 100 整除，则输出 "year 是闰年"，然后转到第六步。

第四步：若 year 能被 100 整除又能被 400 整除，则输出 "year 是闰年"，否则输出 "year 不是闰年"，然后转到第六步。

第五步：输出 "year 不是闰年"。

第六步：year+1 → year。

第七步：当 year≤2500 时，返回第二步继续执行，否则结束。

相关知识

3.1.1　程序设计的步骤

程序设计的一般步骤有以下几点。

① **设计数据结构**：数据结构是指对数据的描述，即在程序中要指定数据的类型和数据的组织形式。通过分析要解决的任务，确定输入数据和输出数据，进而可确定数据结构。

② **设计算法**：算法是指计算机解决问题所依据的操作方法和步骤，这些操作包括加、减、乘、除等运算，并按顺序、选择、循环 3 种基本结构组成。根据确定的数据结构，确定解决问题的方法，即完成任务的步骤，也就确定了算法。

③ **编写程序**：根据确定的数据结构和算法，使用选定的计算机语言编写程序代码。

④ **调试程序**：将编写好的程序代码输入到计算机中，对程序进行测试并修正，直到程序符合任务要求为止。

3.1.2　算法的表示

1. 用自然语言表示算法

自然语言即人们日常使用的语言，如汉语、英语或其他国语言。

【例 3-1】写出求 $1\times 2\times 3\times 4\times 5$ 的值的步骤。

原始解题步骤

第一步：先求 1×2，得到 1×2 的结果 2。

第二步：将第一步的结果乘以 3，得到 $1\times 2\times 3$ 的结果 6。

第三步：将第二步的结果乘以 4，得到 $1\times 2\times 3\times 4$ 的结果 24。

第四步：将第三步的结果乘以 5，得到 $1\times 2\times 3\times 4\times 5$ 的结果 120。

用计算机算法表示

第一步：使 k=1。

第二步：使 w=2。

第三步：k=k×w，结果仍放在 k 中。

第四步：使 w 的值加 1（w+1→w）。

第五步：如果 w 的值不大于 5，再返回执行第三步、第四步；否则结束。

最后得到 $1 \times 2 \times 3 \times 4 \times 5$ 的结果：120。

【例3-2】输入 3 个数，然后输出其中最大的数。

分析

该算法中，要设 4 个变量分别用于存放这 3 个数及 3 个数中的最大的数。比较是两两进行的。设输入的 3 个数分别为 A、B、C，最大的数放在 MAX 中，算法可表示如下。

第一步：输入 A、B、C 的值。

第二步：将 A、B 进行比较，把大的数放入 MAX 中。

第三步：将 C 与 MAX 比较，把大的数放入 MAX 中。

第四步：输出 MAX，算法结束。

2. 用传统流程图表示算法

流程图是指用规定的图形符号、流程线和文字说明表示各种操作的图形，用图形表示算法，直观形象，能比较清楚地显示各种操作，因此被广泛使用。

传统流程图的特点：传统流程图是一种很好的表示算法的工具，它采用流程线指出执行顺序，用它表示的算法比较直观。但由于流程图中有流程线的存在，使得算法的执行可以在框内任意跳转，大大降低了流程图的可读性和可理解性。

传统流程图常用的符号为四框—线和连接符，具体如表 3-1 所示。

表 3-1   传统流程图符号及其说明

符　号	符号名称	功　能	说　明
⬭	起止框	表示算法的开始与结束	每个算法只能有一个"开始"，也只能有一个"结束"
▭	处理框	表示算法的各种处理操作	一般只写赋值操作
◇	判断框	表示算法的条件判断	根据给定的条件是否成立来决定如何执行其后的操作。它有一个入口，两个出口
▱	输入输出框	表示算法的输入/输出操作	请求数据的输入或将某些结果输出
↑ ↓ →	流程线	指引流程方向	—
▶○ ○◀	引入、引出连接符	表示流程的延续	用于将不同方向的流程线连接起来

【例3-3】编写程序，将输入的两个数存储起来，要求交换后实现输出。

程序清单如下。

```
main()
{ int  x1,x2,Temp;
  printf("input  x1, x2\n");
  scanf("%d%d",&x1,&x2 );
       /*键盘输入两个数分别赋予 x1,x2 变量*/
  Temp=x1;
  x1=x2;
  x2=Temp;
  printf("after:\nx1=%d,x2=%d\n",x1,x2);
  getch();
}
```

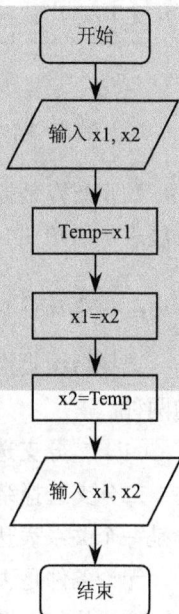

3．用 N–S 流程图表示算法

N–S 图是一种新的流程图形式，在这种流程图中，完全去掉了带箭头的流程线，所有的算法写在一个矩形框内，在该矩形框内还可以包含其他从属于它的框。N–S 图很适用于表示结构化程序的算法。

N–S 图表示算法的优点如下。

（1）比文字描述更加直观、形象，易于理解。

（2）比传统流程图紧凑易画。

（3）废除流程线，整个算法结构是由各个基本结构按顺序组成的。N–S 图的上下顺序就是程序的执行顺序。

【例 3-4】编写程序，键盘输入两个数存储起来，要求交换后实现输出。

用 N–S 图表示的算法如下。程序清单为：

```
main()
{ int  x1,x2,Temp;
  printf("input  x1, x2\n");
  scanf("%d%d",&x1,&x2 );
       /*键盘输入两个数分别赋予 x1,x2 变量*/
  Temp=x1;
  x1=x2;
  x2=Temp;
  printf("after:x1=%d,x2=%d\n",x1,x2);
  getch();
}
```

4．用伪代码表示算法

伪代码是指用汉字、英文或中英文混用来表示算法的一种方式。使用伪代码表示算法时，关键字必须用小写字母表示，每条指令占一行，指令后不跟任何符号（C 语言中的语句是以 “；” 为结束的）。

3.1.3　3种基本程序结构

1. 顺序结构

顺序结构是指按书写顺序依次执行的算法结构，它是构成算法的最基本的结构。顺序结构的算法表示如图 3-1 所示。

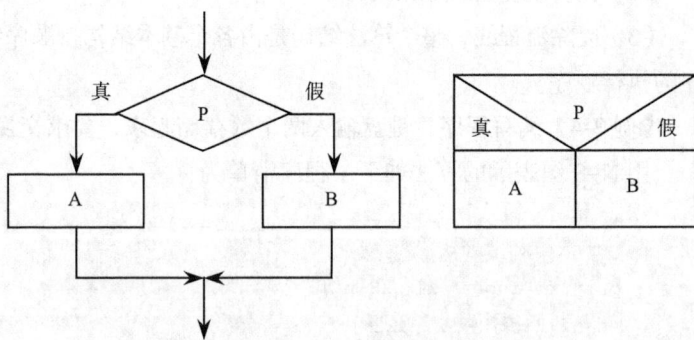

2. 选择（分支）结构

选择结构是指根据条件是否成立来执行不同语句的结构。选择结构分二分支结构和多分支结构两种。

（1）二分支选择结构。

二分支选择结构是指根据给定的条件是否成立而决定选择执行 A 框还是 B 框。这里的条件一般是一个关系表达式或逻辑表达式。

无论条件是否成立，都只能执行 A 框中的内容或 B 框中的内容之一，不可能既执行 A 框中的内容又执行 B 框中的内容。

A 框或 B 框中的内容可以有一个是空的，即条件不成立（或条件成立）时不执行任何操作。

二分支选择结构的流程图的表示如图 3-2 所示。

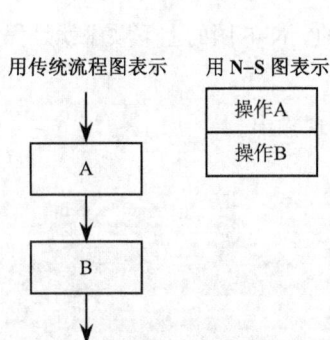

图 3-1　顺序结构的算法表示　　　　图 3-2　二分支选择结构的流程图表示

（2）多分支选择结构。

多分支选择结构的流程图表示如图 3-3 所示。

3. 循环结构

循环结构又称为重复结构，即反复执行某一部分的操作。反复执行的部分称为循环体。循环结构是程序中的一种重要结构，也是 3 种基本结构中较复杂的一种结构。C 语言中提供了多种用于实现循环结构的语句，可以组成各种不同形式的循环结构。

循环结构的两类主要形式是当型循环与直到型循环。

（1）当型循环（while 型）结构。

功能：先判断条件是否成立，若条件成立则执行循环体，然后重新去判断条件是否成立，若条件成立则继续执行循环体，如此反复直到条件不成立为止。

当型循环结构的传统流程图和 N-S 图表示如图 3-4 所示。

（2）直到型循环结构。

功能：先执行循环体，再去判断条件是否成立，若不成立再去执行循环体，直到条件成立为止。或先执行循环体，再去判断条件是否成立，若成立再去执行循环体，直到条件不成立为止。

直到型循环结构的传统流程图和 N-S 图表示如图 3-5 所示。

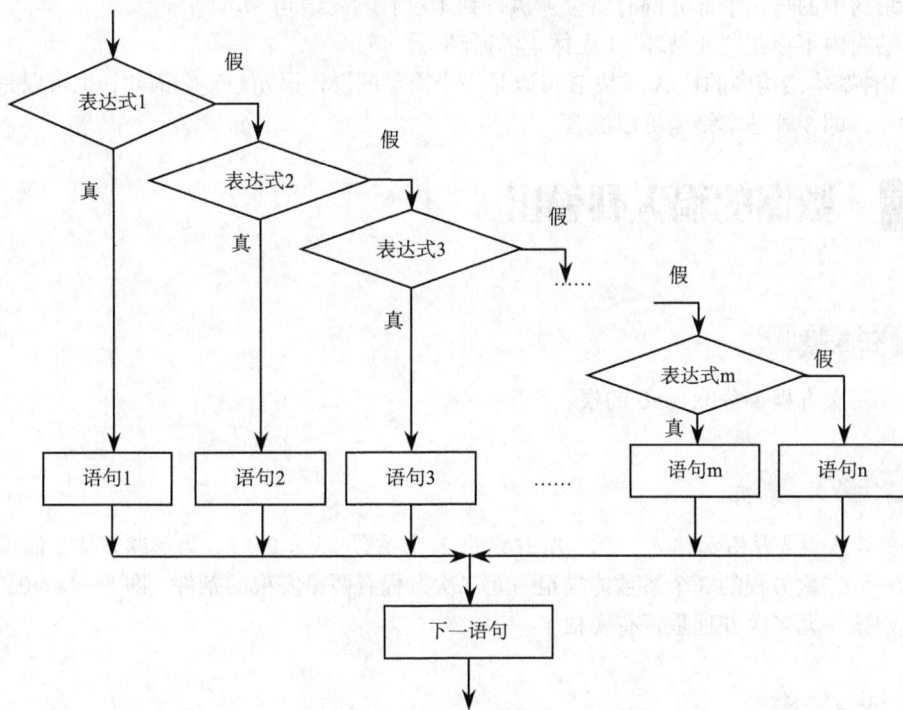

图 3-3　多分支选择结构的流程图表示

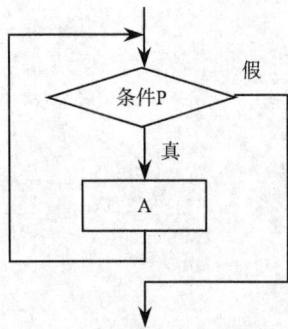

图 3-4　当型循环结构的流程图表示 　　　图 3-5　直到型循环结构的流程图表示

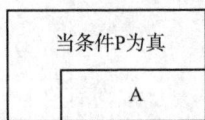

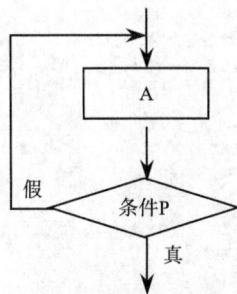

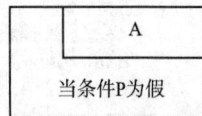

循环结构一般包含以下 4 个部分。

① 初始化部分：为循环变量及各种有关变量赋初值。

② 循环体：重复执行的部分。

③ 修改部分：修改循环变量的值，为下一次重复执行做准备。

④ 判断检查部分：判断检查循环变量的值，是否已超过循环变量的终值，若未超过则继续重复执行循环体，否则结束。

4. 3 种基本结构的共同点

顺序结构、选择结构和循环结构的共同之处有以下几点。

（1）只有一个入口，不得从结构外随意转入结构中某点。

（2）只有一个出口，不得从结构内某个位置随意转出（跳出）。

（3）结构中的每一个部分都有机会被执行到（没有"死语句"）。

（4）结构内不存在"死循环"（无休止的循环）。

（5）3 种基本结构中的块 A 或块 B 可以是一个简单的操作语句或复合语句，也可以是 3 个基本结构之一，即 3 种基本结构可以嵌套。

3.2 数据的输入和输出

任务提出

求一元二次方程 $ax^2+bx+c=0$ 的根。

任务分析

本任务要求首先从键盘输入一元二次方程的 3 个系数 a,b,c 的值。为解题方便，假设输入的 a,b,c 作为一元二次方程的 3 个系数能满足一元二次方程有两个实根的条件，即 $b^2-4ac>0$，这样就不用去判别该一元二次方程是否有实根了。

任务实施

程序清单如下：

```c
#include "stdio.h"
#include "math.h"
main()
{ float a,b,c,disc,x1,x2,p,q;
    scanf("a=%f,b=%f,c=%f",&a,&b,&c);
    disc=b*b-4*a*c;
    p=-b/(2*a);
    q=sqrt(disc)/(2*a);
    x1=p+q;
    x2=p-q;
    printf("\nx1=%5.2f\nx2=%5.2f\n",x1,x2);
    getch();
}
```

程序运行时若输入：

```
a=1,b=3,c=2 ↵
```

则输出为：

```
x1=-1.00
x2=-2.00
```

相关知识

所谓输入就是从计算机外部向输入设备（如键盘、磁盘、光盘、扫描仪等）输入数据；而输出就是从计算机向外部输出设备（如显示屏、打印机、磁盘等）输出数据。

在前面已对 C 程序作了简单的介绍，C 语言本身并不提供输入输出语句，输入输出是由系统编写好的库函数来完成的，如 printf()函数和 scanf()函数等。这里的 printf()和 scanf()不是 C 语言中的关键字，而只是函数名。它们本身不是 C 语言的组成部分。C 语言库中有一批标准输入输出库函数，详见附录。

C 语言提供的库函数以库的形式存放在扩展名为 ".h" 的磁盘文件中，这种磁盘文件称为 "头文件"。在使用 C 语言库函数时，在 Turbo C 下要用预编译命令 "#include" 将有关的 "头文件" 包含到用户的源程序中。如使用标准输入输出函数时，要包含 "stdio.h" 文件；使用数学函数时，要包含 "math.h" 文件；使用字符函数时要包含 "string.h" 文件等。考虑到 printf()函数和 scanf()函数使用频繁，系统允许在使用这两个函数时不加 "# include" 命令。

> **说明**　不同的运行环境会有些差别，如在 Win_Tc 下使用字符串的输入函数(gets)、输出函数（puts）则可省略 "# include" 命令。
>
> 有关包含的预编译命令的知识将在第 7 章做介绍。

3.2.1　printf()（格式输出函数）

1. printf()函数的功能

printf()函数的功能是向计算机系统默认的输出设备（一般指终端或显示器）输出一个或多个任意类型的数据。

printf()函数是一个标准的库函数，它的函数原型在头文件 "stdio.h" 中，但不要求在使用 printf()函数之前必须使用文件包含命令：#include "stdio.h"。

2. printf()函数的调用格式

printf()函数的调用格式：

```
printf(格式控制字符串, 输出表列);
```

例如：

```
printf("%d,%d\n", a,b);
```

（1）printf()函数的调用格式中 "格式控制字符串" 的说明

printf()函数中 "格式控制字符串" 是由双引号括起来的字符串，用于指定输出格式。它可由以下 3 部分组成。

① **格式说明**。格式说明由 "%" 字符开始，在 "%" 后面跟有各种格式字符，以说明输出数据的格式。其功能是将输出的数据按指定的类型、形式、长度、小数位等格式输出。格式字符分为整型、实型、字符型等。如 "%d" 表示按十进制整型输出，"%f" 表示按实型数据输出 6 位小数，"%c" 表示按字符型输出等。

C 语言中提供的格式字符如表 3-2 所示。

表 3-2 　　　　　　　　　　　　　　　C 语言中的格式字符

格式字符	说　　明
d	以十进制形式输出带符号的整数
u	用来输出 unsigned 型整数，以十整制无符号形式输出整数
o	以八进制无符号形式输出整数
x	以十六进制无符号形式输出整数
c	用来输出单个字符
s	用来输出一个字符串，以'\0'为结束标志
f	以十进制形式输出实数（单精度和双精度浮点数），以小数形式输出
e	以十进制指数形式输出实数
g	用来输出实数（单精度和双精度浮点数），并根据数值大小自动取 f 格式符或 e 格式符（选择输出时字段宽度较小的一种），且不输出无意义的零

例如，设 x=123.456，则语句

```
printf("x1=%f,x2=%e,x3=%g\n",x,x,x);
```

输出结果为：

x1=123.456000,x2=1.234560e+002,x3=123.456

另外，格式说明中，在%和格式字符间可以插入附加说明字符。Printf()函数的附加说明字符有 l、m、n。其中字母"l"用于长整型，可加在格式符 d、o、x、u 的前面；字母"m"用来说明数据输出时的宽度；字母"n"对实数表示输出 n 位小数，对字符串则表示截取的字符个数；字符"-"用来说明输出的数字或字母是靠左还是靠右对齐。

例如，

%4d：表示输出列宽为 4 的整型数，不够 4 位右对齐。

%-10d：表示输出列宽为 10 的整型数，不够 10 位左对齐。

%7.2f：表示输出列宽为 7 的浮点数，其中小数位为 2，整数为 4，小数点占一位，不够 7 位右对齐。

%8.5s：表示列宽为 8，显示 5 个字符的字符串。字符串不够 8 位右对齐。

%ld：表示输出长整型（long）整数。

如果字符串的长度或整型数位数超过说明的列宽，则按其实际长度输出。但对浮点数，若整数部分超过了说明的整数位宽度，将按实际整数位输出；若小数部分位数超过了说明的小数位宽度，则按说明的列宽以四舍五入输出。

格式字符和附加说明字符 l、m、n 的具体用法如表 3-3 所示。

表 3-3 　　　　　　　　　　　　　格式字符和附加说明字符的用法

格式字符	数据对象	输出形式	数据输出方法
%-md	int short unsigned int char	十进制整数	无 m 按实际长度输出
%-mo		八进制整数	m 表示输出 m 位
%-mx		十六进制整数	超过 m 位，按实际位数输出 不足 m 位，补空格
%-mu		无符号整数	无- 右补空格（左对对齐） 有- 左补空格（右对对齐）

40

格式字符	数据对象	输出形式	数据输出方法
%-mld	long unsigned long	十进制整数	无 m 按实际长度输出 m 表示输出 m 位
%-mlo		八进制整数	超过 m 位，按实际位数输出
%-mlx		十六进制整数	不足 m 位，补空格
%-mlu		无符号整数	无- 左补空格（右对齐） 有- 右补空格（左对齐）
%-m.nf	float double	十进制小数	无 m.n 按实际长度输出 m.n 表示输出 n 位小数，总宽度为 m
%-m.ne		十进制指数	超过 m 位，按实际位数输出 不足 m 位，补空格
%g		自动选取 f 或 e 中宽度少的格式	无- 左补空格（右对齐） 有- 右补空格（左对齐）
%-mc	char int short	单个字符	无 m 输出单个字符 m 表示输出 m 位，补空格 无- 左补空格（右对齐） 有- 右补空格（左对齐）
%-m.ns	字符串	一串字符	无 m.n 按实际字符串输出全部字符 m.n 表示输出前 n 个字符，总宽度为 m 超过 m 位，按实际位数输出 不足 m 位，补空格 无- 左补空格（右对齐） 有- 右补空格（左对齐）

比如，a=12，b=123，c=1234，d=12345 则执行语句：

```
printf("a=%4d,b=%-4d,c=%4d,d=%4d\n",a,b,c,d);
```

结果为：a=12，b=123，c=1234，d=12345。

例如：

```
char c='a';printf("%c\n",c);
```

则输出结果为字符"a"。

又如，语句：

```
printf("%s,%3s,%7.2s,%-5.3s\n","china","china","china","china");
```

则输出结果为：china,china,   ch,chi 。

② **普通字符**。普通字符的作用是作为输出时数据的间隔，在显示中起提示作用。输出时将原样输出。像 printf()函数中双引号内的逗号、空格、普通的字母等都是普通字符。例如：

```
printf("x=%d,%c",x,p);
```

这里，printf()函数中双引号内的"x="和逗号（","）就是普通字符。

③ **转义字符**。Printf()函数中的转义字符常用的有 Tab（\t）、回车换行（\n）等。例如：

```
printf("x=%d\n",x);
```

这里，printf()函数中双引号内的"\n"就是一个换行符，它的作用是输出完 x 的值后将输出光标移到下一行的开始。

普通字符和转义字符均为非格式字符。

（2）Printf()函数的调用格式中输出表列的说明。

"输出表列"由若干需要计算和输出的表达式组成，表达式之间用"逗号"分隔。要特别注意的是，这些表达式虽然用"逗号"分隔，但不是"逗号表达式"，而且计算的顺序是自右向左进行的。例如：

```
printf("%d,%c,%f\n",n,p,x);
```

这里的"%d,%c,%f"就是格式控制字符串，它由"%"和格式字符"d"、"c"、"f"及普通字符","、转义字符"\n"组成；而n,p,x就是输出表列。

应当注意，格式字符串中的格式字符和各输出项在数量和类型上应该一一对应。

3. 使用 printf()函数的说明

在使用 printf()函数时，还应注意以下几点。

① 除了 x、e、g 这 3 个格式字符既可用小写也可用大写字母外，其他格式符必须用小写字母表示，如"%d"不能写成"%D"等。

② 格式符 d 可用 i 代替，d 和 i 在作为格式字符使用时，两者作用一致。

③ 上面介绍的 d、o、x、u、c、f、e、g 等字符，如用在"%"后面则作为格式字符，如不在"%"后面则仅仅是一个普通字符而已。

如有语句：

```
printf("t=%fs,y=%fg",t,y);
```

则第 1 个格式字符为"%f"，不包含其后的"s"；第 2 个格式字符为"%f"，同样也不包含其后的"g"。其他字符如前所述，应原样输出。

若想输出字符"%"，则应在"格式控制字符串"中用两个连续的%表示。例如：

```
printf("%f%%\n",1.0/3.0);
```

此时输出结果为：0.333333%。

④ 在使用"f"格式字符输出实数时，并非全部数字都是有效数字。单精度实数的有效位数一般为 7 位，双精度实数的有效位数一般为 16 位。

例如，已知 x=111111.111,y=222222.222。则语句：

```
printf("%f\n",x+y);
```

输出结果为：333333.328125。

显然只有前面的 7 位数字是有效数字，后面的数字是无意义的。

⑤ 一个整数，只要它的值在 0～255 的范围内，也可以用字符形式输出，在输出前系统会将该整数作为 ASCII 值转换成相应的字符。反之，一个字符型数据也可以用整数形式输出。

例如，设 c='a',d=65,则语句：

```
printf("%c,%d\n",c,c);
printf("%c,%d\n",d,d);
```

输出结果为：

```
a,97
A,65
```

【例 3-5】格式输出函数的应用。

```
main()
```

```
{ int a=65,b=97,c;
  char c1='A',c2='a';
  printf("%d,%d,%d",a,b,a+b);
  printf("a=%d,b=%d,c=%d",a,b,a+b);
  printf("c1=%c,c2=%c",c1,c2);
  printf("%d,%d",c1,c2);
  printf("%c,%c",a,b);
  getch();
}
```

运行后的输出结果为：

```
65,97,162
a=65,b=97,c=162
c1=A,c2=a
65,97
A,a
```

从上例可看到，由于控制格式字符串不同，输出的结果也就不同。请读者仔细分析以上程序的输出结果。

【例 3-6】格式输出函数应用二。

```
main()
{ int n1=45;
  long int n2=45;
  float f1=123.456;
  char c1='a';
  printf("n1=%d,n1=%o,n1=%x,n1=%u\n",n1,n1,n1,n1);
  printf("f1=%f,f1=%9.2f,f1=%-9.2f\n",f1,f1,f1);
  printf("c1=%c,c1=%3c,c1=%-3c,c1=%d\n",c1,c1,c1,c1);
  getch();
}
```

输出结果为：

```
n1=45,n1=55, n1=2d,n1=45
f1=123.456000,f1=123.46,f1=123.46
c1=a,c1=a,c1=a,c1=97
```

分析

① 第 2 个输出语句的输出结果中间的数字 123.46 前有 3 个空格，最后一个数字 123.46 后也有 3 个空格。

② 第 3 个输出语句的输出结果中间的字母 a 前有 2 个空格，第 3 个字母 a 后也有 2 个空格。

3.2.2 scanf()（格式输入函数）

1. scanf()函数的功能

scanf()函数的功能从键盘按照"格式控制字符串"中规定的格式输入若干个数据，按"变量地址表列"中变量的顺序，依次存入对应的变量中。getchar()函数只能输入一个字符，而 scanf()函数可以用来输入任意类型的多个数据。

scanf()函数是一个标准库函数，它的函数原型在头文件"stdio.h"中，和 printf()函数一样，也不要求在使用 scanf()函数之前必须使用文件包含命令：#include "stdio.h"。

2. scanf()函数的调用格式

scanf()函数的调用格式为：

scanf(格式控制字符串，变量地址表列)

① "格式控制字符串"是由双引号括起来的字符串，和 printf()函数中的 "格式控制字符串" 含义相同，其中的格式说明，也和 printf()函数的格式说明相似，以 "%"字符开始，以一个格式字符结束，中间可以插入附加的字符。

在格式控制字符串中若有普通的字符，则输入时原样输入。例如：

scanf("%d,%c,%f",&n,&p,&x);

这里的 "%d,%c,%f"和 printf()函数时一样，也是格式控制字符串，控制数据输入时的格式。

② "变量地址表列"是用逗号分隔的若干接收输入数据的变量地址。变量地址由地址运算符 "&"后跟变量名组成。变量地址之间用逗号 ","分隔。

如 "&n"、"&p"、"&x" 就是变量的地址表列。&a, &b, &x 分别表示变量 a、变量 b、变量 x 的地址。这个地址就是编译时系统在内存中给变量 a、变量 b、变量 x 分配的地址。

注意变量与变量的地址的区别。对于地址的概念，在本书的第 9 章将会再做介绍。

【例 3-7】格式输入函数的使用一。要求给变量 a、b、c 分别赋值 2、3、4，给变量 x、y、x 分别赋值 5、6、7。

```
main()
{ int a,b,c,x,y,z;
  scanf("%d,%d,%d",&a,&b,&c);
  scanf("x=%d,y=%d,z=%d",&x,&y,&z);
  printf("%d,%d,%d\n",a,b,c);
  printf("x=%d,y=%d,z=%d\n",x,y,z);
  getch();
}
```

运行时的输入格式为：

2,3,4x=5,y=6,z=7✓

输出结果：

2, 3, 4
x=5,y=6,z=7

请注意以上两个输入语句在输入数据时的操作。

3. 输入格式字符及其有关的格式说明

输入格式字符有 d、i、u、o、X、x、c、s、E、e、G、g 等。有关输入格式字符的说明如表 3-4 所示。

表 3-4   输入格式字符说明

格式字符	说　　　明
d、i	用来输入有符号的十进制整数
u	用来输入无符号的十进制整数
o	用来输入无符号的八进制整数
X、x	用来输入无符号的十六进制整数(不区分大小写)

格式字符	说　　　明
c	用来输入单个字符
s	用来输入字符串，并字符串送到一个字符数组中，在输入时以非空格字符开始，遇到回车或空格字符结束。
f	用来输入实数，可以用小数形式也可以用指数形式输入
E、e、G、g	与 f 作用相同，e、f、g 可以互相替换使用

4．使用 scanf() 函数的说明

在使用 scanf() 函数时，还应注意以下几点。

① 若 scanf 函数中的"格式控制字符串"中除了格式字符外还有其他字符，则在输入数据时应输入与这些字符相同的字符。例如：

```
scanf("%d,%d",&a,&b);
```

输入时应按如下形式输入：

```
3,4✓
```

若程序语句为：

```
scanf("%d %d",&a,&b);
```

输入时应按如下形式输入：

```
3 4✓
```

如果输入语句为：

```
scanf("a=%d,b=%d",&a,&b);
```

则输入时应按如下形式输入：

```
a=3,b=4✓
```

如果输入语句为：

```
scanf("%d: %d",&a,&b);
```

则输入时应按如下形式输入：

```
3:4✓
```

请注意以上的 scanf 语句的不同用法在输入数据时的区别。

② 可以指定输入数据所占的列数，系统自动按它截取所需数据。例如：

```
scanf("%3d %2d",&a,&b);
```

若输入：

```
12345✓
```

则系统自动将 123 赋给变量 a,45 赋给变量 b。

③ 对实型数据，输入时不能规定其精度。例如：

```
scanf("%6.3f",&x);
```

是不合法的。

④ 输入数据时，遇以下情况视该数据输入结束。

● 遇空格、回车或"Tab"键。

● 按指定的宽度结束，如前面所举的"%3d"，只取 3 列。

● 遇到非法输入，如在输入数值型数据时遇到字母即为非法输入。

⑤ 在输入字符数据时，若格式控制字符串中无非格式字符，则认为所有输入的字符均为有效字符（包括空格字符等）。例如：

```
scanf("%c %c %c",&a,&b,&c);
```

输入为：def 回车，则把'd'赋给 a，把'e'赋给 b，把'f'赋给 c。

若输入为：def 回车（d 后有一空格），则把'd'赋给 a，把空格赋给'b'，把'e'赋给 c。

如果在格式控制字符串中加入空格作为间隔，则输入时各数据之间可加空格。例如：

scanf("%c %c %c",&a,&b,&c);（在前两个%c 后各有一个空格）。

输入为：d e f 回车（d、e 后各有一空格），则把'd'赋给 a，把'e'赋给 b，把'f'赋给 c。

注意以上输入时的不同之处。

【例 3-8】格式输入函数的使用二。

```
main()
{ char c1,c2;
  int n1,n2;
  float f1,f2;
  scanf("%c%c",&c1,&c2);
  scanf("%d,%d",&n1,&n2);
  scanf("%f,%f",&f1,&f2);
  printf("c1=%c,c2=%c\n",c1,c2);
  printf("n1=%d,n2=%d\n",n1,n2);
  printf("f1=%7.2f,f2=%7.2f\n",f1,f2);
  getch();
}
```

若要使变量 c1 的值为'a'，变量 c2 的值为'A'，变量 n1 的值为 123，变量 n2 的值为-123，变量 f1 的值为 3.456，变量 f2 的值为-3.456，则运行该程序时正确的输入格式如下：

```
aA
123,-123↙
3.456,-3.456↙
```

运行结果：

```
c1=a,c2=A
n1= 123,n2= -123
f1= 3.45,f2= -3.46
```

3.3 字符的输入和输出

任务提出

从键盘输入大写字母，然后输出对应的小写字母。

任务分析

本题要求从键盘输入一个字符，然后将此字符转换成小写字母后输出。在前面已讲过可用格式输入函数 scanf()来实现输入，用格式输出函数 printf()来实现输出。这里用另一种方法实现。

任务实施

程序清单如下:

```
#include "stdio.h"
main()
{ char c1,c2;
  c1=getchar();
  printf("%c,%d\n",c1,c1);
  c2=c1+32;
  printf("%c,%d\n",c2,c2);
  getch();
}
```

程序运行时,若输入:

```
A ∠
```

则输出:

```
A,65
a,97
```

相关知识

前面介绍的格式输入输出函数,可以用来输入和输出各种基本类型的数据,如整型、短整型、长整型、无符号数、单精度数、双精度数、字符串等。但有时只需用来输入输出单个字符,为此,C 语言提供了专门用于单个字符的输入输出函数:字符输入函数 getchar()和字符输出函数 putchar(),这是最简单也是最容易理解的函数。

3.3.1　putchar()函数（字符输出函数）

putchar()函数的功能是向终端输出一个字符。

函数调用格式为

```
putchar(C);
```

其中参数 C 可以为字符变量、整型变量、字符常量或整型表达式。当 C 为字符变量或常量时,它输出参数 C 的值;当 C 为整型变量或整型表达式时,它输出 ASCII 值为参数 C 的字符。例如:

```
char x='A';
putchar('A');        /* 输出大写字母 A */
putchar(x);          /* 输出字符变量 x 的值 */
```

在 Turbo C 中使用本函数要用文件包含命令: #include "stdio.h"。

【例 3-9】输出单个字符。

```
#include "stdio.h"
main()
{ char a,b,c;
  a='A';
  b='B';
  c='C';
  putchar(a);
  putchar(b);
```

```
    putchar(c);
    getch();
}
```

运行后输出结果为：

ABC

putchar() 也可输出转义字符和控制字符，例如：

```
putchar('\101')        /* 输出字符'A'  */
putchar('\\')          /* 输出反斜杠字符"\" */
putchar('\"')          /* 输出双引号字符"""*/
putchar('\367')        /* 输出图形字符"■"*/
putchar('\n')
```
   /*输出一个换行符，不在屏幕上显示，只是使输出的当前位置移到下一行的开头*/

如例 3-9 改为：

```
#include "stdio.h"
main()
{ char a,b,c;
  a='A';
  b='B';
  c='C';
  putchar(a);putchar('\n');      /*注意与 printf("\n");的区别 */
  putchar(b);putchar('\n');
  putchar(c);
  getch();
}
```

则输出结果为：

```
A
B
C
```

3.3.2 getchar()函数（字符输入函数）

getchar()函数的功能是从终端（或系统隐含指定的输入设备）输入一个字符。getchar()函数没有参数。

函数调用格式为：

getchar();

函数的返回值就是从输入设备得到的一个字符。接收该函数值时，可以用字符变量或整型变量。

通常把输入的字符赋给一个字符变量，构成赋值语句。

【例 3-10】输入单个字符。

```
#include "stdio.h"
main()
{ char c;
  c=getchar();
  putchar(c);
  getch();
}
```

运行时，如果从键盘输入字符"A"，并按回车键，则在屏幕上就会看到输出的字符"A"。操作如下：

```
A√      （输入'A'，按"回车"键，字符才送到内存）
A       （输出变量 c 的值'A'）
```

这里请注意，getchar()只能接收一个字符。getchar()函数得到的字符可以赋给一个字符变量或整型变量，也可以作为表达式的一部分。如【例 3-10】可改为：

```
#include <stdio.h>
  main()
  {
    putchar(getchar());getch();
  }
```

另外，若在一个函数中要调用 getchar()函数，则和 putchar()函数一样，应在使用该函数之前（或本文件的开头）加上"文件包含"命令：

```
#include <stdio.h>
```

运行含有本函数的程序时，当程序执行到本函数时将等待用户输入，输入完毕程序再继续执行下去，直到本程序结束。

【例 3-11】字符输入输出函数的使用。

```
main()
  { char c1,c2,c3;
    c3='X';
    c1=getchar();
    c2=getchar();
    putchar(c1);
    putchar(c2);
    putchar(c3);
    getch();
  }
```

运行时，若输入"A"后回车，则变量 c1 的值为字符"A"；变量 c2 的值为字符"\n"。输出结果为：

```
A
X
```

3.4　字符串处理

相关知识

C 语言提供了丰富的字符串处理函数，大致可分为字符串的输入、输出、连接、复制、比较等，它们均包含在头文件"string.h"中。有关字符串的比较将在第 4 章中介绍，下面主要介绍其他几个常用的字符串处理函数。

3.4.1　字符串输出函数

字符串输出函数 puts()的格式为：

```
puts(字符数组);
```

功能：向显示器输出字符串（输出完毕，自动换行）。

说明：字符数组必须以'\0'结束。

例如，若有程序段：

```
puts("ABCDE");
puts("abcde");
```

则运行后的输出结果为：

```
ABCDE
abcde
```

3.4.2　字符串输入函数

字符串输入函数 gets()的格式：

```
gets(str);
```

其中的参数 str 是地址运算符，一般是数组名或后面要讲到的指针变量。

功能：从键盘输入一字符串放入字符数组中，以回车结束。

说明：并自动加'\0'.

【例 3-12】从键盘输入"中国欢迎您！"字样，并在屏幕上显示出来。

```
#include <stdio.h>
#include <string.h>
main()
{ char str[20];
  printf("请输入:");
  gets(str);
  puts(str);
  getch();
}
```

运行结果：

```
请输入：中国欢迎您!
中国欢迎您!
```

3.4.3　字符串连接函数

字符串连接函数 strcat()的格式：

```
strcat(字符数组1,字符数组2);
```

功能：把字符数组 2 连接到字符数组 1 后面。

返值：返回字符数组 1 的首地址。

说明：字符数组 1 必须足够大；连接前，两字符串均以'\0'结束，连接后，字符数组 1 的'\0'取消，新字符数组最后加'\0'. 字符数组 2 可以用字符串常量替代。

3.4.4　字符串复制（拷贝）函数

字符串复制函数 strcpy()的格式：

strcpy(字符数组 1,字符数组 2)

功能：将字符数组 2，复制到字符数组 1 中去。

返值：返回字符数组 1 的首地址。

说明：字符数组 1 必须足够大；拷贝时'\0'一同拷贝；不能使用赋值语句为一个字符数组赋值。字符数组 2 可以用字符串常量替代。

【例 3-13】字符串连接、字符串复制函数的应用。

```
#include "string.h"
#include "stdio.h"
void main()
{ char destination[25];
  char blank[]=" ",c[]="C++",turbo[]="Turbo";
  strcpy(destination,turbo);
  strcat(destination,blank);
  strcat(destination,c);
  printf("%s\n",destination);
  getch();
}
```

3.4.5　计算字符串长度函数

计算字符串长度函数 strlen()的格式：

strlen(字符数组);

功能：计算字符串长度。

返值：返回字符串实际长度，不包括'\0'在内。

例如，对于以下字符串：

（1）char s[10]={ 'A', '\0', 'B', 'C', '\0', 'D'};

（2）char s[]="\t\b\\\0will\n";

（3）char s[]="\x69\082\n";

strlen(s)的值分别为：（1）1；（2）3；（3）1。

3.5　图形模式下的输入与输出

任务提出

在同一屏幕上的不同位置画出 4 种图形，它们分别为圆，椭圆，空心矩形和实心矩形。

任务分析

该问题希望在同一屏幕的不同位置分别画出 4 种不同的图形，如要画一圆，那么首先要确定圆心的位置及半径的大小；如要画一椭圆，则要确定椭圆的中心位置、x 轴和 y 轴半径；如要画一矩形，则要确定矩形的长和宽；若是实心矩形，则还要确定用什么颜色来填充。

任务实施

完成以上功能的程序清单如下：

```
#include "stdio.h"
#include "conio.h"
#include "graphics.h"                  /*程序中用到图形函数*/
main()
{
  int gdriver,gmode;
  gdriver=DETECT;                      /*用于自动检测显示器硬件*/
  initgraph(&gdriver,&gmode," ");      /*图形初始化*/
  setcolor(GREEN);                     /*设置图形颜色为绿色*/
  circle(70,70,50);                    /*画一圆环，圆环颜色为绿色*/
  setcolor(4);                         /*重新设置下面图形的颜色为红色*/
  ellipse(350,70,0,360,100,50);
  /*以（350,70）为椭圆中心，以100和50为x轴和y轴半径，角度从0开始到360结束画一个完整的椭圆*/
  setcolor(GREEN);                     /*设置图形颜色为绿色*/
  rectangle(20,300,120,400);
  /*以（20,300）为左上角，以(120,400)为右下角画一个矩形框*/
  setcolor(4);                         /*重新设置下面图形的颜色为红色*/
  rectangle(300,300,400,400);
  /*以（300,300）为左上角，以(400,400)为右下角画一个矩形框*/
  getch();
}
```

相关知识

　　C语言系统提供了两种显示模式，一种是字符模式，另一种是图形模式。平时我们使用的C语言编辑界面就是在字符模式下的。在字符模式下，C语言提供了丰富的字符操作函数，利用这些库函数可以很方便地设计程序。

　　本节介绍图形模式下的输入输出操作，包括有关屏幕操作的函数、文本窗口的定义、文本窗口颜色的设置、窗口内文本的输入输出函数，以及图形模式下屏幕颜色的设置、基本图形函数的使用等。

3.5.1　文本窗口的定义

　　C语言默认的文本窗口为整个屏幕，共有80列（或40列）25行的文本单元，C语言允许使用window()函数定义屏幕上的一个矩形域作为窗口。窗口定义之后，有关窗口的输入输出函数就可以只在此窗口内操作而不超出窗口的边界。

　　window()函数的调用格式为：

```
window(int left,int top,int right,int bottom);
```

　　该函数的头文件为"conio.h"，函数中的形式参数（int left,int top）是窗口左上角的坐标，（int right,int bottom）是窗口右下角的坐标，其中（left,top）和（right,bottom）是相对于整个屏幕而言的。若在一个主函数中要调用 window()函数，则应在该函数的前面（或本文件的开头）加上"文件包含"命令：

```
#include "conio.h"
```

C 语言规定整个屏幕的左上角坐标为（1，1），右下角坐标为（80，25）。并规定沿水平方向为 x 轴，方向朝右；沿垂直方向为 y 轴，方向朝下。若 window()函数中的坐标超过了屏幕坐标的界限，则窗口的定义将不起作用，但程序编译链接不会出错。

例如，要定义一个窗口左上角在屏幕（20，5）处，大小为 5 列、5 行的窗口可写成"window(20,5,25,10);"。

3.5.2　文本窗口内的输入输出函数

1. 文本窗口的输出

窗口内文本的输出函数有 3 个，分别为：

① cprintf（格式控制字符串，输出表列）；

其中的"格式控制字符串"、"输出表列"和前面第 3.2 节介绍的 printf()函数中的含义一样。

该函数的功能为：输出一个字符串或数值到窗口中。它与 printf() 函数的用法完全一样，所不同的就是 cprintf()函数的输出受窗口的限制，而 printf()函数的输出窗口为整个屏幕。

② cputs();

该函数的功能为：输出一个字符串到窗口上，它与后面第 5 章将介绍的 puts()函数的用法也完全一样，只是受窗口大小限制。

③ putch();

该函数的功能为：输出一个字符到窗口内。用法和第 3.3 节介绍的 putchar()一样。

使用以上 3 个函数，当输出超出窗口的右边界时会自动转到下一行的开始处继续输出。当窗口内填满而输出内容没有结束时，窗口屏幕将会自动逐行上卷直到输出结束为止。

2. 文本窗口的输入

窗口内文本的输入函数只有一个，其调用格式为：

```
getch();
```

这就是前面讲过的函数，功能是从终端（一般为键盘）输入一个字符。

以上 4 个窗口内的输入输出函数是用于文本窗口内的输入输出，它们均包含在头文件"stdio.h"中，使用这些函数时要用文件包含命令　#include <stdio.h>。

3.5.3　文本窗口颜色的设置

文本窗口颜色的设置包括背景色的设置和字符颜色的设置。

1. 设置背景颜色的函数

函数名：textbackground

调用的一般格式：textbackground(int color);

功能：根据参数 color 所对应的颜色值设置背景颜色。

2. 设置字符颜色的函数

函数名：textcolor

调用的一般格式：textcolor(int color);

功能：根据参数 color 所对应的颜色值设置字符颜色。

使用以上两个函数应注意以下几点。

① 这两个函数的头文件均为 "conio.h"。若在一个主函数中要调用 textbackground ()函数和 textcolor()函数，则应在该函数的前面（或本文件的开头）加上文件包含命令：

```
#include <conio.h>
```

② 这两个函数均为有参函数，参数为颜色值，调用时可以用颜色的符号常量也可以用该颜色所对应的数值。有关颜色的定义如表 3-5 所示。

表 3-5　　　　　　　　　　　　有关颜色的定义

符号常量	数　值	含　义	功　能
BLACK	0	黑	用于设置字符或背景
BLUE	1	蓝	用于设置字符或背景
GREEN	2	绿	用于设置字符或背景
CYAN	3	青	用于设置字符或背景
RED	4	红	用于设置字符或背景
MAGENTA	5	洋红	用于设置字符或背景
BROWN	6	棕	用于设置字符或背景
LIGHTGAY	7	淡灰	用于设置字符或背景
DARKGRAY	8	深灰	只用于设置字符
LIGHTBLUE	9	淡蓝	只用于设置字符
LIGHTGREEN	10	淡绿	只用于设置字符
LIGHTCYAN	11	淡青	只用于设置字符
LIGHTRED	12	淡红	只用于设置字符
LIGHTMAGENTA	13	淡洋红	只用于设置字符
YELLOW	14	黄	只用于设置字符
WHITE	15	白	只用于设置字符
BLINK	128	闪烁	只用于设置字符

注：表中的符号常量与相应的数值等价，使用其中任一个作用一样。

例如，要设置一个蓝色背景可以使用以下两种方法：

```
textbackground(1)或textbackground(BLUE)
```

两者没有一点区别。

用 textbackground()和 textcolor()函数设置了窗口的背景颜色和字符颜色后，在没有用 clrscr() 函数（有关该函数的说明在 3.5.4 小节中介绍）清除窗口之前，颜色不会改变，直到使用了 clrscr()

函数，整个窗口和随后输出到窗口中的文本字符才会变成新颜色。

3. 同时设置文本的字符颜色和背景颜色的函数

函数名：textattr

调用的一般格式：texttattr(int attr);

功能：根据参数 attr 所对应的值同时设置文本的字符颜色和背景颜色。

其中参数 attr 的值表示颜色形式编码的信息。具体含义如下。

编码由八位（分别为 76543210）组成。字节的低四位（3210）设置字符颜色（取值范围为 0~15），字节的 4~6 位设置背景颜色（取值范围为 0~7），最高位（第 7 位）设置字符是否闪烁。

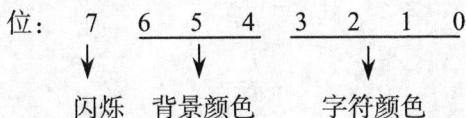

```
位:  7   6  5  4  3  2  1  0
     ↓   ↓        ↓
    闪烁 背景颜色   字符颜色
```

例如，要设置一个蓝底红字，定义方法为：

```
textattr(RED+(BLUE<<4));
```

若是设置一个闪烁的蓝底红字，则定义应为：

```
textattr(128+RED+(BLUE<<4));
```

> 用 textattr() 函数时背景颜色应左移 4 位，才能使 3 位背景颜色移到正确位置。有关位的左移运算符 "<<" 等到第 11 章再详细介绍。

textattr() 函数的头文件也为 "conio.h"。若在一个主函数中要调用 textattr () 函数，则也应在该函数的前面（或本文件的开头）加上文件包含命令：

```
#include <conio.h>
```

以上 3 个函数都是用于文本窗口的颜色设置。

3.5.4　有关屏幕定位的操作

1. 用于清除屏幕内容的函数

① clrscr();

其功能是清除当前窗口中的文本内容，把光标定位在窗口的左上角（1，1）处。

② clreol();

其功能是清除当前窗口中从光标处开始到行尾的所有字符，光标位置不变。

这两个函数都是无参函数。

2. 用来作光标定位的函数

gotoxy(x,y);

其功能是用来定位当前光标的位置，其中的 x、y 是指光标要定位处的坐标（相对于窗口而言）。

当 x、y 超出了窗口的大小时，该函数将不起作用。

【例 3-14】字符模式下窗口内容的有关操作举例（窗口定义、颜色设置、输入输出、屏幕定位）。

```
#include <stdio.h>
#include <conio.h>
main()
{
int a=1,b=2;
char ch1='A',ch2;
window(20,5,60,20);/*定义一窗口，左上角为（20，5），右下角为（60，20）*/
textbackground(3); /*设置屏幕背景颜色为青*/
textcolor(YELLOW); /*设置字符颜色为黄*/
clrscr();          /*清除屏幕*/
cprintf("a=%d,b=%d,ch=%c\n",a,b,ch1);
gotoxy(25,5);      /*光标定位*/
ch2=getch();
putch(ch2);
getch();
}
```

程序运行结果为：在背景颜色为青的窗口内输出黄色字符 a=1,b=2,ch=A 后光标移到指定位置等待输入，输入完毕返回编辑窗口。

3.5.5 基本图形函数

基本图形函数包括画点、画线及其他一些基本图形函数。它们均包括在头文件"graphics.h"中，使用图形函数时，应该在该源文件中使用以下的文件包含命令行：

```
#include <graphics.h> 或#include "graphics.h"
```

1. putpixel(x,y,color)（画点函数）

功能：用指定的像素画一个按 color 所指定的颜色的点。

其中的颜色"color"的值可取表 3-4 中的前 16 个值（即取值范围为 0～15），而 x、y 是指图形象元的坐标。在图形模式下是按象元来定义坐标的。

关于点的另外一个函数为：

getpixel(x,y);

功能：获得当前点（x,y）的颜色值。

2. 有关坐标的函数

① getmaxx();
功能：返回 x 轴的最大值。
② getmaxy();
功能：返回 y 轴的最大值。
③ getx();
功能：返回游标在 x 轴的位置。
④ gety();
功能：返回游标在 y 轴的位置。

以上 4 个函数都是无参函数。

⑤ movto(x,y);

功能：移动游标到（x,y）点，不是画点，在移动过程中不画点。

⑥ moverel(x,y);

功能：移动游标从现行位置（x,y）到（x+dx,y+dy）的位置，在移动过程中不画点。

3. 有关画线的函数

① line(x1,y1,x2,y2);

功能：画一条从点（x1,y1）到(x2,y2)的直线。

② lineto(x,y);

功能：画一条从现行游标到点（x,y）的直线。

③ linerel(dx,dy);

功能：画一条从现行游标（x,y）到按相对增量确定的点（x+dx,y+dy）的直线。

4. 有关画圆的函数

① circle(x,y,radius);

功能：以（x,y）为圆心，以 radius 为半径，画一个圆。

② arc(x,y,stangle,endangle,radius);

功能：以（x,y）为圆心，以 radius 为半径，从 stangle 开始到 endangle 结束（用度表示）画一段圆弧线。

5. 画椭圆函数

ellipse(x,y,stangle,endangle,xradius,yradius);

功能：以（x,y）为椭圆中心，以 xradius 和 yradius 为 x 轴和 y 轴半径，从角 stangle 开始到 endangle 结束画一段圆弧线，当 stangle=0，endangle=360 时画一个完整的椭圆。

6. 画矩形函数

rectangle(x1,y1,x2,y2);

功能：以（x1,y1）为左上角，以（x2,y2）为右下角画一个矩形框。

7. 画一个多边形的函数

drawpoly(numpoints,x1,y1,x2,y2,…,xn,yn);

功能：画一个 n 边形，n 边形的顶点数为 numpoints，各顶点的坐标为（xi,yi）(i=1,2,3,…,n)。基本图形函数如表 3-6 所示。

表 3-6　　　　　　　　　　　　　　　基本图形函数

函数名	函数原型	功　能	返回值
putpixel	putpixel(int x,int y,int color);	用指定的像素画一个按 color 所指定的颜色的点	
getpixel	getpixel(int x,int y);	求当前点的颜色值	当前点(x,y)的颜色值
getmaxx	int far getmaxx( );	求 x 轴的最大值	x 轴的最大值

函数名	函数原型	功　　能	返回值
getmaxy	int far getmaxy( );	求 y 轴的最大值	y 轴的最大值
getx	int far getx();	功能是返回游标在 x 轴的位置	游标在 x 轴的位置
gety	int far gety();	功能是求游标在 y 轴的位置	游标在 y 轴的位置
movto	int far movto(int x,int y);	移动游标到（x,y）点，不是画点，在移动过程中不画点	
moverel	int far moverel(int x,int y);	移动游标从现行位置（x,y）到（x+dx,y+dy）的位置，在移动过程中不画点	
line	line(int x1,int y1,int x2,int y2);	画一条从点（x1,y1）到(x2,y2)的直线	
lineto	lineto(int x,int y);	画一条从现行游标到点（x,y）的直线	
linerel	linerel(int dx,int dy);	画一条从现行游标（x,y）到按相对增量确定的点(x+dx,y+dy)的直线	
circle	circle(int x,int y,int radius);	以（x,y）为圆心，以 radius 为半径，画一个圆	
arc	arc(int x,int y,int stangle,int endangle,int radius);	以（x,y）为圆心，以 radius 为半径，从 stangle 开始到 endangle 结束（用度表示）画一段圆弧线	
ellipse	ellipse(int x,int y,int stangle,int endangle,int xradius,int yradius);	以（x,y）为椭圆中心，以 xradius 和 yradius 为 x 轴和 y 轴半径，从角 stangle 开始到 endangle 结束画一段圆弧线，当 stangle=0，endangle=360 时画一个完整的椭圆	
rectangle	rectangle(int x1,int y1,int x2,int y2);	以（x1,y1）为左上角，以(x2,y2)为右下角画一个矩形框	
drawpoly	drawpoly(int numpoints,int x1,int y1,int x2,int y2,…,int xn,int yn);	画一个 n 边形,n 边形的顶点数为 numpoints-1(注意 numpoints 的值是多边形的顶点数加 1)，各顶点的坐标为（xi,yi) (i=1,2,3,…,n)	

3.5.6　图形模式下简单操作的函数

1. 清屏函数

cleardevice()；

功能：清除屏幕上原有的图形。这是一个无参函数。

2. 设置屏幕颜色的函数

① 设置背景色函数：

setbkcolor(int color)；

功能：设置图形的背景色，对于 EGA、VGA 显示器适配器，其中的参数"color"的值可取表 3.6 中的前 16 个值（即取值范围为 0～15）。

② 设置前景色函数：

setcolor(int color);

功能：设置图形的作图色，对于 EGA、VGA 显示器适配器，其中的参数 "color" 的值可取
表 3.6 中的前 16 个值（即取值范围为 0 ~ 15）。

3.5.7　图形模式的初始化

微机系统默认的屏幕为文本模式（前面讲过的 80 列、25 行的字符模式），此时所有的图形函
数均不能工作。可以用下列图形初始化函数将屏幕设置为图形模式：

far initgraph(int far *gdrive,int far *gmode,char *path);

其中，gdrive 和 gmode 分别表示图形驱动器和模式，path 是指图形驱动程序所在的目录路径。
有关图形驱动器、图形模式的符号常量及对应的分辨率等可参看有关的书籍，这里不做详解。
下面仅举例说明其用法。

【例 3-15】基本图形函数的用法举例。

```
#include <stdio.h>
#include <graphics.h>                    /*程序中用到图形函数*/
main()
{
  int gdriver,gmode;
  gdriver=DETECT;                        /*用于自动检测显示器硬件*/
  initgraph(&gdriver,&gmode," ");        /*图形初始化*/
  setbkcolor(BLUE);                      /*设置背景色为蓝色*/
  cleardevice();                         /*清除屏幕*/
  setcolor(GREEN);                       /*设置图形颜色为绿色*/
  circle(320,240,98);                    /*画一个圆环，圆环颜色为绿色*/
  setcolor(4);                           /*重新设置下面图形的颜色为红色*/
  rectangle(220,140,420,340);            /*画一个红色矩形框*/
  line(220,240,420,240);                 /*画一条红色直线*/
  getch();
}
```

程序执行情况为：先输出一个背景色为蓝色的圆环，再输出一个红色矩形框和一条红色直线。

3.6　顺序结构程序设计

程序有 3 种基本结构：顺序结构、选择结构和循环结构。其中顺序结构是最简单的一种程序
结构，所有的程序流程归根结底是顺序执行的。

【例 3-16】输入一个三位数，依次输出该数的正号或负号、百位、十位、个位数字。

程序清单如下：

```
#include <math.h>
main()
{
  char c1,c2,c3,c4;
  int x;
  scanf("%d",&x);          /*输入一个三位数的整数*/
```

```
if(x>=0)  c4='+';else c4='-';
x=abs(x);
c3=x%10+48;          /*x%10 获得个位数字，加 48 后转换成对应字符*/
x=x/10;              /*取得 x 的前两位数字*/
c2=x%10+48;          /*x%10 获得十位数字，加 48 后转换成对应字符*/
c1=x110+48;          /*x110 获得百位数字，加 48 后转换成对应字符*/
printf("%c\n%c\n%c\n%c\n",c4,c1,c2,c3);
getch();
}
```

【例 3-17】已知圆半径 radius=1.5，求圆周长和圆面积。

程序清单如下：

```
main()
{
  float radius,length,area,pi=3.141593;
  radius=1.5;
  length=2*pi*radius;                    /*求圆周长*/
  area=pi*radius*radius;                 /*求圆面积*/
  printf("radius=%f\n",radius);          /*输出圆半径*/
  printf("length=%5.2f,area=%5.2f\n",length,area);
  getch();                               /*输出圆周长、面积*/
}
```

程序运行结果如下：

```
radius=1.500000
length= 9.42,area= 7.69
```

【例 3-18】编写程序，当输入一个华氏温度（℉）时，按下面的公式计算并输出对应的摄氏温度（℃）。

计算公式为：

C=5(F-32)/9

程序清单如下：

```
main()
{ float  F,C;
  scanf("%f",&F);
  C=5/9.0*(F-32);
  printf("C=%.1f",C);
  getch();
}
```

【例 3-19】从键盘输入一个小写字母，输出该字母及对应的 ASCII 值，然后将该字母转换成大写字母，并输出大写字母及对应的 ASCII 值。

程序清单如下：

```
#include <stdio.h>
main()
{ char c1,c2;
  c1=getchar();
  printf("%c,%d\n",c1,c1);
  c2=c1-32;
  printf("%c,%d\n",c2,c2);
  getch();
}
```

程序运行情况如下：

```
a↙
a,97
A,65
```

本章小结

1．从程序流程的角度来看，程序可以分为 3 种基本结构，即顺序结构、选择结构和循环结构。这 3 种基本结构可以组成所有的各种复杂程序。本章介绍最简单的顺序结构程序，使读者对 C 程序有一个初步的认识，为后面各章的学习打下基础。

2．C 语言没有提供专门的输入输出语句，所有的输入输出都是由调用标准库函数中的输入输出函数来实现的。其中：

（1）scanf()和 getchar()函数是输入函数，接收来自键盘的输入数据。其中 scanf()是格式输入函数，可按指定的格式输入任意类型的数据；getchar()函数是字符输入函数，只能接收单个字符。

（2）printf()和 putchar()函数是输出函数，向显示屏幕输出数据。其中 printf()是格式输出函数，可按指定的格式显示任意类型的数据。putchar()函数是字符输出函数，只能显示单个字符。

格式输入和输出是本章的重点，也是较难掌握又容易出错的内容，读者在学习的过程中要多用多练。

3．C 语言提供了各种各样的库函数。本章介绍了一些常用的字符处理函数。注意各种函数的具体用法。

4．C 语言系统提供了两种显示模式，一种是字符模式，另一种是图形模式。本章介绍了字符模式下有关屏幕操作的函数、文本窗口的定义、文本窗口颜色的设置、窗口内文本的输入输出等。除此之外，还简单介绍了图形模式下屏幕颜色的设置、基本图形函数的使用等。

习 题 3

一、选择题

1．使用"scanf("x=%f,y=%f",&x,&y);"，要使 x,y 的值均为 1.25，正确的输入是_____。

   A．1.25,1.25 　　　　 B．1.25 1.25 　　　　 C．x=1.25,y=1.25 　　 D．x=1.25　y=1.25

2．设有语句"scanf("%c%c%c",&c1,&c2,&c3);"，若 c1、c2、c3 的值分别为 a、b、c，则正确的输入方法是_____。

   A．a↙b↙c↙("↙"为回车) 　　　　　　 B．abc↙

   C．a,b,c↙ 　　　　　　　　　　　　 D．a b c↙

3. 若变量已正确说明为 float 型，通过语句 "scanf("%f %f %f",&a,&b,&c);" 给 a 赋值 10.0，给 b 赋值 22.0，给 c 赋值 33.0 。则不正确的输入形式为_____。

    A. 10.0✓   B. 10.0,22.0,33.0✓   C. 10.0✓   D. 10.0 22.0✓

       22.0✓   22.0 33.0✓   33.0✓

       33.0✓

4. 设有 "int i=10,j=10;" 则 "printf("%d,%d\n",++i,j- -);" 输出的是_____。

    A. 10, 10   B. 10, 9   C. 11, 9   D. 11, 10

5. 设 a,b 为字符变量，执行 "scanf("a=%c,b=%c",&a,&b);" 后使 a 为'A'，b 为 'B'，从键盘上的正确输入为_____。

    A. 'A', 'B'   B. 'A' 'B'   C. A=A,B=B   D. a=A,b=B

6. 设 a=3,b=4，执行 "printf("%d,%d\n",(a,b),(b,a));" 输出的是_____。

    A. 4, 3   B. 3, 4   C. 3, 3   D. 4, 4

7. 下面程序的输出结果是_____。

```
main()
{ int c1='b', c2='e', c3='e';
  printf("%d,%c",c2-c1, c3-32);
  getch();
}
```

    A. 2, M   B. 3, E   C. 2, E   D. 不能确定

8. 下面程序的输出结果是_____。

```
main()
{
   int a=4;  float b=9.5;
   printf ("\na=%d ,b=%4.2f",a ,b );
}
```

    A. 4, 9.5   B. \na=%d, b=%f   C. a=4,b=9.50   D. a=4,b=9.5

9. 以下对 scanf 函数的使用，叙述正确的是_____。

    A. 输入项可以是一个实型常量，如 scanf("%f",3.5);

    B. 只有格式控制，没有输入项，也能正确输入数据到内存，如 scanf("a=%d,b=%d");

    C. 当输入一个实型数据时，格式控制部分可以规定小数点后的位数，如 scanf("%4.2f",&f);

    D. 当输入数据时，必须指明变量地址，如 scanf("%f",&f);

10. 下列颜色值中，代表淡青的是_____。

    A. BLUE   B. LIGHTCYAN   C. RED   D. CYAN

11. 如要定义一个窗口，窗口的左上角在屏幕（5，5）处，窗口大小为 10 行，15 列。则正确的窗口定义语句为_____。

    A. window(5,5,10,15)   B. window(5,5,20,15)

    C. window(5,5,10,20)   D. window(5,5,15,20)

二、填空题

1. 算法的 5 个特性：有穷性、_____、_____、输入、输出。

2. 若有定义 float x=1.23444355;则 "printf("%f\n",x);" 的输出结果为_____。

3. 标准 C 语言的输入输出是通过_____来实现的。

4. 设 m=3,n=7,k=9,若有语句 "scanf("%dm%dn%dk",&a,&b,&c);",则正确的输入格式为_____。

5. C 语言的所有输入输出函数都包含在头文件_____中。

6. 数学函数包含在头文件_____中。

7. C 语言的 3 种基本结构是顺序结构、_____、_____。

8. {a=3;c+=a-b;}在语法上被认为是_____条语句。空语句的形式是_____。

9. C 语言的所有的图形函数都包含在头文件_____中。

10. C 语言的所有的字符屏幕函数的都包含在头文件_____中。

11. C 语言默认的文本窗口为整个屏幕，共有_____列（或 40 列）_____行的文本单元。

12. 经过下列程序段后，文本颜色设置为_____色。

```c
#include <conio.h>
main()
{ textcolor(RED);
  clrscr();
  cprintf("%s\n","china");
  getch();
}
```

三、程序分析题

1. 下列程序的运行结果是_____。

```c
main()
{ char c1='a';
  int b=2,c;
  c=c1+b;
  printf("%c,%d,%d\n",c1,b,c);
  getch();
}
```

2. 若运行时输入 ab，则下列程序段的输出结果为_____。

```c
#include <stdio.h>
main()
{ char c1,c2;
  c1=getchar();
  c2=getchar();
  putchar(c1);
  putchar(c2);
  printf("\n");
  printf("%c,%c\n",c1,c2);
  getch();
}
```

3. 下列程序段的输出结果为_____。

```c
main()
{ int a=1,b=2;
  a=a+b;
  b=a-b;
  a=a-b;
  printf("%d,%d\n",a,b);
  getch();
}
```

4. 下列程序段的输出结果为_____。

```
#include <stdio.h>
 main()
 { int a=10,b=29,c=5,d,e;
    d=(a+b)/c;
    e=(a+b)%c;
    printf("D=%d,E=%d\n",d,e);
    getch();
 }
```

四、编程题

1. 输入三角形的三边长，求三角形的面积。已知三角形的三边长求三角形的面积公式为：

$$area=\sqrt{s(s-a)(s-b)(s-c)}$$，其中 a、b、c 为三角形三边，s=(a+b+c)/2。

2. 用格式控制符打印以下图形。

```
   *
  ***
 *****
*******
```

3. 编一程序，输入一个华氏温度（℉），按下列公式计算并输出对应的摄氏温度（℃）。计算公式为 C=5（F-32）/9。

4. 用红、黄、绿分别输出 "Hello World"。

5. 编一程序，在屏幕上坐标为（2，3）和（6，9）之间画出一条红色的直线。

第**4**章

选择结构程序设计

第 3 章介绍了顺序结构，顺序结构程序执行时是按照程序的书写顺序一条一条地执行。然而实际程序设计中经常会遇到依条件不同分别执行不同语句的情形，此时顺序结构就无能为力了，这就要用到选择结构（又称分支结构）。例如，给定 3 条边的长度，判断能否构成三角形。若能构成三角形，则求其面积；否则显示"不能构成三角形"的信息。

C 语言提供作为判断条件的关系表达式和逻辑表达式，还有实现选择结构的 if 语句和 switch 语句。即用 C 语言设计选择结构程序，要考虑两个方面的问题：一是如何表示条件；二是用什么语句来实现选择结构。本章将详细介绍如何在 C 语言程序中实现选择结构。

4.1 关系与逻辑运算符及表达式

任务提出

判断某一年 year 是否为闰年，闰年的条件是：年份 year 能被 4 整除，但不能被 100 整除，或者能被 400 整除。用逻辑表达式来表示该判断条件。

任务分析

闰年的条件是符合下面的条件之一：（1）年份 year 能被 4 整除，但不能被 100 整除；（2）年份 year 能被 400 整除。

处理此问题首先需要用算术表达式和关系表达式分别表示年份 year 能被 4 整除等关系，最后需要用逻辑运算符&和||把这些关系表达式连接起来构成逻辑表达式。

任务实施

判断是否闰年的逻辑表达式如下：

```
(year%4==0 && year%100!=0) || (year%400==0)
```

当 year 为某一整数时，上述表达式的值为 1，则 year 是闰年；否则 year 不是闰年。

相关知识

4.1.1　关系运算符及其优先级

C 语言中一般用关系表达式或逻辑表达式表示条件，也允许用其他表达式表示条件。

把两个量进行比较的运算符称为关系运算符。"比较"即是判断两个数据是否符合某种关系。例如，x>y 的 ">"表示的是大于关系运算。

1. 关系运算符

C 语言提供 6 种关系运算符：<,<=,>,>=,==,!=,分别是小于、小于等于、大于、大于等于、等于、不等于。

说明　关系运算符 "=="和赋值运算符 "="很容易混淆，必须注意两者之间的区别。

2. 关系运算符的优先级（运算次序）

C 语言规定>、>=、<、<= 四种运算符的优先级为 6；==和!= 优先级为 7。而算术运算符优先级为 3（*,\,%）或 4（+,–），赋值运算符的优先级为 14，显然，在这几种运算符中，算术运算符的优先级最高，关系运算符次之、赋值运算符最低。

3. 关系运算符的结合性

6 种关系运算符都具有左结合性，即结合方向是从左到右。例如，

c>a+b：等价于 c>(a+b)，因为关系运算符的优先级低于算术运算符。

a=b>c：等价于 a=(b>c)，因为赋值运算符的优先级低于关系运算符。

a= =b<c：等价于 a= =(b<c)，因为关系运算符 "= ="的优先级低于关系运算符 "<"。

a>b>c：等价于(a>b)>c，因为关系运算符具有左结合性。

4.1.2　关系表达式及其运算

用关系运算符将两个表达式连起来的式子，称为关系表达式。关系运算符两边的运算对象可以是 C 语言中任意合法的表达式。例如，b+3>c, (a=3)>(d=4), a>b==c,'a'<'h'。

关系表达式的值是一个逻辑值，即 "真"或 "假"。C 语言没有逻辑型数据，规定用整数 1 表示逻辑真，用整数 0 表示逻辑假。例如，3<5 的值为 1，3<4<2 的值为 0。

【例 4-1】求关系表达式的值。

```
main()
```

```
{
    char c='k';
    int i=1,j=2,k=3;
    printf("%d,%d\n",'a'+4<c,-i-2*j>=k+1);
    printf("%d,%d\n",i+j+k==-2*j,i<j<k);  /*关系运算符具有左结合性*/
    getch();
}
```

分析

① 因为'a'+4 的值为字符'e'，而 c='k'，所以'a'+4<c 为"真"，关系表达式'a'+4<c 的值为 1。

② 因为–i–2*j 的值为–5，而 k+1 的值为 4，所以–i–2*j>=k+1 为"假"，关系表达式–i–2*j>=k+1 的值为 0。

③ 因为 i+j+k 的值为 6，而–2*j 的值为–4，所以 i+j+k==–2*j 为"假"，关系表达式 i+j+k==–2*j 的值为 0。

④ 因为 i<j<k 等价于(i<j)<k，i<j 的值为 1，而 k=3，所以 i<j<k 为"真"，关系表达式 i<j<k 的值为 1。

程序运行结果：

```
1,0
0,1
```

4.1.3　字符串的比较

字符串比较不能使用上述 6 种关系运算符，如"abc"=="abc"这种表达方式是错误的，字符串的比较必须要用串的比较函数 strcmp()。

字符串比较函数 strcmp()的调用格式如下：

```
strcmp(字符串1,字符串2);
```

功能：比较字符串 1 和字符串 2 的大小。如果字符串 1 大于字符串 2，则函数返回一个正整数；如果字符串 1 小于字符串 2，则函数返回一个负整数；如果两个字符串相等，则函数返回 0。

字符串的比较规则是，将两个字符串从左至右逐个字符（按照 ASCII 码值）比较，直到出现不相等的字符或遇到字符 '\0' 为止。如果所有的字符都相等，则两个字符串相等。如果出现了不相等的字符，以第一个不相等的字符的比较结果为准。例如：

```
strcmp("china","CHINA");  函数将返回一个正整数，因为'c'的值大于'C'的值
strcmp("ab3d","abcd");  函数将返回一个负整数，因为'3'的值小于'c'的值
strcmp("zhang","zhang");  函数将返回 0
```

有关字符串的其他处理函数在第 3 章中已作了介绍。

4.1.4　逻辑运算符及其优先级

关系表达式描述的是单个条件，如 a>b。若需要描述 a>=b 且 a<=c，就要用到逻辑表达式。

1.　逻辑运算符

C 语言提供 3 种逻辑运算符：!（逻辑非）、&&（逻辑与）、||（逻辑或），其中!是单目运算符，

&&和||是双目运算符。

例如：(a>=b)&&(a<=c),a||b,!(x<y)都是逻辑表达式。

2. 逻辑运算符的运算规则

① &&运算符，当且仅当两个运算量的值都为"真"时，运算结果是"真"，否则为假。等价于日常用语中的"同时"的意思。

② ||运算符，当且仅当两个运算量的值都为"假"时，运算结果是"假"，否则为真。等价于日常用语中的"或者"的意思。

③ !运算符，当运算量的值为"真"时，运算结果是"假"，当运算量的值为"假"时，运算结果是"真"。等价于日常用语中的"取反"的意思。

表4-1中给出了C语言中的逻辑运算规则。

表4-1　　　　　　　　　　　　　　　　　逻辑运算规则

a	b	!a	!b	a&&b	a||b
非0	非0	0	0	1	1
非0	0	0	1	0	1
0	非0	1	0	0	1
0	0	1	1	0	0

3. 逻辑运算符的优先级（运算次序）

优先级（从高到低）：!（非）→算术运算符→关系运算符→&&和||→赋值运算。

4. 逻辑运算符的结合性

逻辑运算符&&和||具有左结合性，即结合方向是从左到右。而逻辑运算符!（非）则具有右结合性。

例如：a>b && x>y 等价于(a>b) && (x>y)，因为逻辑运算符&&的优先级低于关系运算符>；!a || a>b 等价于(!a) || (a>b)，因为!的级别最高，先完成!a 运算，再进行 a>b 的运算，最后完成||运算。

4.1.5　逻辑表达式及其运算

逻辑表达式的准确定义：用逻辑运算符将关系表达式或逻辑量连接起来的式子。但是，C语言把它扩展了：用逻辑运算符将若干个表达式（C语言的任何表达式）连接起来进行运算的式子，称为逻辑表达式。逻辑表达式一般用于表达多个条件的组合。

例如，数学表达式0≤a≤5，可以用逻辑表达式（a>=0）&&（a<=5）来描述。

说明

（1）逻辑表达式的值是逻辑值，即"真"或"假"，用整数1表示"真"、整数0表示"假"。

（2）对非逻辑量也可以进行逻辑运算。如果一个数为0，判定为"假"，如果为非0，判定为"真"。例如，'c'&&'d'的值为1，因为'c'和'd'的 ASCII 码值都不为0，按"真"处理。

（3）在计算逻辑表达式时，并不是所有的表达式都被求解，只有在必须执行下一个表达式时，才求解该表达式。

① 对于逻辑与运算，若第 1 个操作数被判定为"假"，系统不再判断或求解第 2 个操作数。例如，

```
int a=0,b=1;
int c=a++&&b++;
printf("%d,%d,%d\n",a,b,c);
```

运行结果为：1, 1, 0。

② 对于逻辑或运算，若第 1 个操作数被判定为"真"，系统不再判断或求解第 2 个操作数。例如，

```
int a=1,b=0;
int c=a++||b++;
printf("%d,%d,%d\n",a,b,c);
```

运行结果为：2, 0, 1。

【例 4-2】求逻辑表达式的值。

```
main()
{
    int a=0,b=1,c,d;
    c=a++&&b++;
    d= b>c&&!c||0;
    printf("%d,%d,%d,%d\n",a,b,c,d);
    getch();
}
```

程序运行结果：

```
1,1,0,1
```

【例 4-3】用一个逻辑表达式表示一个字符型变量 c 是否为大写英文字母。

分析

大写英文字母的条件是同时要符合下面两个条件：

（1）大于等于'A'；

（2）小于等于'Z'。

因此得到判断大写英文字母的逻辑表达式：

```
c>='A'&&c<='Z'
```

4.2　if 语句

任务提出

编写一个程序，实现学生信息管理系统的登录验证，即从键盘输入用户的用户名和密码，判断用户输入的用户名和密码是否均正确，从而显示"登录成功"或者"登录失败"。

任务分析

处理此问题必须要用选择结构中的 if…else 语句来处理。因为要判断输入的用户名和密码是否均正确，从而显示"登录成功"或者"登录失败"。

可定义 4 个字符数组，其中 2 个数组分别用来存放从键盘输入的用户名和用户密码，另外 2 个数组用来存放初始用户名和初始密码。

为了使输出美观，设置背景色为蓝色，前景色为白色。

从键盘输入用户名和密码，然后利用字符串比较函数 strcmp()实现判断从键盘输入的用户名和初始用户名是否相等。

如果用户名和的密码均正确，则显示"登录成功"，否则显示"登录失败"。

任务实施

完整的程序清单如下：

```c
#include "stdio.h"
#include "conio.h"
#include "string.h"
main()
{
    char username[11];              /* 用户名*/
    char userpass[9];               /* 用户密码*/
    char initname[]={"mary"};       /* 初始用户名*/
    char initpass[]={"88888888"};   /* 初始用户密码*/

    textbackground(BLUE);           /* 设置背景色为蓝色，注意 BLUE 必须大写，颜色可更改*/
    textcolor(WHITE);               /* 设置前景色为白色*/
    clrscr();                       /* 清屏，使设置生效*/

    gotoxy(23,8);printf("*******欢迎进入学生信息管理系统*******");
    gotoxy(30,10);printf("请输入用户名:");
    scanf("%s",username);           /* 从键盘输入用户名*/
    gotoxy(30,12);printf("请输入密码:");
    scanf("%s",userpass);           /* 从键盘输入用户密码*/

    if (strcmp(username,initname)==0&&strcmp(userpass,initpass)==0)
                                    /* 用户名和密码正确 */
    {
        gotoxy(30,14);
        printf("用户名和密码正确,登录成功");
    }
    else
    {
        gotoxy(30,14);
        printf("登录失败! ");
    }
    gotoxy(30,16);printf("按回车键继续! ");
    gotoxy(23,18);printf("*********************************");
    getch();
}
```

由于我们目前所学的相关知识有限，本程序中用户输入的密码会如实显示出来，这和实际的需求有差异（密码以"********"显示）。

本程序仅实现了判断用户名和登录密码是否均正确的功能，我们可尝试对该程序作一些修改，如把"登录失败"的原因描述得更确切："用户名错误"、"密码错误"还是"用户名和密码均错误"等。

相关知识

if 语句是对所给定的条件进行判定，根据判定的结果（真或假），决定执行某个分支程序。

4.2.1　if 语句的 3 种形式

if 语句有 3 种形式：单分支 if 语句、双分支 if 语句、多分支 if 语句。

1. 单分支 if 语句

① 格式如下：

```
if（表达式）
语句；
```

② 功能：若表达式的值为真，则执行其后的语句组，否则不执行语句。该语句的执行过程如图 4-1 所示。

例如：

```
if(x>y)  printf("%d",x);
```

当（x>y）成立时，执行"printf("%d",x);"（即打印输出 x），否则不执行语句"printf("%d",x);"。

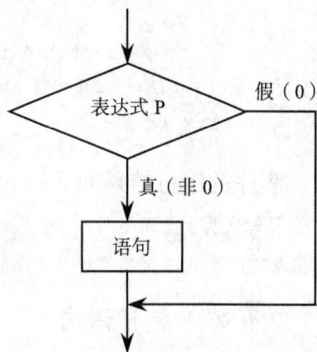

图 4-1　单分支 if 语句的执行过程

说明

① 在 if 语句中，条件判断表达式必须用括号括起来。

② if 语句自动结合一个语句，当满足条件需要执行多个语句时，应用一对大括号 {}将需要执行的多个语句括起，形成一个复合语句。

③ if 语句中表达式形式很灵活，可以是常量、变量、任何类型表达式、函数、指针等。只要表达式的值为非零值，条件就为真，反之条件为假。

【例 4-4】判断一个数是否为奇数，如果为奇数则输出，否则不输出。

分析

判断一个数是否为奇数用关系表达式表示：number%2!=0，若此表达式的值为真，则 number 是奇数，输出 number;否则不输出。

完整的程序清单如下：

```
main()
{
  int number;
  printf("请输入一个数是:");
  scanf("%d",&number);
  if(number%2!=0)      /* number 是奇数*/
    printf("数字%d 为奇数\n",number);
  getch();
```

```
}
```

程序的运行结果如下：

请输入一个数是：85↙

数字85为奇数

【例4-5】 从键盘输入两个整数a和b，如果a大于b则交换两数，最后输出两个数。

分析

完成两个数交换需要3个语句："temp=a;a=b;b=temp;"，而if语句只能自动结合一个语句，故此时需要用"{ }"将这3个语句括起来构成复合语句：{temp=a;a=b;b=temp;}。

完整的程序清单如下：

```
main()
{
    int a,b,temp;
    printf("请输入两个数a,b :");
    scanf("%d%d",&a,&b);
    if(a>b)
        {temp=a;a=b;b=temp;}   /* 两数交换*/
    printf("a=%d,b=%d \n",a,b);
    getch();
}
```

程序的运行结果如下：

请输入两个数a,b :8   5↙

a=5,b=8

2. 双分支if语句

① 格式如下：

```
if（表达式）
    语句1;
else
    语句2;
```

② 功能：若表达式的值为真，则执行语句1，否则执行语句2。该语句的执行过程如图4-2所示。例如，

```
if(x>y)    printf("%d",x);
else       printf("%d",y);
```

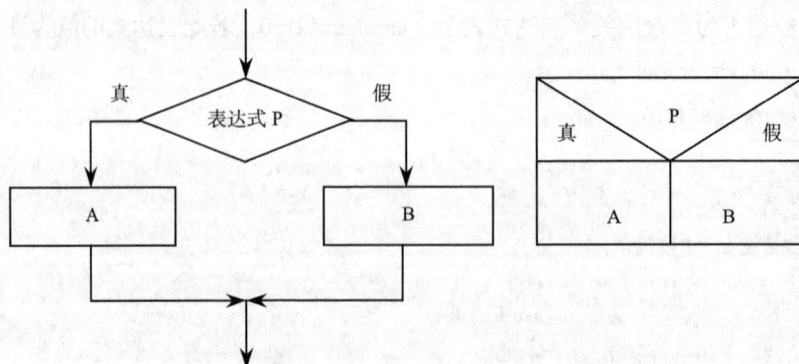

图4-2   双分支if语句的执行过程

当（x>y）成立时，执行 printf("%d",x);语句，打印输出 x。否则执行语句 printf("%d",y); 打印输出 y。本例可用来打印输出两个数中较大的数。

事实上，单分支 if 语句可看作是二分支 if 的一种特殊情形（语句 B 为空）。

【例 4-6】从键盘输入一个学生某门课程的考试分数，判定是否及格。

分析

输入分数 score，用 if 语句判别 score 是否大于等于 60，若 score 大于等于 60，则显示"及格，通过!"，否则显示"不及格，需补考!"。

完整的程序清单如下：

```
main()
{
    int score;
    printf("请输入考试分数:");
    scanf("%d",&score);
    if (score>=60)      /* 关系表达式 score>=60 是条件*/
        printf("及格,通过!\n");
    else
        printf("不及格,需补考!\n");
    getch();
}
```

程序的运行结果如下：

```
请输入考试分数:85↵
及格,通过!
请输入考试分数:36↵
不及格,需补考!
```

【例 4-7】某商品的零售价为每公斤 9.3 元，批发价为每公斤 7.5 元，购买量在 20 公斤以上，便可按批发价计算，设某顾客购买此商品 weight 公斤，请编程计算该顾客需付费（pay）多少。

分析

购买某商品，顾客付费 pay=weight*单价。而每公斤的单价是根据购买重量 weight 是否在 20 公斤以上，若是则按批发价为每公斤 7.5 元，否则按零售价为每公斤 9.3 元。所以计算顾客付费应先判断其购买重量 weight 是否大于等于 20，若 weight>=20, pay=weight*7.5;否则 pay=weight*9.3。

完整的程序清单如下：

```
main()
{
    float weight,pay;
    printf("请输入购买此商品的重量 weight:");
    scanf("%f",&weight);
    if (weight>=20)          /*  购买量在 20 公斤以上*/
        pay=weight*7.5;
    else
        pay=weight*9.3;
    printf("你应付%.2f 元",pay);
    getch();
```

```
}
```

程序的运行结果如下：

请输入购买此商品的重量 weight:21↵

你应付 157.50 元

【例 4-8】以赋值表达式为分支条件的实例。

完整的程序清单如下：

```
main()
{ int s;
    if(s=2)
        printf("hello");
    else
        printf("error");
        getch();
}
```

程序的运行结果如下：

```
hello
```

上例中的条件表达式是一个赋值表达式，并不是判断 s 是否等于 2，相当于 if（2）printf("hello");，这是合法的。由于该条件表达式的值是非零值，恒为真，故本程序的执行结果为输出 hello。

3. 多分支 if 语句

① 格式如下：

```
if (表达式 1) 语句 1;
else  if (表达式 2) 语句 2;
       …
else   if (表达式 m) 语句 m;
else    语句 n;
```

② 功能：由上而下，依次判断表达式的值，当某个表达式的值为真时，就执行其对应的语句。执行完毕后，跳出 if 选择语句之外的下一条语句继续执行。如果所有的表达式全为假，则执行 else 后的语句 n。该语句的执行过程如图 4-3 所示。

【例 4-9】计算分段函数的函数值。

$$y=\begin{cases} x+5 & x\leqslant 1 \\ 2x & 1<x\leqslant 10 \\ 3/(x-10) & x>10 \end{cases}$$

分析

该函数是将 x 的全部值域分为 3 段，$x\leqslant 1, 1<x<10$ 和 $x\geqslant 10$，且段与段之间是连续的，属于多条件判断问题，应该使用多分支语句来完成。

完整的程序清单如下：

```
main()
{
    float x,y;
```

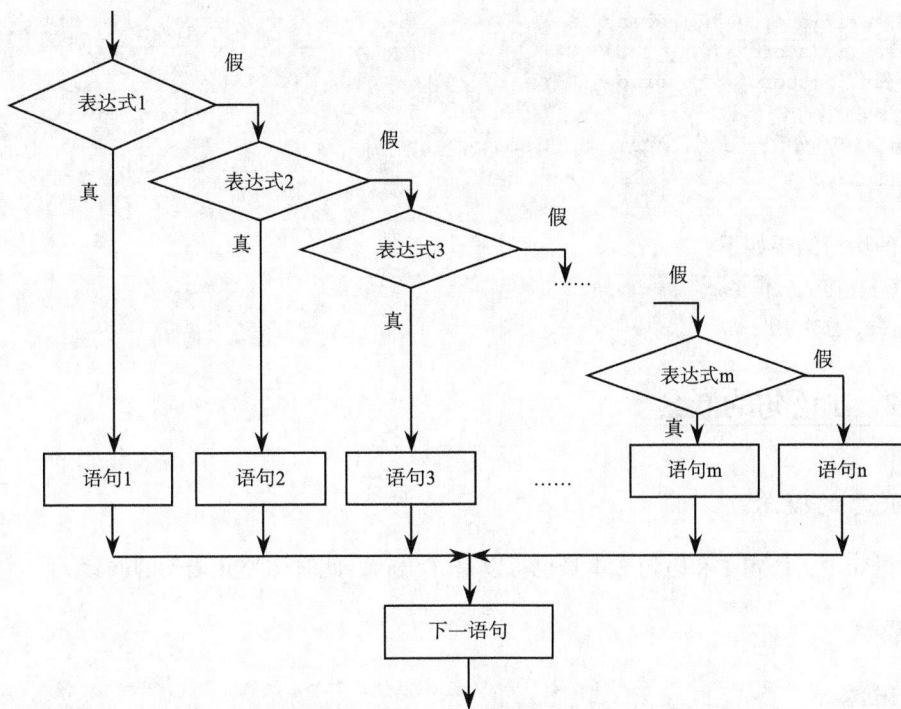

图 4-3 多分支 if 语句的执行过程

```
        printf("请输入 x:");
        scanf(" %f ",&x);
        if(x<=1) y=x+5;                    /*若 x<=1 , 则 y=x+5; */
        else if(x<=10)  y=2*x;             /*若 x<=10(同时隐含 x>1) , 则 y=2*x; */
        else  y=3/(x-10);                  /*若 x<=10 不成立(隐含 x>10) , 则 y=3/(x-10); */
        printf("x=%.2f,y=%.2f\n",x,y);
        getch();
}
```

程序的运行结果如下：

```
请输入 x:8↵
x=8.00,y=16.00
```

【例 4-10】若有一个百分制成绩，现要将其转换成等级。90 分以上为'A'等，89～80 分为'B' 等，79～70 分为'C'等，69～60 分为'D'等，60 分以下为'E'等。

分析

成绩的值域是从 0～100 分，5 个等级将该值域分为 5 段，且段与段之间是连续的，其分界点分别为 90，80，70，60。

程序实现如下：

```
main()
{
    int  score;
    char grade;
    printf("\n 请输入分数(0-100):");;
    scanf("%d",&score);
    if(score>=90) grade='A';
```

```
    else if(score>=80)  grade='B';
    else if(score>=70)  grade='C';
    else if(score>=60)  grade='D';
    else  grade='E';
    printf("分数: %d,分数等级: %c\n",score,grade);
    getch();
}
```

程序的运行结果如下:

请输入分数(0-100):98↵

分数: 98, 分数等级: A

4.2.2 if 语句的嵌套

1. 嵌套的概念

在 if 语句中, 语句 1 和语句 2 本身也可以是 if 语句, 此时称为 if 语句的嵌套。

2. 格式

```
if (表达式 1)
    if (表达式 2)
        语句 1;          ┐
    else                  ├  内嵌的 if 语句
        语句 2;          ┘
else
    if (表达式 3)
        语句 3;          ┐
    else                  ├  内嵌的 if 语句
        语句 4;          ┘
```

3. 执行过程

if 嵌套语句执行过程如图 4-4 所示。

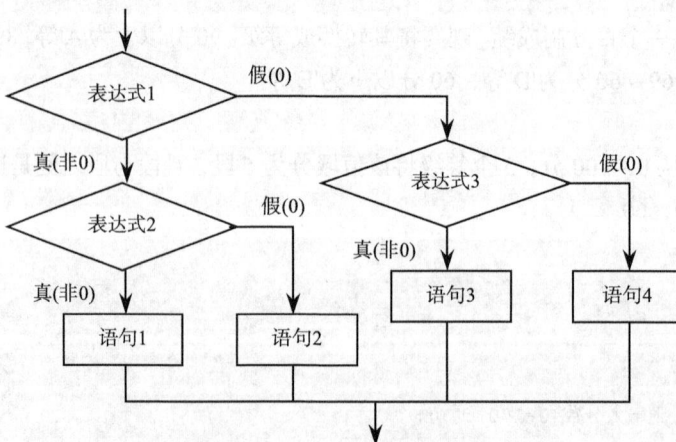

图 4-4 if 语句嵌套的执行过程

① if 语句嵌套时，else 子句与 if 匹配原则：与在它上面、距它最近且尚未匹配的 if 配对。

② 为明确匹配关系，避免匹配错误，强烈建议将内嵌的 if 语句，一律用花括号括起来。

【例 4-11】计算符号函数（用嵌套的 if 语句）。

$$y = \begin{cases} 1 & x > 0 \\ 0 & x = 0 \\ -1 & x < 0 \end{cases}$$

分析

这是一个分段函数，程序将根据输入的 x 值的不同决定执行不同的语句。

完整的程序清单如下：

```
main()
{
   float x,y;
   printf("请输入 x:");
   scanf("%f",&x);
   if(x!=0)
      { if(x>0) y=1;    /* 内嵌的 if 语句*/
        else y=-1;
      }
   else
        y=0;
   printf("y=%f\n",y);
   getch();
}
```

程序的运行结果如下：

```
请输入 x:0↵
y=0
请输入 x:3↵
y=1
```

本例中用了 if 语句的嵌套结构。采用嵌套实质上是为了进行多分支选择，此例子中有 3 种选择即 x>0,x<0 或 x=0。其中用到的 if…else 语句是一个嵌套语句，中间一对 if…else 语句是外层 if 语句中的子句，为了能清楚地表示用{}将其括起来。本例也可以用其他形式的嵌套语句完成，还可以用 if…else…if(多分支 if 语句)完成，使程序更加清晰。因此，一般情况下较少使用 if 语句的嵌套结构，以便使程序更易于阅读理解。

4.2.3　条件运算符和条件表达式

假设要编制一个程序，求两数中的较大数。执行的过程是比较 a 是否大于 b，如果是，则较大数（max）为 a，否则令 max 等于 b。程序如下：

```
if(a>b)
```

```
    max=a;
else
    max=b;
```

C 语言提供了一种特殊的条件运算符，可以简化上面的语句。

1. 条件运算符

条件运算符? : 是 C 语言中唯一的一个三目运算符，其功能相当于一个 if...else 语句。

2. 条件表达式的一般形式

条件表达式的格式为

表达式 1? 表达式 2：表达式 3

例如：a>b?a:b 是一个条件表达式。

3. 条件表达式的执行过程

先求解表达式 1，若表达式 1 的值为真（非 0），则求解表达式 2 的值，并把表达式 2 的值作为条件表达式的值；否则，求解表达式 3 的值，并把表达式 3 的值作为条件表达式的值。

若用条件运算符表示，则上面的语句可表示如下：

```
max=a>b? a: b
       ↓  ↓ ↓
  表达式①  ② ③
```

4. 条件运算符的优先级

条件运算符的优先级高于赋值运算，低于其他运算。

5. 条件运算符的结合性

条件运算符满足右结合性，即结合方向从右至左。

例如：a>b?a:c>d?c:d 相当于 a>b?a: (c>d?c:d)。其中，a=1，b=2，c=3，d=4，则整个条件表达式的值是 4。

【例 4-12】输入一个字符，判断它是否是大写字母。如果是，将它转换为小写字母输出；否则不转换直接输出。

分析

判断大写英文字母的逻辑表达式为 ch>='A'&&ch<='Z'或者 ch>=65&&ch<=90。

完整的程序清单如下：

```
main()
{
    char ch;
    printf("请输入一个字符:");
    scanf("%c",&ch);
    ch=(ch>='A'&&ch<='Z')?(ch+32):ch;    /* 大小英文字母的 ASCII 码值相差 32*/
    printf("%c\n",ch);
    getch();
}
```

程序的运行结果如下：

请输入一个字符:A ↵
a

可和上例一样，使用条件表达式来实现：printf（score>=60？"及格，通过!\n" : "不及格，需补考!\n"）;。

由此可见，使用条件表达式可以简化程序。

4.3 switch 语句

任务提出

编写一个程序，完成"学生信息管理系统"主菜单选项的功能。该程序包含以下 6 个选项。

（1）导入、保存学生信息文件。

（2）学生信息库维护。

（3）学生信息查询。

（4）学生信息统计。

（5）学生信息输出。

（0）退出程序。

任务分析

这是一个多种情况进行选择问题（多分支问题），处理此问题采用 if 语句的嵌套来处理固然可以。但如果分支较多，则嵌套的 if 语句层数多，程序冗长而且会导致程序可读性降低。此时采用 switch 语句实现多分支将使程序更清晰和简单。

本题要求首先显示主菜单，接着从键盘输入数据（0~5），根据输入的数据不同，分别执行相应的功能，用 switch 语句实现。

任务实施

程序实现如下：

```
#include "stdio.h"
#include "conio.h"
main()
{
    int select;
    textbackground(BLUE);        /* 设置背景色为蓝色，注意 BLUE 必须大写，颜色可更改*/
    textcolor(WHITE);            /* 设置前景色为白色*/
    clrscr();                    /* 清屏，使设置生效*/

    gotoxy(23,4);printf("*******学生信息管理系统*******");
    gotoxy(23,6);printf("--------------------------------");
```

```
gotoxy(30,8);printf("1-导入、保存学生信息文件");

gotoxy(30,10);printf("2-学生信息库维护");

gotoxy(30,12);printf("3-学生信息查询");

gotoxy(30,14);printf("4-学生信息统计");

gotoxy(30,16);printf("5-学生信息输出");

gotoxy(30,18);printf("0-退出");


gotoxy(30,20);printf("请输入你的选择(0--5):");
gotoxy(51,20);
fflush(stdin);                    /* 清空缓存*/
scanf("%d",&select);

switch(select)
{
    case 1:
            gotoxy(30,22);printf("欢迎进入导入、保存学生信息文件界面");
            gotoxy(30,24);printf("系统正在建设中，按回车键继续…");
            getch();
            break;
    case 2:
            gotoxy(30,22);printf("欢迎进入学生信息库维护界面");
            gotoxy(30,24);printf("系统正在建设中，按回车键继续…");
            getch();
            break;
    case 3:
            gotoxy(30,22);printf("欢迎进入学生信息查询界面");
            gotoxy(30,24);printf("系统正在建设中，按回车键继续…");
            getch();
            break;
    case 4:
            gotoxy(30,22);printf("欢迎进入学生信息统计界面");
            gotoxy(30,24);printf("系统正在建设中，按回车键继续…");
            getch();
            break;
    case 5:
            gotoxy(30,22);printf("欢迎进入学生信息输出界面");
            gotoxy(30,24);printf("系统正在建设中，按回车键继续…");
            getch();
            break;
    case 0:
            gotoxy(30,22);
            printf("谢谢使用，按回车键退出");
            exit(1);
    default:
            gotoxy(30,22);
            printf("输入错误，请重新输入！");
```

```
            getch();
    }
}
```

本程序仅仅实现了"学生信息管理系统"菜单选项的功能，即在本程序中出现的语句gotoxy(30,24);printf("系统正在建设中，按回车键继续…");尚需后续进一步完善。

在处理上述问题中，switch 语句实现多分支使程序更清晰和简单。对于解决实际生活中的问题，例如人口统计的分类、工资统计分类、银行存款分类等多分支选择问题，建议采用 switch 语句。

4.3.1　switch 语句的一般形式

```
switch(表达式)
{
    case  常量表达式 1: 语句 1; [break; ]
    case  常量表达式 2: 语句 2; [break; ]
    ……
    case 常量表达式 n: 语句 n; [break; ]
    [default:            语句 m; ]
}
```

4.3.2　switch 语句的执行过程

先对 switch 后括号中的表达式进行运算，依次和常量表达式 1 到常量表达式 n 匹配，若表达式的值与某个常量表达式的值相同,则执行相应的语句序列,遇到 break 跳出 switch 结构；如果没有与任何常量表达式相同，则执行 default 后的语句序列 m；如果找不到匹配的 case 值且不存在默认语句（default），则跳过 switch 语句结构，什么也不做。具体执行流程如图 4-5 所示。

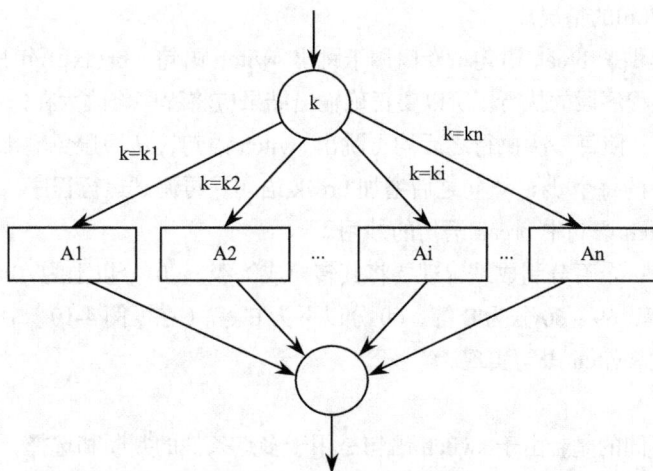

图 4-5　switch 的执行流程

【例 4-13】阅读下面的程序，分析程序运行的结果。

程序实现如下：

```
main()
{ int a;
    printf("\n请输入数字(1-7):");
    scanf("%d",&a);
    switch(a)
    {
        case 1:printf("星期一\n");
        case 2:printf("星期二\n");
        case 3:printf("星期三\n");
        case 4:printf("星期四\n");
        case 5:printf("星期五\n");
        case 6:printf("星期六\n");
        case 7:printf("星期天\n");
        default: printf("输入数字有误!! \n");
    }
    getch();
}
```

程序的运行结果如下：

```
请输入数字(1-7):5┘
星期五
星期六
星期天
输入数字有误!!
```

本程序要求输入一个整型数字，然后输出对应的星期几。但当输入一个数字之后，不仅执行了相应的 case 后的语句，而且还执行了该语句以后的所有语句。例如输入了数字 5，将输出星期五及以后所有程序语句的输出内容。这当然是不希望的。为什么会出现这种情况呢？

在"switch"语句中，case "常量表达式"只相当于一个语句标号，表达式的值和某标号相等则转向该标号执行，但不能在执行完该标号的语句后自动跳出整个 switch 语句，因此出现了继续执行所有后面 case 语句的情况。

为此，C 语言提供了 break 语句，专门用于跳出 switch 语句。break 语句只有关键字 break，没有参数，用于结束程序段的执行。所以要正确输出结果应将程序修改为在每一个 case 语句之后增加一条 break 语句，使每一次执行之后均可跳出 switch 语句，从而避免输出不应有的结果。

请大家给上例中的每个 case 语句之后增加 break 语句，再调试运行程序，并比较两次程序运行的结果，体会 switch 语句中 break 语句的妙用。

【例 4-14】若有一个百分制成绩，现要将其转换成等级。90 分以上为'A'等，89 ~ 80 分为'B'等，79 ~ 70 分为'C'等，69 ~ 60 分为'D'等，60 分以下为'E'等。（在【例 4-10】中用的是 if…else…if 语句实现，本例中用 switch 语句实现。）

分析

与【例 4-10】不同的是，由于 switch 语句是用于多点条件的判断和选择，因此要将上述多段范围条件转换成多点条件。设百分制成绩 score 为整型数，其值域是 0 ~ 100 分，而每段的范围都是 10 分（A，E 等级除外），因而可将成绩 score 整除 10（即 score /10）得到点值，然后再以点值来判断。score 和 score /10 有如下对应关系（见表 4-2）。

表 4-2   score 和 score /10 的关系

score	score/10
90 分以上	10，9
80 ~ 89	8
70 ~ 79	7
60 ~ 69	6
60 以下	5，4，3，2，1，0

程序实现如下：

```
main()
{
    int score,grade;
    printf("\n请输入分数(0-100):");
    scanf("%d",&score);
    switch(score/10)
    { case 10:
      case  9:grade='A';break;
      case 8:grade='B';break;
      case 7:grade='C';break;
      case 6:grade='D';break;
      case 5:
      case 4:
      case 3:
      case 2:
      case 1:
      case  0: grade='E';/ *最后 case 语句后面可以不需要 break 语句 */
    }
    printf("分数：%d,分数等级：%c\n",score,grade);
    getch();
}
```

程序的运行结果如下：

请输入分数(0-100):65↵
分数：65，分数等级：D

说明

（1）switch 后面的"表达式"，可以是 int、char 和枚举型中的一种。

（2）每个 case 后面"常量表达式"的值，必须各不相同，否则会出现相互矛盾的现象（即对表达式的同一值，有两种或两种以上的执行方案）。

（3）case 后面的"常量表达式"仅起语句标号作用，并不进行条件判断。系统一旦找到入口标号，就从此标号开始执行，不再进行标号判断，所以必须加上 break 语句，以便结束 switch 语句。

（4）各 case 子句出现的次序对执行结果没有任何影响，即顺序可以任意布局。

例如，在【例 4-14】中，可以先出现"case 7:grade='C';break;"，然后是"case 10: …"。

（5）每一个 case 能够拥有一条或多条语句，即在使用多条语句时不需要用 "{}" 括起来。

（6）多个 case 子句，可共用同一语句（组）。

例如，在【例 4-14】中的 "case 10:" 和 "case 9:" 共用语句组 "grade='A';break;"，"case 5:" 至 "case 0:" 共用语句组 "grade='E';break;"。

（7）switch 语句可以嵌套，break 语句只跳出它所在的 switch 语句。

（8）default 子句可省略不用。

4.4 选择结构程序设计

【例 4-15】输入 3 个数，按由小到大的顺序输出。

分析

已知输入的 3 个数（分别用 a,b,c 存放），我们想办法把最小的数放到 a 上，先将 a 与 b 进行比较，如果 a>b 则将 a 与 b 的值进行交换，然后再用 a 与 c 进行比较，如果 a>c 则将 a 与 c 的值进行交换，这样就能使 a 中存放最小值。

程序实现如下：

```
main()
{
    int a,b,c,temp;
    printf("请输入 3 个数 a,b,c:");
    scanf("%d%d%d",&a,&b,&c);
    if(a>b)
        {temp=a;a=b;b=temp;}   /*交换 a,b*/
    if(a>c)
        {temp=a;a=c;c=temp;}   /*交换 a,c*/
    if(b>c)
        {temp=b;b=c;c=temp;}   /*交换 b,c*/
    printf("所输入 3 个数按由小到大的顺序是:%d,%d,%d\n", a,b,c);
    getch();
}
```

程序运行结果为：

请输入 3 个数:34 56 23↵
所输入 3 个数按由小到大的顺序是:23, 34, 56

【例 4-16】输入 3 条边的边长，若这 3 条边构成三角形就求该三角形的面积；否则，输出"不是三角形"的信息。

分析

假设三角形的 3 条边长为 a,b,c,则这 3 条边构成的三角形的条件是:任意两边之和大于第三边。如果这 3 条边能构成三角形，则求出三角形的面积。三角形的面积公式为：area=sqrt(s(s−a)(s−b)(s−c)),其中 s=(a+b+c)/2。

程序实现如下：

```
#include <math.h>
main()
{
    float  a,b,c,s,area;
```

```
    printf("请输入三角形的三条边 a,b,c:");
    scanf("%f%f%f",&a,&b,&c);
    if((a+b>c)&&(b+c>a)&(a+c>b))  /*判断构成三角形的条件*/
    {
        s=(a+b+c)/2;     /*计算面积*/
        area=sqrt(s*(s-a)*(s-b)*(s-c));
        printf("面积是: %.2f\n",area);
    }
    else
        printf("不是三角形\n");
}
```

程序运行结果为：

请输入三角形的三条边 a,b,c:3　4　5↵

面积是: 6.00

【例 4-17】从键盘上输入一个数学四则运算表达式（a+b、a−b、a*b 或 a/b），要求计算出该表达式的值。

分析

根据输入的运算符（'+'、'−'、'*'、'/'）分别进行计算，因此可采用 switch 语句。

程序实现如下：

```
main()
{
    int a,b;
    char ch;
    printf("请输入表达式 a+(-,*,/)b:");
    scanf("%d%c%d",&a,&ch,&b);/*输入操作数和运算符*/
    switch(ch)
    { case'+':printf("%d+%d=%d",a,b,a+b);break;
      case '-':printf("%d-%d=%d",a,b,a-b);break;
      case'*':printf("%d*%d=%d",a,b,a*b);break;
      case'/':printf("%d/%d=%.2f",a,b,(float)a/b);break;
      /*因为结果为小数，所以将 a 强制转换成小数形式，结果才正确*/
      default: printf("输入有误! \n");
    }
    getch();
}
```

程序运行结果为：

请输入表达式 a+(-,*,/)b:5*7↵

5*7=35

思考：

该程序的数据输入格式若是 "5 *7"，将会得到怎样的输出结果？为什么？

本章小结

（1）关系运算符包括>、<、>=、<=、= =、! =，关系运算符用来比较两个表达式并

决定两者的关系，运算的结果是假（0）或真（非 0）。

（2）逻辑运算符包括&&、||、!，用逻辑运算符将关系表达式或逻辑量连接起来构成逻辑表达式。逻辑运算的结果也是假（0）或真（非 0）。

（3）关系表达式和逻辑表达式往往作为条件出现在 if 语句的条件或循环判断条件之中，一般不单独使用。

（4）各类运算符之间按照规定的优先级顺序由高到低进行运算。

（5）选择结构又叫分支结构，用于在几个可选择的分支之间进行选择。C 语言中用 if 和 switch 两种语句实现选择结构。

（6）if 语句的嵌套是指 if 语句中的子句本身又是一个 if 语句。它适用于条件判断比较复杂的多分支。内嵌的 if 语句可以嵌套在 if 子句中，也可以嵌套在 else 子句中。嵌套的 if 语句中又可再嵌套，构成多重嵌套。

（7）switch 语句又叫多分支语句，根据 switch 后表达式的不同值执行不同分支。它适用于条件判断比较简单的多分支。case 语句仅仅是标号，没有跳转功能。要在执行分支语句后离开 switch 结构，需要用 break 语句。

习 题 4

一、选择题

1. 逻辑运算符两侧运算对象的数据类型_____。
   A. 只能是 0 或 1
   B. 只能是 0 或非 0 正数
   C. 只能是整型或字符型数据
   D. 可以是任何类型的数据

2. 判断 char 型变量 ch 是否为小写字母的正确表达式是_____。
   A. 'a'<=ch<='z'
   B. (ch>='a')&(ch<='z')
   C. (ch>='a')&&(ch<='z')
   D. ('a'<=ch)AND('z'>=ch)

3. 在以下运算符中优先级最低的运算符为_____。
   A. &&
   B. !
   C. =
   D. ||

4. 若希望当 A 的值为奇数时，表达式的值为"真"，A 的值为偶数时，表达式的值为"假"。则以下不能满足要求的表达式是_____。
   A. A%2==1
   B. !(A%2= =1)
   C. !(A%2)
   D. A%2

5. 设 a=5,b=6,c=7,d=8,m=2,n=2, 则执行(m=a>b) && (n=c>d)后 n 的值为_____。
   A. 1
   B. 2
   C. 3
   D. 0

6. 设 x、y 和 z 都是 int 类型变量，且 x=3,y=4,z=5，则下面的表达式中，值为 0 的表达式为_____。
   A. 'x' &&'y'
   B. x<=y
   C. x||y+z && y−z
   D. !((x<y)&&!z||1)

7. 有一函数：$y=\begin{cases}1 & x<0 \\ 0 & x=0 \\ -1 & x>0\end{cases}$，以下程序段中不能根据 x 值正确计算出 y 值的是_____。
   A. if (x>0) y=1;
      else if (x==0) y=0;
   B. y=0;
      if (x>0) y=1;

		else y=-1;　　　　　　　　　　　　else　if (x<0) y = -1;

 C. y=0;　　　　　　　　　　　D. if (x>=0)

   if (x>=0)　　　　　　　　　　　 if (x>0) y=1;

    if(x>0) y=1;　　　　　　　　　 else y=0;

   else y= -1;　　　　　　　　　　else y= -1;

8. 请阅读以下程序，该程序_____。

```
main()
{ int x=10, y=5, z=0;
  if (x=y+z)
  printf("***\n" );
  else
  printf("$$$\n");
  getch();
}
```

 A. 有语法错不能通过编译　　　　　　B. 可以通过编译但不能通过连接

 C. 输出***　　　　　　　　　　　　D. 输出$$$

9. 以下程序的输出结果是_____。

```
main()
{ int w=4, x=3, y=2, z=1;
  printf("%d\n", (w>x? w:z<y?z:x));
  getch();
}
```

 A. 1　　　　　　B. 2　　　　　　C. 3　　　　　　D. 4

10. 为了避免嵌套的 if...else 语句的二义性，C 语言规定 else 总是与_____组成配对关系。

 A. 缩排位置相同的 if　　　　　　　　B. 在其之前未配对的 if

 C. 在其之前未配对的最近的 if　　　　D. 同一行上的 if

11. 以下程序的运行结果是_____。

```
#include"stdio.h"
main()
{ int a=2,b= -1,c=2;
  if (a<b)
  if (b<0)
  c=0;
  else c++;
  printf("%d\n",c);
  getch();
}
```

 A. 0　　　　　　B. 1　　　　　　C. 2　　　　　　D. 3

12. 当 a=1,b=2,c=4,d=3 时，执行完下面一段程序后 x 的值是_____。

```
if (a<b)
 if (c<d) x=1;
else
  if (a<c)
     if (b<d) x=2;
     else x=3;
   else x=4;
else x=5;
```

 A. 1　　　　　　B. 2　　　　　　C. 3　　　　　　D. 4

13. 假设 i=2,执行下列语句后 i 的值为_____。

```
switch( i )
{
case  1:  i++;
case  2:  i--;
case  3:  ++i;break;
case  4:  - -i;
default:  i++;
}
```

A. 1   B. 2   C. 3   D. 4

二、填空题

1. C 语言用_____表示逻辑真，用_____表示逻辑假。

2. i 被 j 整除的逻辑表达式是_____。

3. 将数学式|x|>4 改写成 C 语言的逻辑表达式为_____。

4. 当 a=1,b=2,c=3 时，以下 if 语句执行后，a,b,c 中的值分别为_____。

```
if (a>c)
b=a;a=c;c=b;
```

5. 从键盘输入一个年份，判断是否闰年。

```
main()
{ int year;
  scanf("%d",&year);
  if(year%400==0||_____)
    printf("%d is a leap year\n",year);
  else printf("%d is not a leap year\n",year);
  getch();
}
```

三、程序分析题

1. 下面程序的输出结果是_____。

```
main()
{ int i=1,j=1,k=2;
  if((j++||k++)&&i++)
  printf("%d, %d, %d", i,j,k);
  getch();
}
```

2. 若从键盘输入 5，则输出结果是_____。

```
main()
{ int x=1;
  scanf("%d", &x);
  if(x--<5)  printf("%d",x);
  else  printf("%d",x++);
  getch();
}
```

3. 若从键盘输入 58，则输出结果是_____。

```
#include"stdio.h"
main()
```

```
{ int a;
  scanf("%d", &a);
  if (a>50) printf("%d", a);
  if (a>40)  printf("%d",a);
  if (a>30) printf("%d",a);
  getch();
}
```

4. 下面程序的输出结果是_____。

```
main()
{ int x=1,y=0,a=0,b=0;
  switch(x)
  {
     case 1:
        switch(y)
        {
         case 0: a++;break;
         case 1: b++;break;
        }
     case 2:a++;b++;break;
     case 3:a++;b++;
  }
  printf("\na=%d,b=%d",a,b);
  getch();
}
```

四、编程题

1. 试编程判断输入的正整数是否既是 5 又是 7 的整倍数。若是，则输出 yes；否则输出 no。

2. 按托运规则，行李不超过 50 公斤时运费为 0.3 元/公斤，如超过 50 公斤，超过部分的运费为 0.5 元/公斤，现有行李 w 公斤，试编写程序计算运费。

3. 编写程序，根据以下函数关系，对输入的每个 x 值，计算出相应的 y 值。

x	y
x <1	x
1<=x<10	2x−1
x>=10	3x−11

4. 某商店售货，按购买货物的款数多少分别给予不同的优惠折扣：

购物不足 250 元的，没有折扣；

购物满 250 元，不足 500 元，折扣 5%；

购物满 500 元，不足 1000 元，折扣 7.5%；

购物满 1000 元，不足 2000 元，折扣 10%；

购物满 2000 元，折扣 15%。

要求：分别用 if 语句和 switch 语句计算出顾客购物实际应付金额。

第5章

循环结构程序设计

在前面的章节中，我们学习了顺序结构和选择结构，而在编制程序解决一个较大问题的时候，往往会遇到这样的情况：多次反复执行同一段程序。例如，让计算机连续输出 100 个随机数以检查产生的随机性是否良好，累加求和，密码验证等功能是否完善。类似这样的问题，有些可以利用简单的顺序结构语句来编写（如可用 100 个 printf 输出随机数），但编写出来的程序往往很长，效率较低。这时，就需要使用循环结构程序设计。通过循环才能真正发挥计算机运行速度快的优势，这样只需编写一个较短的程序，而让计算机循环运行多条语句，完成较大问题的运算。

本章除了介绍 while、do...while 和 for 3 种循环语句外，还将介绍 break 和 continue 语句和流程转向 goto 语句以及循环嵌套语句。

5.1 while 语句

任务提出

编写一个程序，实现学生信息管理系统的登录验证，即从键盘输入用户的用户名和密码，判断用户输入的用户名和密码是否均正确。根据输入的用户名和密码是否正确，从而显示"登录成功"或者"登录失败"。要求用户输入的密码不会如实显示出来，而是以"*********"显示。

任务分析

前面条件结构选择中的我们做过这样两个案例：第一，编写一个程序，实现学生信息管理系统的登录验证，即从键盘输入用户的用户名和密码，判断用户输入的用户名和密码是否均正确。根据输入的用户名和密码是否均正确，从而显示"登录成功"或者"登录失败"。第二，编写一个程序，完成学生信息管理系统主菜单选项的功能。该程序包含 6 个选项。

（1）导入、保存学生信息文件。

（2）学生信息库维护。

（3）学生信息查询。

（4）学生信息统计。

（5）学生信息输出。

（0）退出程序。

那么现在要求：此时的密码要能与现实中的密码一样，能显示星号***；当输入的用户名和密码均正确后，能进入学生信息管理系统主菜单，进行菜单选择，且要求进入一个菜单完成一定功能后（此时只要能提示相应的功能信息即可，具体实用功能要用函数调用才能完成）能返回到主菜单，供用户再次选择；若用户在选择菜单时不是选择 0 ~ 5 之间的数，将提示用户重新选择。

同前面第 4 章节中一样，要判断输入的用户名和密码是否均正确，从而显示"登录成功"或者"登录失败"这一问题，仍需要用到选择结构中的 if...else 语句。

四个字符数组的定义也和前面一样，其中两个数组分别用来存放从键盘输入的用户名和用户密码，另外两个数组用来存放初始用户名和初始密码。

从键盘输入用户名和密码，然后利用字符串比较函数 strcmp()实现判断从键盘输入的用户名和初始用户名是否相等，从键盘输入的用户密码和初始用户密码是否相等。

星号显示密码，可以利用 getch()函数的功能（能读取键盘上的键，但不能显示到屏幕上）。因此，我们可以用 getch()函数来实现输入，再用 putchar()实现输出星号。

进入一个菜单完成一定功能后，能返回到主菜单，供用户再次选择，要用循环来实现。

任务实施

程序清单如下：

```
#include "stdio.h"
#include "conio.h"
#include "string.h"
main()
{
  char temp;
  char username[11];                  /* 用户名*/
  char userpass[9];                   /* 用户密码*/
  char initname[]={"eileen"};         /* 初始用户名*/
  char initpass[]={"888888"};         /* 初始用户密码*/
  int select,i;                       /* select 表示用户输入的选择菜单的数字，如 0-5 数字 */
  /*以下为学生信息管理系统的登录验证功能*/
  textbackground(BLUE);               /* 设置背景色为蓝色，注意 BLUE 必须大写，颜色可更改*/
  textcolor(WHITE);                   /* 设置前景色为白色*/
  clrscr();                           /* 清屏，使设置生效*/
  gotoxy(23,8);printf("*******欢迎进入学生信息管理系统*******");
  gotoxy(30,10);printf("请输入用户名:");
  scanf("%s",username);               /*从键盘输入用户名*/
  gotoxy(30,12);printf("请输入密码:");
```

```
/*scanf("%s",userpass);这是以前不能显示***的密码输入方法    */
i=0;                              /*从键盘输入用户密码*/
while((temp=getch())!=13)
{
  userpass[i++]=temp;
  putchar('*');
}
userpass[i]='\0';
                /* 以下是判断用户名和密码正确
if  (strcmp(username,initname)==0&&strcmp(userpass,initpass)==0)
{
  gotoxy(30,14);
  printf("用户名和密码正确,登录成功");
}
else
{
  gotoxy(30,14);
  printf("登录失败! ");
  exit(1);
}

/*以下是在登录成功后，学生信息管理系统的功能菜单选择部分*/
textbackground(BLUE);       /* 设置背景色为蓝色，注意 BLUE 必须大写，颜色可更改*/
textcolor(WHITE);           /* 设置前景色为白色*/
while(1)
{
  clrscr();                 /* 清屏，使设置生效*/
  label:/*此处由于没学到自定义函数，故用标号返回到此处，再显示系统选择菜单*/
  gotoxy(23,4);printf("*******学生信息管理系统*******");
  gotoxy(23,6);printf("--------------------------------");
  gotoxy(30,8);printf("1-导入、保存学生信息文件");
  gotoxy(30,10);printf("2-学生信息库维护");
  gotoxy(30,12);printf("3-学生信息查询");
  gotoxy(30,14);printf("4-学生信息统计");
  gotoxy(30,16);printf("5-学生信息输出");
  gotoxy(30,18);printf("0-退出");
  gotoxy(30,20);printf("请输入你的选择(0--5):");
  gotoxy(51,20);
  fflush(stdin);            /*清空缓存*/
  scanf("%d",&select);
  switch(select)
  {
      case 1:
          clrscr();
          gotoxy(23,5);printf("欢迎进入导入、保存学生信息文件界面");
          gotoxy(23,6);printf("系统正在建设中，按回车键继续...");
          getch();
          break;
      case 2:
          clrscr();
          gotoxy(23,5);printf("欢迎进入学生信息库维护界面");
          gotoxy(23,6);printf("系统正在建设中，按回车键继续...");
```

```
            getch();
            break;
        case 3:
            clrscr();
            gotoxy(23,5);printf("欢迎进入学生信息查询界面");
            gotoxy(23,6);printf("系统正在建设中，按回车键继续...");
            getch();
            break;
        case 4:
            clrscr();
            gotoxy(23,5);printf("欢迎进入学生信息统计界面");
            gotoxy(23,6);printf("系统正在建设中，按回车键继续...");
            getch();
            break;
        case 5:
            clrscr();
            gotoxy(23,5);printf("欢迎进入学生信息输出界面");
            gotoxy(23,6);printf("系统正在建设中，按回车键继续...");
            getch();
            break;
        case 0:
            clrscr();
            gotoxy(23,5);
            printf("谢谢使用，按回车键退出");
            exit(1);
        default:
            clrscr();
            gotoxy(23,5);
            printf("输入错误，请重新输入！");
            getch();
    }
    clrscr();
    goto label;          /*回到标号处无条件执行，学了函数可以不用标号实现这里的功能*/
    }                    /* 当输入的数字不在 0-5 之间时重新输入*/
    getch();
}
```

相关知识

5.1.1　while 语句的形式

```
while (表达式)
    循环体；
```

while 语句 常称为"当型"循环语句。

5.1.2　while 语句的执行过程

计算 while 后圆括号中表达式的值。当值为非零时，执行循环体语句。执行完后再次判断表达式的值，当表达式的值为非零时，继续执行循环体；当值为零时，退出循环。其流程图和 N-S

图如图 5-1 所示。

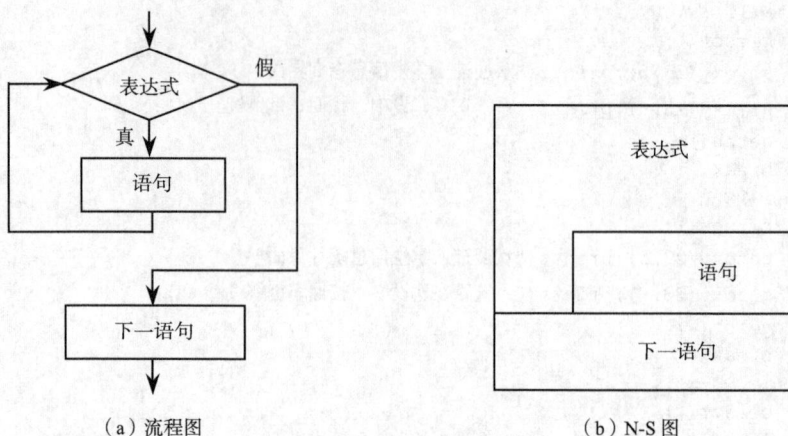

（a）流程图　　　　　　　　（b）N-S 图

图 5-1　while 语句的流程图与 N-S 图

（1）while 语句先判断表达式，后执行语句。

（2）表达式同 if 语句后的表达式一样，可以是任何类型的表达式。

（3）while 循环结构常用于循环次数不固定，根据是否满足某个条件决定循环是否执行的情况。

（4）循环体多于一句时，用一对{　}括起构成一复合语句。

（5）在循环体中应有使循环趋向于结束的语句（即循环变量要有变化情况）。如若循环条件是：i<100，在循环体中应该有使 i 增值以最终导致 i>=100 的语句，如用"i+=2;"语句来达到此目的。若无此语句，则 i 值始终不改变，"i<100"条件永远为真，循环永不能结束，这将是死循环。

（6）循环次数的计算方法：int(（终值−初值）/步长)+1。

【例 5-1】分析下列程序段的循环次数。

```
i=1;
while (i<=100)
    putchar('*');
 i++;
```

```
i=1;
while (i<=100)
{
    putchar('*');
    i++;
}
```

结果：左边的循环无数次（因为循环体里没有循环变量的变化语句），右边的循环 100 次。

【例 5-2】阅读下面几个循环语句，说明循环的含义。

（1）while((c=getchar())!='Y'&&(c=getchar())!='y');

（2）while(1){…};

（3）while(i){…};

（4）int i=1;sum=0;while(i<=100) sum+=i++;

分析

程序段（1），接收键盘输入的字符，直到输入的是 Y 或 y 为止。

程序段（2），是一个死循环。

程序段（3），当 i 为 0 时结束循环。

程序段（4），求 1+2+3+…+100 的值。

【例5-3】输入一行字符，统计其中字母、数字和其他符号的个数。

分析

循环接收键盘输入的字符，遇到回车停止接收字符，然后进行统计，最后输出字母、数字和其他符号的个数。

程序实现如下：

```c
#include "stdio.h"
#include "conio.h"
main()
{
  char c;
  int letters=0,digit=0,others=0;    /* 分别用来统计字母、数字、其他字符数 */
  clrscr();
  printf("请输入一行字符:\n");           /* 当按回车时，结束输入 */
  while((c=getchar())!='\n')
  {
    if(c>='a'&&c<='z'||c>='A'&&c<='Z')
       letters++;
    else if(c>='0'&&c<='9')
       digit++;
    else
       others++;
  }
  printf("字母个数是:%d\n",letters);
  printf("数字个数是:%d\n",digit);
  printf("其他字符个数是:%d\n",others);
  getch();
}
```

程序的运行结果如下：

```
请输入一行字符:
sfs2,,.6d↵
字母个数是:4
数字个数是:2
其他字符个数是:3
```

【例5-4】猴子吃桃问题：猴子第一天摘下若干个桃子，当即吃了一半，还不过瘾，又多吃了一个，第二天早上又将剩下的桃子吃掉一半，又多吃了一个。以后每天早上都吃了前一天剩下的一半零一个。到第 10 天早上想再吃时，只剩下一个桃子了。求第一天共摘了多少个桃。

分析

采取逆向思维的方法，从后往前推断，则前一天的桃子数是（后一天桃子数+1）*2。用列举法可以找出规律。

程序实现如下：

```
main()
{
    int day=9,x1,x2;                /*day 是实际吃桃子的天数, x1 是前一天的桃子数, x2 是后一天的桃子数*/
    clrscr();
    x2=1;                           /*最后一天的桃子是 1 个*/
    while(day>0)
    {
        x1=(x2+1)*2;                /*前一天的桃子数是（后一天桃子数+1）*2 */
        x2=x1;
        day--;
    }
    printf("第一天共摘的桃子个数是: %d\n",x1);
    getch();
}
```

程序的运行结果如下:

第一天共摘的桃子个数是: 1534

5.2 do...while 语句

任务提出

设计 QQ 登录程序，当 QQ 号和密码都输入正确才显示登录成功，否则一直可以重新输入。

任务分析

如我们日常生活中所用的 QQ 一样，在使用 QQ 之前先注册。QQ 号是通过 scanf 函数来完成，并放入 qq 变量中，QQ 密码的输入和显示星号实现方法，和上节学生信息管理系统登录界面一样，QQ 密码放入 ps 数组变量之中，并将其作为后面用户所输入的标准，从而实现注册功能。

若注册成功后，登录方法同注册一样，先输入用户 QQ 号和 QQ 密码，并对输入的 QQ 号和密码进行判断，如果都相同，则登录成功（再退出循环），否则提示重新输入。由于每登录一次都需要完成同样的操作，固可以用循环来实现。由于这里并没有规定循环次数，即循环次数是不固定的，所以可用 do...while 来实现。

任务实施

完整的程序清单如下:

```
main()
{
    int i=0,k;
    char ps[50],ups[50],qq[50],uqq[50],temp;
    clrscr();
    printf("请注册您的 QQ 号:");
    scanf("%s",qq);
    printf("请注册您的 QQ 密码:");
    while((temp=getch())!=13)
```

```
{
    ps[i++]=temp;
    putchar('*');
}
ps[i]='\0';
printf("\n");
system("pause");
clrscr();
printf("请登录:\n");        /* 登录部分 */
do
{
    printf("请输入您的 QQ 号:");
    scanf("%s",uqq);
    printf("请输入您的 QQ 密码:");
    i=0;
    while((temp=getch())!=13)
    {
        ups[i++]=temp;
        putchar('*');
    }
    ups[i]='\0';
    sleep(1);
    if(strcmp(ps,ups)==0&&strcmp(qq,uqq)==0)
                        /* 判断用户输入的密码和 QQ 是否正确 */
    {
        printf("\n 登录成功!!");
        break;              /* 密码和 QQ 都输正确了才退出循环 */
    }
    else
    {
        printf("\n 对不起,请再次登录! ");
    }
}while(1);                   /* 无限循环,即可以输入无数次的循环 */
getch();
}
```

相关知识

5.2.1　do…while 语句的形式

```
do
{
循环体;
} while (表达式);
```

do…while 语句 常称为 "直到型" 循环语句。

5.2.2　do…while 语句的执行过程

（1）执行 do 后面循环体中的语句。

（2）计算 while 后圆括号中表达式的值。当值为非零时，转去执行步骤（1），当值为零时，结束 do...while 循环。

它与前面的 while 循环十分相似，它们之间的区别是：while 循环控制出现在循环体之前，只有当 while 后面表达式的值为非零时，才可能执行循环体；而 do...while，总是先执行一次循环体，然后再求表达式的值。即无论表达式的值是零还是非零，循环体至少执行一次。

> （1）先执行语句，后判断表达式。
> （2）第一次条件为真时，while,do...while 等价；第一次条件为假时，二者不同。
> （3）在 if、while 语句中，表达式后面都没有分号，而在 do...while 语句的表达式后面则必须加分号。

分析下列的结果。

若 do 循环的"尾"为"while(++i<10)"，并且 i 的初值为 0，同时在循环体中不会修改 i 的值，则循环体将被重复执行几次后正常结束？

若 while 循环的"头"为"while(i++<=10)"，并且 i 的初值为 0，同时在循环体中不会修改 i 的值，则循环体将被重复执行几次后正常结束？

分析

这是要注意前面讲的 while 和 do...while 的区别和循环次数的计算方法，do...while 的循环初值为++i 为 1，终值要小于 10，所以是 9，根据公式（9-1）/1+1=9 次，再加 do 的无需判断的 1 次，共 10 次。而 while 的初值 i++为 0，终值为 10，根据公式（10-0）/1+1=11 次。

【例 5-5】while 和 do...hile 循环的比较，分别输入 1 和 11，的运行结果是什么？

```
main( )
{ int   s = 0 , i ;
scanf( " %d " , & i ) ;
while ( i < = 10 )
{
s += i;     i++ ;
}
printf ("\n s = %d ,i=%d" , s,i ) ;
getch();
}
```

```
main( )
{ int   s = 0 , i ;
scanf("%d " , & i ) ;
do
{
s += i;     i++ ;
}while ( i < = 10 ) ;
printf ( "\n s = %d   ,i=%d" , s ,i ) ;
getch();
}
```

左边的程序当输入 1 时结果为：s=55，i=11，当输入 11 时：s=0，i=11。

右边的程序当输入 1 时结果为：s=55，i=11，当输入 11 时：s=11，i=12。

【例 5-6】从键盘输入一个正整数，计算组成该数的各位数字之积。

分析

对于一个正整数 n，n%10 可以求出 n 的个位数字，n/10%10 可以得到 n 的十位数字，n/100%10 可以得到 n 的百位数字，依此类推，可以使用一个循环得到正整数 n 的各位数字。

完整的程序清单如下：

```
main()
{
long n,k=1;
```

```
clrscr();
printf("请输入一个正整数: ");
scanf("%ld",&n);
do
{
        k=k* (n%10);  /*  n%10求出 n 上各位的数字, k 用来求出数字之积 */
        n/=10;
}while(n);
printf("\n 各位之积是%ld\n",k);
getch();
}
```

程序的运行结果如下:

请输入一个正整数: 123

各位之积是: 6

【例 5-7】输入两个正整数 num1 和 num2, 求其最大公约数和最小公倍数。

分析

本题采用辗除法, 即用这两个数中的大数除以小数, 若能除尽则最大公约数是此次运算除数, 若除不尽则用前面的除数再去模除前面的余数。如此继续直到余数为 0 时, 最大公约数取此时的除数。

程序实现如下:

```
main()
{
    int a,b,num1,num2,temp;
    printf(" 请输入两个数:\n");
    scanf("%d%d",&num1,num2);
    if(num1<num2)
    { temp=num1;num1=num2;num2=temp;}
    a=num1 ;b=num2;
    do
    {
        temp=a%b;
        a=b;
        b=temp;
    } while(b!=0);
    printf("最大公约数是:%d\n",a);
    printf("最小公倍数是:%d\n",num1*num2/a);
    getch();
}
```

程序的运行结果如下:

请输入两个数:8, 12

最大公约数是:4

最小公倍数是:24

5.3　for 语句

任务提出

设计 QQ 登录程序, 当 QQ 号和密码都输入正确才显示登录成功, 要求只能有 3 次登录机会。

任务分析

在实际应用中，用户的登录次数都是有限制的，如银行密码的输入，等等。前面的 QQ 登录程序并没有限制登录次数，即允许有无数次的输入，直到输入的 QQ 号和 QQ 密码都正确为止。若只能输入 3 次，就是说循环只能执行 3 次。我们可以使用以下循环语句来实现。

任务实施

完整的程序清单如下：

```
include"stdio.h"
main()
{ int i=0,k;
    char ps[50],ups[50],qq[50],uqq[50],temp;
    clrscr();
    printf("请注册您的 QQ 号:\n");/*注册部分*/
    scanf("%s",qq);
    printf("请注册您的 QQ 密码:\n");
    while((temp=getch())!=13)
    {
        ps[i++]=temp;
        putchar('*');
    }
    ps[i]='\0';
    printf("\n");
    system("pause");
    clrscr();
    printf("请登录:\n");/*登录部分*/
    for(k=1;k<=3;k++)    /*只能登录 3 次，并判断每次的登录*/
    {
        printf("请输入您的 QQ 号:");
        scanf("%s",uqq);
        printf("请输入您的 QQ 密码:");
        i=0;
        while((temp=getch())!=13)
        {
            ups[i++]=temp;
            putchar('*');
        }
        ups[i]='\0';
        sleep(1);
        if(strcmp(ps,ups)==0&&strcmp(qq,uqq)==0)  /*密码和 QQ 号都输入正确则登录成功*/
        {
            printf("\n 登录成功!!");
            break;
        }
        else
        {
            if(k<=2)
                    printf("\n 对不起，请再次登录! ");
```

```
        else
        {
            printf("\n对不起，您已经没有机会了！！");
            sleep(1);
            exit();
        }
    }
}
    getch();
}
```

相关知识

C 语言除了上述的 while 语句和 do…while 语句可以实现循环外，经常使用的还有 for 语句。使用 for 语句实现的循环，代码简单、使用方便。它一般用于循环次数确定的情况，也可以用于循环次数不确定而只给出循环结束条件的情况。即用 while 和 do…while 的循环都可以用 for 来代替。

5.3.1　for 语句的形式

for（初始表达式 1；条件表达式 2；循环表达式 3）
　　循环体；

初始表达式 1：用于循环开始前为循环变量设置初始值。

条件表达式 2：控制循环执行的条件，决定循环次数。

循环表达式 3：循环控制变量修改表达式。

循环体语句：被重复执行的语句。

5.3.2　for 语句的执行过程

（1）先执行"初始表达式 1"为循环体变量赋初值。应当注意，该语句在整个循环中只在开始时执行一次。

（2）判断"条件表达式 2"是否成立：若其值为非零，跳转至步骤（3）；若其值为零，跳转至步骤（5）。

（3）执行一次 for 循环体。

（4）执行"循环表达式 3"；跳转至步骤（2）。

（5）结束循环，执行 for 循环之后的语句。

for 语句的流程图如图 5-2 所示。

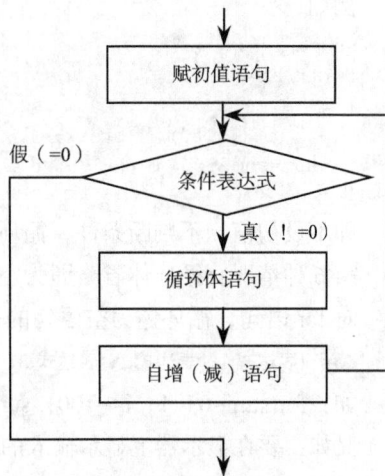

图 5-2　for 语句的流程图

说明

（1）3 个表达式都可以是任意类型的表达式。

（2）3 个表达式都是任选项，都可以省略，但要注意省略表达式后，分号间隔符不能省略。

以下是各表达式省略的情况分析。

第1种情况：for语句一般形式中的"初始表达式1"省略的情形。例如，

```
sum=0;i=1;
for ( ; i<=100;i++)
    sum=sum+i;
```

第2种情况：for语句一般形式中的"条件表达式2"省略的情形。

此时由于条件表达式2省略即不判断循环条件，循环将无休止地进行下去的情形。例如，

```
for(sum=0,i=1;;i++)
{
    if(i>100)    break;
    sum=sum+i;
}
```

第3种情况："循环表达式3"省略的情形，此时一定要保证循环能正常结束。例如，

```
for(sum=0,i=1;i<=100;)
{
    sum=sum+i;
    i++;
}
```

第4种情况：省略"初始表达式1"和"循环表达式3"，只有"条件表达式2"的情形。例如，

```
i=1; sum=0;
for (;i<=100;)
{
    sum=sum+i;
    i++;
}
```
相当于
```
i=1;sum=0;
while (i<=100)
{
  sum=sum+i;
  i++;
}
```

第5种情况：3个表达式都省略的情形。

```
for ( ; ; )
循环体;
```

例如，

```
sum=0,i=1;
for(;;)
{
    if(i>100)    break;
    sum=sum+i;   i++;
}
```
相当于
```
while (1)    循环体;
```

即不设初值，不判断条件，循环变量不增值。无终止地执行循环体。

第6种情况：循环体省略即为空语句的情形。

对for语句，循环体为空语句的一般形式为：

```
for (表达式1;表达式2;表达式3) ;
```

如：for(sum=0,i=1; i<=100; sum+=i, i++) ;

又如：要在显示器上显示输入的字符，输入的字符为'. '时，结束循环（如输入 abcdefg. 则输出 abcdefg.）。可用如下语句实现：

```
while( putchar(getchar() )!= '. ') ;
```

【例5-8】输出菲波那契（Fibonacci）数列前20项。即前两项为1，以后每一项为前两项之和。

分析

所谓菲波那契数列是指数列的前两项为1，以后每一项为前两项的和。即1，1，2，3，5，8，13，…。在程序中变量i1和i2表示数列的前两项，用变量i3表示前两项的和，然后换位。

程序实现如下：

```
main()
{
    int i1=1,i2=1,i3,i;
    printf("\n%d,%d",i1,i2);
    for(i=3;i<=20;i++)
    {
        i3=i1+i2;
        printf(",%d",i3);
        i1=i2;
        i2=i3;
    }
    getch();
}
```

程序的运行结果如下：

```
E:\邓工作~1\C语言~1\例题code\unit5\Fibniqi.exe
1,1,2,3,5,8,13,21,34,55,89,144,233,377,610,987,1597,2584,4181,6765
```

【例 5-9】一球从 100 米高度自由落下，每次落地后反跳回原高度的一半；再落下，求它在 第 10 次落地时，共经过多少米？第 10 次反弹多高？

分析

球从第一次落地到第二次落地经过了第一次高度一半的两倍（上抛和下落），共经过了 （100+50*2）米，将此结果存放在 sum 变量中；……，第 n 次落地，共经过前 n-1 次的路程加上 第 n-1 次高度一半的两倍。这样每次的高度存放在 height 变量中，经过的路程存放在 sum 变量中。

程序实现如下：

```
main()
{
    float height=100.0,sum=100;
    int i;
    for(i=1;i<10;i++)      /*反弹 9 次，十次落地*/
    {
        height=height/2;   /*反弹后的高*/
        sum=sum+height*2;  /*sum 为先前球的高，加上反弹的两次路线*/
    }
    printf("共经过 %f 米\n",sum);
    printf("第 10 次反弹的高度是：%f 米\n",height/2);/*反弹 10 次后的高*/
    getch();
}
```

程序的运行结果如下：

共经过 299.609375 米

第 10 次反弹的高度是：　0.097656 米

【例 5-10】有一分数序列：2/1，3/2，5/3，8/5，13/8，21/13...求出这个数列的前 20 项之和。

分析

本数列分子与分母的变化规律为：后项分母为前项的分子，后项分子为前项的分子分母之和。

程序实现如下：

```
main()
{
  int i;
  float a=2,b=1,t,sum=0;      /*定义分子 a 分母 b*/
  for(i=1;i<=20;i++)          /*20 个数*/
  {
    sum=sum+a/b;             /*20 个数相加*/
    t=a;
    a=a+b;                   /*把前数的分子分母和赋值给后数的分子*/
    b=t;                     /*把前数的分子赋值给后数的分母*/
  }
  printf("前 20 项的和：%f",sum);
  getch();
}
```

程序的运行结果如下：

前 20 项的和：32.660259

5.4 goto 语句、break 语句和 continue 语句

任务提出

设计一个程序，用 goto 语句实现 1～100 之内的奇数之和。

任务分析

（1）定义变量 sum 和 i，分别存放累计和及循环次数。

（2）累计和变量 sum 赋初值 0，循环次数 i 赋初值 1。

（3）使用 if 语句和 goto 语句构成循环求和。

（4）输出累计和结果 sum。

任务实施

完整的程序清单如下：

```
main()
{
  int  sum=0,i=1;
  a1:sum=sum+i;
  i+=2;
  if(i<100) goto  a1;
  /*流程转向语句，一般与 if 语句一起构成循环*/
  printf("1+3+…+99=%d\n",sum);
  getch();
}
```

程序的运行结果如下：

1+3+…+99=2500

相关知识

5.4.1　goto 语句

1. 语句形式

```
goto  语句标号;
```
例如：
```
goto  label;
      …
label: …
```
其中，语句标号用标识符表示，它的定名规则与变量名相同。

2. 语句执行流程

在程序执行过程中，如果遇到 goto 语句，则程序执行流程无条件地转向语句标号后的语句继续执行。

3. 说明

（1）语句标号仅仅对 goto 语句有效，不影响其他语句。

（2）同一个程序中，不允许有同名标号。

（3）goto 语句通常与条件语句配合使用，可用来实现条件转移、构成循环、跳出循环体等功能。还一般用于从循环体中跳转到循环体外（特别是从多层循环的内层循环跳到外层循环时才用）。

历史上关于在程序中是否使用 goto 语句，曾引起激烈争论，最终提出在程序设计中主张尽可能不使用 goto 语句，因为 goto 语句将破坏程序的结构化、使程序可读性变差。但也不是绝对禁止使用 goto 语句。

【例 5-11】用 if 语句和 goto 语句构成循环，求 6!。

分析

使用 goto 语句构成循环，类似于其他循环语句，只是要用 goto 语句指向循环体的开始，也就是指向语句标号所在的行。

程序实现如下：

```
main()
{
    long s=1,i=1;
    loop:if(i<=6)
    {
        s=s*i;
        i++;
        goto loop;
    }
    printf("6!=%ld",s);
    getch();
}
```

程序的运行结果如下：

```
6! =720
```

5.4.2　break 语句

1. 语句形式

```
break;
```

2. 作用

（1）结束 break 所在的 switch 语句。

（2）结束当前循环，跳出 break 所在的循环结构。

3. 几点说明

（1）循环体中 break 语句只能退出所在循环，不能退出整个程序。

（2）break 语句只能用于 switch 和循环语句，不能用于其他。

【例 5-12】编写一个程序，判断输入的数是否为素数。

分析

素数的条件是不能被 2,3,…,m-1 整除,假定 m 不是素数,则可表示为 m=i*j。i<=j,i<=sqrt(m),j>= sqrt(m)，于是，循环变量的取值范围在 2 ~ sqrt(m)。

完整的程序清单如下：

```
#include"math.h"
main()
{ int m,j;
  clrscr();
  printf("请输入一个数: ");
  scanf("%d",&m);
  for(j=2;j<=sqrt(m);j++)
    if(m%j==0) break;
  if(j>sqrt(m))
      printf("%d 是素数! ",m);
  else
      printf("%d 不是素数! ",m);
  getch();
}
```

程序的运行结果如下：

```
请输入一个数: 10
10 不是素数!
```

5.4.3　continue 语句

1. 语句形式

```
continue;
```

2. 作用

结束本次循环。

3. 语句执行流程

continue 语句可以结束本次循环，即不再执行循环体中 continue 语句之后的语句，转入下一次循环条件的判断与执行。

【例 5-13】求 300 以内能被 15 整除的所有整数。

分析

能被某数整除，只需满足模除某数等于零即可。

程序实现如下：

```
main()
{
    int x,k;
    clrscr();
    for(x=1;x<=300;x++)
    {
        if(x%15!=0) continue;
        printf("%d\t",x);
    }
    getch();
}
```

程序的运行结果如下：

【例 5-14】分析以下程序的运行结果。

```
main()
{ int i,sum=0;
  for (i=1;i<=10; i++)
  {
     if(i%2==0)   break;
     sum=sum+i;
  }
  printf("i=%d,sum=%d",i,sum);
  getch();
}
```

```
main()
{ int i,sum=0;
  for (i=1;i<=10; i++)
  {
     if(i%2==0) continue;
     sum=sum+i;
  }
  printf("i=%d,sum=%d",i,sum);
  getch();
}
```

左边程序的结果是：i=2,sum=1；右边程序的结果是：i=11,sum=1+3+5+…+9=25。

5.5 循环的嵌套

任务提出

设计一个程序，输出标准的九九乘法表。

任务分析

九九乘法表共有9行9列，我们可以用i控制行，j控制列。

任务实施

完整的程序清单如下：

```
#include <stdio.h>
main()
{
  int i,j;
  clrscr();
  for(i=1;i<=9;i++)
  {
    for(j=1;j<=i;j++)
      printf("%d*%d=%d\t",j,i,i**j);
    printf("\n");
  }
  getch();
}
```

程序的运行结果如下：

相关知识

　　一个循环体内又包含另一个完整的循环结构，称为循环的嵌套。内嵌的循环中还可以嵌套循环，这就是多层循环。

　　3种循环（while循环、do…while循环和for循环）可以互相嵌套。例如，以下几种都是合法的形式：

（1）while()　　　　　　（2）while()　　　　　　　　（3）for(;;)
　　{…　　　　　　　　　{…　{…　　　　　　　　　　{

108

```
        while()              do                        for(;;)
        {…}                  {…                        {…}
        …                    }while();                 …
        }                    …                         }
                             }
                             }
```

（4）do　　　　　（5）do　　　　　　　（6）for(;;)
　　{…　　　　　　　{…　{…　　　　　　　{
　　　for(;;)　　　　　　do　　　　　　　　while()
　　　{…}　　　　　　　{…　　　　　　　{…}
　　　…　　　　　　　　}while();　　　　　…
　　}while();　　　　　　…　　　　　　　　}
　　　　　　　　　　}while();
　　　　　　　　　}

【例 5-15】 输出如图 5-3 所示的正等腰图形。

分析

采用双重循环，一行一行输，每一行输出步骤一般分为 3 步。

（1）光标定位，每层的空格控制。

（2）输出图形。

例如本题：共 4 行，若行号用 k 表示，则每一行有 2*k–1 个*号。

（3）每输完一行光标换行(\n)。

完整的程序清单如下：

```
*
***
*****
*******
图 5-3　正等腰图形
```

```
main()
{
    int x=20,y=5,i,j;
    clrscr();
    for(i=1;i<=4;i++)           /*控制行数*/
    {
        gotoxy(x--,y++);         /*控制星号前的空格*/
        for(j=1;j<=2*i-1;j++)    /*输出每行中的星号*/
            printf("*");
        printf("\n");            /*一行输完后换行*/
    }
    getch();
}
```

【例 5-16】 假设有 100 个和尚和 100 馒头，其中大和尚一人吃 3 个馒头，小和尚 3 人吃一个馒头。请编程求出大、小和尚可能的人数。

分析

假设 i 为大和尚人数，则其取值范围为 1 至 100/3 个。小和尚 j 的人数的取值范围为 1 至 100–i 个。

完整的程序清单如下：

```
#include  "stdio.h"
```

```
main()
{
    int i,j;/ *i为大和尚个数, j为小和尚个数*/
    clrscr();
    for(i=1;i<=33;i++)
      for(j=1;j<=100-i;j++)
          if((i+j==100) && (3*i+(1*j)/3==100))
              printf("大和尚有: %d人, 小和尚有: %d人\n",i,j);
    getch();
}
```

程序的运行结果如下:

大和尚有: 25 人, 小和尚有: 75 人

【例 5-17】有 1、2、3、4 四个数字, 能组成多少个互不相同且无重复数字的两位数? 它们分别是多少?

分析

可填在十位、个位的数字都是 1、2、3、4, 组成所有的排列后, 再去掉不满足条件的排列。

完整的程序清单如下:

```
#include  "stdio.h"
main()
{
    int i,j,count=0;
    clrscr();
    for(i=1;i<=4;i++)
      for(j=1;j<=4;j++)
        if(i!=j)
        {
              printf("%d%d\t",i,j);
              count++;
        }
      printf("\nthe total number is :%d\n",count);
    getch();
}
```

程序的运行结果如下:

5.6 循环结构程序设计

【例 5-18】实现输出共 7 行的菱形图形。

分析

此题输出方法和前面的正等腰三角形图形相似, 只是在正向的等腰三角形图形下再加一个倒的等腰三角形图形。

完整的程序清单如下:

```
#include  "stdio.h"
main()
{
    int i,j,k,n,x;/*定义变量*/
    clrscr();/*清屏*/
    for(i=1;i<=7;i++)/*外层循环控制总行数*/
    {
        if(i<=4)/*用条件判断菱形上面的等腰三角形*/
        {
            for(x=4;x>=i;x--)/*控制星号前的空格*/
                printf(" ");
            for(j=1;j<=2*i-1;j++)/*输出星号*/
                printf("*");
        }
        if(i>4&&i<=7)/*用条件判断菱形下面的等腰三角形*/
        {
            for(n=4;n<=i;n++)/*控制星号前的空格*/
                printf(" ");
            for(k=15;k>=2*i+1;k--)/*输出星号*/
                printf("*");
        }
        printf("\n");/*每行输出后换行*/

    }
    getch();
}
```

【例5-19】两个乒乓球队进行比赛，各出 3 人，甲队为 A、B、C，乙队为 X、Y、Z，抽签决定比赛结果，对于抽签结果，A 说不和 X 比，C 说不和 X、Z 比，编程找出 3 对选手的比赛安排。

分析

先假设 i 就是甲队中的 A，则能和 A 比赛的范围是 X、Y 或 Z，j 为甲队中的 B，则能和 B 比赛的范围是 X、Y 或 Z 且 i 和 j 不能为同一名成员（即 i!=j）。同样的道理若 k 是甲队中的 C 也是如此。

完整的程序清单如下：

```
main()
{
    char i,j,k;
    clrscr();
    for(i='X';i<='Z';i++)
    {
        for(j='X';j<='Z';j++)
        {
            if(i!=j)
            for(k='X';k<='Z';k++)
            {
                if(i!=k&&j!=k&&i!='X'&&k!='X'&&k!='Z')
                    printf("A--%c\tB--%c\tC--%c\n",i,j,k);
            }
        }
```

```
    }
    getch();
}
```

程序的运行结果如下：

```
A-Z   B-X   C-Y
```

【例 5-20】编程输出 100~200 的全部素数，且要求每行只输出 10 个数。

分析

判断素数的方法前面已有讲解，在此处只要加一外层循环用来依次判断 100~200 之间的所有数。

完整的程序清单如下：

```
#include  "stdio.h"
#include  "math.h"
main()
{
    int m,j,k=0;
    clrscr();
    for(m=100;m<=200;m++)         /*用来依次遍历 100-200 之间的所有数*/
    {
        for(j=2;j<=sqrt(m);j++)    /*判断一个数是否为素数*/
        if(m%j==0) break;
        if(j>sqrt(m))
        {
            printf("%5d",m);
            k++;
            if(k%10==0)             /*控制输出时 10 个数占一行*/
                printf("\n");
        }
    }
    getch();
}
```

程序的运行结果如下：

【例 5-21】输出国际象棋棋盘。

分析

用 i 控制行，j 来控制列，根据 i+j 的和的变化来控制输出黑方格，还是白方格。

完整的程序清单如下：

```
#include "stdio.h"
main()
{
    int i,j;
    clrscr();
    for(i=0;i<8;i++)
```

```
{
    for(j=0;j<8;j++)
        if((i+j)%2==0)
            printf("%c%c",219,219);  /* 输出白方格 */
        else
            printf("  ");
    printf("\n");
}
getch();
}
```

程序的运行结果如下：

本章小结

　　本章主要介绍循环结构程序设计方法，需要掌握 for 循环、while 循环和 do...while 循环的基本结构和应用，掌握 break 和 continue 语句的使用方法及流程转向语句 goto 语句的适用范围及用法。

　　在构成循环结构的三种循环语句中：while 语句、do...while 语句、for 语句中，while 语句和 for 语句属于当型循环，即先判断、后执行；而 do...while 语句属于直到型循环，即先执行、后判断。在实际应用中，for 语句多用于来解决循环次数明确的问题，而无法确定循环次数的问题一般采用 while 语句和 do...while 语句比较自然。for 语句的 3 个表达式有多种变化，大家要掌握其变化规律。另外注意 do...while 语句后面的分号。

　　goto 语句可以方便快速地转到指定的任意位置继续执行，由于会造成程序可读性差，可维护性差，因而结构化程序设计中不提倡使用 goto 语句。

　　break 语句和 continue 语句的区别：break 语句能终止整个循环语句的执行；而 continue 语句只能结束本次循环，并开始下次循环。break 语句还能出现在 switch 语句中；而 continue 语句只能出现在循环语句中。

习 题 5

一、选择题

1. 以下程序的输出结果是_____。

```
main()
```

```
{ int n=4;
  while (n--)
printf("%d",--n);
getch();
}
```

  A. 20　　　　　　　　B. 31　　　　　　　C. 321　　　　　D. 210

2. 以下程序的输出结果是_____。

```
main()
{ int x=10,y=10,i;
  for(i=0;x>8;y=++i)
  printf("%d%d",x--,y);
  getch();
}
```

  A. 10192　　　　　　B. 9876　　　　　　C. 10990　　　　D. 101091

3. 当执行以下程序段时，会出现的情况是_____。

```
x=-1;
do
{
  x=x*x;
}
while (!x);
```

  A. 循环体将执行一次　　　　　　　B. 循环体将执行两次

  C. 循环体将执行无数多次　　　　　D. 系统将提示有语法错误

4. 执行以下程序后输出的结果是_____。

```
main()
{
  int y=10;
  do
  {
  y--;
}while(--y);
  printf("%d\n",y--);
}
```

  A. -1　　　　　　　　B. 1　　　　　　　　C. 8　　　　　　D. 0

5. 下面程序的输出结果是_____。

```
main()
{ int x=3,y=6,a=0;
  while (x++!=y)
{
  a+=1;
  if (y<x) break;
}
  printf("x=%d,y=%d,a=%d\n",x,y,a);
  getch();
}
```

  A. x=4,y=4,a=1　　　B. x=6,y=6,a=1　　　C. x=5,y=4,a=3　　　D. x=6,y=6,a=3

6. 若i,j已定义为int类型，则以下程序段中内循环的总的执行次数是_____。

```
for (i=5; i; i--)
for (j=0; j<4; j++)
{...}
```

A. 20　　　　　　B. 24　　　　　　C. 25　　　　　　D. 30

上面程序的输出结果是_____。

A. a=2,b=1　　　　B. a=1,b=1　　　　C. a=1,b=0　　　　D. a=2,b=2

*7. 若有以下程序段，w 和 k 都是整型变量

```
w=k;
LB: if(w= =0) goto LE;
w--;
printf("*");
goto LB;
LE:
```

则不能与上面程序段等价的循环语句是_____。

A. for(w=k; w!=0; w—)
   printf("*");

B. w=k;
   while(w—!=0)
   {printf("*");
     w++;
       }

C. w=k;
   do {
   w--; printf("*");
   }while (w!=0);

D. for (w=k; w; —w)
   printf("*");

8. 下面程序的输出是_____。

```
#include"stdio.h"
main()
{
  int k,j,s;
  for (k=2;k<6;k++)
  switch(s[k])
    {
       s=1;
       for(j=k;j<k;j++)
       S=s+j;
    }
  printf("s=%d\n",s);
  getch();
 }
```

A. v1=4,v2=2,v3=1,v4=1　　　　　B. v1=4,v2=9,v3=3,v4=1

C. v1=5,v2=8,v3=6,v4=1　　　　　D. v1=8,v2=8,v3=8,v4=8

9. 在下列选项中，没有构成死循环的程序段是_____。

A. int i=100;
   while (1)
   {
       i=i%100+1;
       if(i>100) break;
   }

B. for (; ;);

C. int k=1000;

　　do {++k; }while (k>=10000);

D. int s=36;

　　while (s) ;

　　--s;

10. 下列程序运行的结果是_____。

```
main()
{ int i=1,sum=0;
  while(i<10)  sum=sum+1;i++;
  printf("i=%d,sum=%d",i,sum);
  getch();
}
```

A. i=10,sum=9　　　　B. i=9,sum=9　　　　C. i=2,sum=1　　　　D. 运行出现错误

11. 有以下语句:

```
i=1;for(;i<=100;i++)  sum+=i;
```

与以上语句序列不等价的有_____。

A. for(i=1; ;i++) {sum+=i;if(i==100)break;}　　B. for(i=1;i<=100;){sum+=i;i++;}

C. i=1;for(;i<=100;)sum+=i;　　D. i=1;for(; ;){sum+=i;if(i==100)break;i++;}

12. 下面程序的运行结果为_____。

```
main()
{ int n;
  for(n=1;n<=10;n++)
  {
    if(n%3==0) continue;
    printf("%d",n);
  }
  getch();
}
```

A. 12457810　　　　B. 369　　　　C. 12　　　　D. 12345678910

13. 标有/**/的语句的执行次数是_____。

```
int y,i;
for(i=0;i<20;i++)
{
  if(i%2==0)
    continue;
  y+=i;/**/
}
```

A. 20　　　　B. 19　　　　C. 10　　　　D. 9

14. 下列程序的输出是_____。

```
#include<stdio.h>
main()
{ int i;char c;
    for(i=0;i<=5;i++)
    {
      c=getchar();
      putchar(c);
    }
    getch();
}
```

程序执行时从第一列开始输入以下数据,<CR>代表换行符。

u\<CR\>

w\<CR\>

xsta\<CR\>

A. uwxsta   B. u   C. u   D. u

                   w   w   w

                   x   xs   xsta

15. 下列程序的输出为_____。

```c
#include "stdio.h"
main()
{ int i,j,x=0;
  for(i=0;i<2;i++)
    {
      x++;
  for(j-0;j<=3;j++)
    {
      if(j%2) continue; x++;
    }
    x++;
    }
  printf("x=%d\n",x);
  getch();
}
```

A. x=4   B. x=8   C. x=6   D. x=12

16. 下列程序的输出为_____。

```c
#include"stdio. h"
main()
{ int i,j,k=0,m=0;
  for(i=0;i<2;i++)
  {
  for(j=0;j<3;j++)
        k++;
  }
  m=i+j;
  printf("k=%d,m=%d\n",k,m);
  getch();
}
```

A. k=1, m=3   B. k=6, m=5   C. k=6, m=3   D. k=1, m=5

17. 在 C 语言中,为了结束 while 语句构成的循环，while 后一对圆括号中表达式的值应该为_____。

A. 0   B. 1   C. true   D. 非 0

18. 在 C 语言中，为了结束由 do…while 语句构成的循环，while 后一对圆括号中表达式的值应为_____。

A. 0   B. 1   C. true   D. 非 0

*19. 下列程序的输出为_____。

```c
#include<stdio.h>
main()
{ int k=0;char c='A';
  do
```

```
    {
        switch(c++)
        { case 'A':k++;break;
          case 'B':k--;
          case 'C':k+=2;break;
          case 'D':k=k%2;continue;
          case 'E':k=k*10;break;
          default:k=k/3;
        }
        k++;
    }
    while(c<'G');
    printf("k=%d\n",k);
    getch();
}
```

A. k=3   B. k=4   C. k=2   D. k=0

*20. 下列程序段的输出结果为_____。

```
main()
{ int x=3;
  do
  {
      printf("%3d",x-=2);
  }while(!(--x));
  getch();
}
```

A. 1   B. 3 0   C. 1 -2   D. 死循环

二、填空题

1. 若输入字母 C，程序输出结果为_____；该程序段的功能是_____。

```
#include"stdio.h"
main()
{ char c1,c2;
  c1=getchar();
  while(c1<97||c1>122)c1=getchar();
  c2=c1-32;
  printf("%c,%c\n",c1,c2);
  getch();
}
```

2. 以下程序运行的结果_____。

```
main()
{ int i=1,sum=0;
  loop:if(i<=10)
  {
    sum+=i;
      i++;
      goto loop;
  }
  printf("sum=%d\n",sum);
  getch();
}
```

3. 如果输入'1', '2', '3', '4', 程序运行输出的是_____。

```
#include"stdio.h"
main()
```

```
{ char c;
  int i,k;
  k=0;
  for(i=0;i<4;i++)
  {
    while(1)
    {
      c=getchar();if(c>='0'&&c<='9')break;}
      k=k*10+c-'0';
    }
  printf("k=%d\n",k);
  getch();
}
```

4. 运行以下程序后，如果从键盘上输入 china#<回车>,则输出结果为_____。

```
#include "stdio.h"
main()
{ int v1=0,v2=0;
  char ch;
  while ((ch=getchar())!='#')
    switch(ch)
    {
      case 'a':
      case 'h':
      default: v1++;
      case '0':v2++;
    }
  printf("%d,%d\n",v1,v2);
  getch();
}
```

5. 程序运行结果是_____。

```
#include<stdio. h>
main()
{ int i;
    for(i=1;i+1;i++)
    {
      if(i>4)
      {
        printf("%d\t",i++);
        break;
      }
      printf("%d\t",i++);
    }
    getch();
}
```

6. 以下程序运行的结果是_____。

```
#include<stdio. h>
main()
{ int a,b;
  for(a=1,b=1;a<=100;a++)
  {
    if(b>=20)break;
    if(b%3==1)
    {
```

```
    b+=3;
    continue;
    }
    b-=5;
  }
  printf("%d\n",a);
  getch();
}
```

7. 以下程序运行的结果是_____。

```
main()
{ int i=1;
  while(i<10)
  if(++i%3!=1)
    continue;
  else
    printf("%d",i);
  getch();
}
```

8. 求出 1000 以内的"完全数"。（提示：如果一个数恰好等于它的因子之和（因子包括 1，不包括数本身），则称该数为"完全数"。例如：6 的因子是 1，2，3 而 6=1+2+3，则 6 是个"完数"。）

```
main()
{ int i,a,m;
  for(i=1;i<1000;i++)
  {
    for(m=0,a=1;a<=i/2;a++)
      if(!(i%a)) _____; （也可用_____）
    if_____) printf("%4d",i);
  }
  getch();
}
```

9. 100 元钱买 100 只鸡，公鸡一只 5 元钱，母鸡一只 3 元钱，小鸡 1 元钱 3 只，求 100 元钱能买公鸡、母鸡、小鸡各多少只？

```
#include<stdio. h>
main()
{ int cocks,hens,chicks;
  cocks=0;
  while(cocks<=19)
  {
    hens=0;
    while(hens<=33)
    {
      chicks=100. 0-cocks-hens;
      if(5. 0*cocks+3. 0*hens+chicks/3. 0==100. 0)
      printf("%d,%d,%d\n",cocks,hens,chicks);
      _____;
    }
    _____;
  }
  getch();
}
```

10. 下列程序计算平均成绩并统计 90 分及以上人数。

```
main()
{ int n,m;
```

```
    float grade,average;
    average=n=m= _____ ;
    while(_____)
    {
      scanf("%f",&grade);
      if(grade<0)break;
      n++;
      average+=grade;
      if(grade<90) _____ ;
      m++;
    }
    if(n)printf("%. 2f%d\n",average/n,m);
    getch();
}
```

11. 下列程序判断一个数是否为素数。

```
#include<stdio. h>
#include<math. h>
main()
{ int i,k,m;
  scanf("%d",&m);
  k=sqrt(_____);
  for(i=2;i<=k;i++)
    if(m%i==0) _____ ;
  if(_____) printf("%dyes\n",m);
  else printf("%dno\n",m);
  getch();
}
```

12. 求 100~499 之间的所有水仙花数,即各位数字的立方和恰好等于该数本身的数。

```
main()
{ int i,j,k,m,n;
  for(i=1; _____ ;i++)
  for(j=0;j<=9;j++)
   for(k=0;k<=9;k++)
   {
      _____ ;
      n=i*i*i+j*j*j+k*k*k;
      if(_____)
      printf("%d",m);
   }
   getch();
}
```

三、编程题

1. 编写程序,求 1~100 中所有奇数之和。

2. 输出 1~20 中能被 5 整除的数,并求出它们的和。

3. 输入任意一个整数,将其逆序输出,如输入 1234,输出 4321。

4. 有一个用木板做成的牧场,里面圈养了 100 只羊,某一天木板坏了 10 块,假如每块木板一晚上能让 1 只狼进去吃 1 只羊,工匠每天修理一块木板。编程求这个牧场至少要损失多少只羊?（不考虑特殊情况）

5. 设计一简单的猜字游戏,猜对显示 Good 并退出；猜错的继续,只能有 3 次机会。

121

第6章

数组

在前面各章中，我们已经学习了 C 语言所提供的简单数据类型，使用这些数据类型可以描述并处理一些简单的问题。然而实际需要处理的数据常常不止一个，很多情况下是有大量类型相同的数据要处理，如果都用基本数据类型来处理，就很麻烦且易出错。如学生的学号、成绩、姓名等。在程序设计过程中，为了处理方便，通常需要把具有相同类型的若干数据按有序的形式组织起来。

C 语言中可用数组来简单、快捷处理这些类型相同的若干数据。这些按序排列的同类数据元素的集合称为数组，在 C 语言中，数组属于构造类型的数据，在本书的第 2 章中只是简单介绍了数组的一些基本概念。

一个数组可以分解为多个数组元素，这些数组元素可以是基本数据类型或是构造类型。因此按数组元素的类型不同，数组又可分为数值数组、字符数组、指针数组、结构体数组等各种类别。

本章介绍数值型数组和字符型数组，其余的在以后的章节中陆续介绍。

6.1 一维数组

任务提出

编写一个程序，从键盘输入一个班级若干个学生的某门课程的成绩，求出全班的平均成绩并输出后，再输出按成绩从高分到低分的顺序排序后的所有学生的成绩。

任务分析

本题要求首先从键盘输入一个班所有学生的成绩，计算平均成绩后，将每个人的成绩进行排序后按从高分到低分的顺序输出。

处理此问题若用简单的变量来处理，则需要定义若干个不同变量来存放，当学生个数较多时就非常烦琐甚至是不现实的做法。对于学生成绩这种某类数据的集合，可以采用数组来进行处理。

假设一个班有 50 个学生，为方便维护，定义一个符号常量 MAX1 代替学生人数，符号常量如下：

```
#define  MAX1  50
```

同时需要定义一个用于存放学生成绩的成绩数组 score[MAX1]，再定义一个在成绩排序过程中要用到的中间变量 temp。

任务实施

完成以上功能的程序清单如下：

```
#define  MAX1  50
main()
{
   int i,j;  /* 定义循环变量 */
   /*初始化成绩数组（共有MAX1个学生）*/
   int score[MAX1],temp;
   /* 依次输入每一个学生的成绩，并保存至成绩数组*/
   for(i=0;i<MAX1;i++)  /* 输入每一个学生的成绩*/
      scanf("%d",&score[i]);
    /*用冒泡法对成绩数组从高分到低分进行排序*/
   for(j=1;j<=MAX1-1;j++)  /*共比较MAX1-1轮*/
      for(i=1;i<MAX1-j;i++)
         if(score[i]<score[i+1])   /*比较相邻两数的大小*/
             {temp=score[i]; score[i]=score[i+1];score[i+1]=temp;}
      /*输出排序后的学生成绩表*/
   printf("  序号   成绩\n");
   for(i=0;i<MAX1;i++)  /* 输出每一个学生的成绩*/
      {
          printf("第%d个学生的成绩: ",i);
          printf("%4d",score[i]);
          printf("\n");
      }
   getch();
}
```

在处理上述问题中，首先必须定义一个用来存放每一个学生成绩的成绩数组 score。利用循环语句实现从键盘中输入每一个学生的成绩，利用二重循环和冒泡法实现从高分到低分的排序，最后输出排序后的学生成绩。

相关知识

6.1.1 一维数组的定义和引用

1. 一维数组的定义

前面已讲过，数组是一组有序数据的集合，数组中的每一个元素的数据类型相同，用数组名和下标来唯一确定数组中的每一个元素。

只有一个下标的数组称为一维数组。一维数组中的各个元素是排成一行的一组下标变量，用一个统一的数组名来标识，数组元素用一个下标来指示其所在的位置。

在 C 语言中，定义一维数组的一般格式如下：

存储类型符　类型说明符　数组名[常量表达式];

说明

（1）其中存储类型符用来说明数据的存储类型，默认为自动类型（存储类型的详细内容在第 7 章中讲述）。

（2）类型说明符为数组元素的数据类型，可以是 int 型、float 型、char 型以及后面章节将要讲到的指针、结构体和共用体等各种复合数据类型。同变量数据类型的性质一样，它决定了数组各个元素所占的内存空间的大小以及存取的是什么类型的数据。

数组类型为数组中每一个元素类型。

（3）数组名的命名规定必须遵守标识符命名规则，同一函数中的数组名不能与其他变量同名。在定义中，还可将同类型的变量或其他数组的定义写在一行语句中，但它们之间要用逗号隔开。例如：

```
int  array1[10], array2[20];
```

又如：

```
#define MAX1 50
float score[MAX1];
```

其中，array1 和 array2 被定义成整型数组，array1 含有 10 个元素，array2 中含有 20 个元素。score 被定义成实型数组，含有 50 个元素。

数组名表示内存首地址，它是一个地址常量。

（4）这里的方括号"[ ]"是区分数组和变量的特征符号，不能省略。方括号中指定的常量表达式中可以包括整型常量和符号常量，不能包括变量。常量表达式必须要有一个确定的整型数值，且数值必须大于 0，它反映数组中元素的个数，或称为数组的大小、数组的长度。

（5）数组元素的下标从 0 开始，称为下标的下界；最后一个元素的下标为元素的个数减一，称为下标的上界。例如：

```
int array[10];
```

含义：定义了一个数组，数组名为 array，有 10 个元素，元素的类型均为整型。这 10 个元素分别为：array[0]、array[1]、array[2]、array[3]、array[4]、array[5]、array[6]、array[7]、array[8]、array[9]。

2. 一维数组元素的引用

数组必须先定义后使用。定义了一个数组后就可以用下标运算符通过指定下标来逐个引用数组中的元素。

一维数组元素的引用格式为：

数组名[下标常量表达式];

在引用数组元素时，应注意以下几个问题：

（1）书写时，先写数组名，然后写方括号"[ ]"。其中，数组名必须是已定义过的。方括号"[]"

是 C 语言的下标运算符。

（2）方括号中的值用来反映元素在数组中的位置，所以往往将方括号中的值形象地称为数组元素的下标。C 语言规定，数组的下标是从 0 开始的。这就是说，若有数组定义：

```
int array[5];
```

则该数组可以引用的元素是 array[0], array[1], array[2], array [3], array [4]这 5 个元素，array [4] 是数组 array 的最后一个元素。注意：这里的数组 array 没有 array [5]这个数组元素。可见，在引用一维数组元素时，若数组定义时指定的大小为 n 时，则下标范围为 0 ~ (n–1)。

（3）引用时，方括号中指定的下标可以是常量、变量或是表达式，但它们的值必须是整型，不能是实型，也不能是字符串，因为反映的是元素在数组中的位置序号。例如：

```
int array[10], i;
…
for(i=0;i<10;i++)
    printf("%d\t",array[i]);
```

printf 调用语句中的 array[i]就是一个对数组 array 中元素的合法引用，i 是一个整型变量，用来指定数组元素的下标，当 i=0 时，引用的是元素 array[0]，当 i=1 时，引用的是元素 array[1]，……，依此类推。应当注意，若 for 中的 i<10 误写成 i<=10，则当 i=10 时，数组 array 的下标序号已超界，而这一错误是不会在编译与连接的过程中反映出来的，因此在程序设计中必须保证数组下标取值的正确性。

有了这样的理解后，就可以在程序中正确使用数组元素了。例如：

```
int array[10], i;
for(i=0;i<10;i++)               /* 语句 A */
    array[i]=i;
for(i=0;i<10;i++)               /* 语句 B */
    printf( "%d\t",array[i]);
```

其中，循环语句 A 用来将数组 array 的各个元素分别赋值，使得 array[0] = 0, array[1] = 1, …, array[9] = 9。而循环语句 B 则是将数组 array 的各个元素的值全部显示出来。结果为：

```
0    1    2    3    4    5    6    7    8    9
```

（4）引用数组元素的本质就是引用数组元素的内存空间，也就是说，数组元素的下标也反映元素内存单元在数组内存空间的位置。例如，"int a[5];" 定义后，若数组 a 内存空间的首地址是 2000H，那么当引用 a[2]这个元素时，实质上就是引用数组内存中地址从 2004H 开始的 2 个字节（ANSI C）的内存空间。因此，元素 a[0] ~ a[4]实质上就是数组 a 在内存中相应内存空间的标识，如同变量一样，只是这种标识是用数组名和下标运算符所构成的。

由此可见，上述数组元素的引用和赋值操作与同类型的变量基本相同，由此可归纳出数组特性三要素如下。

① 数组元素类型相同；

② 数组长度固定；

③ 数组占用连续的内存空间。

由于数组所占的内存空间是多块连续的内存单元，因而其初始化又与普通变量有着显著区别。那么，数组元素是如何进行初始化的呢？

前面已讲过，数组定义后，编译系统就为数组在内存中开辟一段连续的内存空间，其首地址由数组名标识，数组的各个元素按顺序依次存放。最初，这些存储单元中没有确定的值，需要对其进行初始化。

6.1.2 一维数组的初始化

1. 初始化格式

在 C 语言中，允许在数组定义的同时给数组元素赋初值，称为数组初始化。但与普通变量的初始化不同，对于一维数组来说，其初始化格式如下：

存储类型符　类型说明符　数组名[常量表达式]={初值列表}；

可见，数组元素的初始化是通过在数组定义格式中的方括号之后用"={初值列表}"的形式来进行的。这里，要理解"={初值列表}"的含义和用法：

（1）"={初值列表}"是专门为那些占据连续多个内存块单元的数据初始化而设计的，如数组的初始化以及以后讨论的结构变量的初始化等。其中的花括号"{}"是这种初始化类型的特征符，它反映了初值列表中指定的数值的开始（左花括号"{"}和结束（右花括号"}"）。

（2）"="符号的含义以前说过，它不是赋值运算符，而是将后面的初值列表中的数值从头开始依次写入到对应的内存空间中。由于数组的内存空间有限，因此初值列表中的数值个数不得多于数组元素个数，否则就会产生超界编译错误。指定时，多个数值之间要用逗号隔开。例如：

int array[5]={1, 2, 3, 4, 5};

这是将花括号"{ }"里的初值（整数）1、2、3、4、5 分别依次填充到数组 array 的内存空间中，亦即将初值依次赋给数组 array 的各个元素。它的作用与下列的赋值语句相同：

array[0]=1;array[1]=2;array[2]=3;array[3]= 4;array[4]=5;

若是：

int array[5]={1, 2, 3, 4, 5, 6};

则因指定的初值个数超出数组 array 元素的个数，因而会出现超界的编译错误。

（3）"={初值列表}"的方式只限用于数组（或结构变量）的初始化，不能出现在赋值语句中。例如：

int array[5]={1,2,3,4,5};　　　　　　　　　　/* 合法 */

而

array[5]={1,2,3,4,5};　　　　　　　　　　　/* 错误 */

2. 一维数组初始化的形式

虽然初始化数组的值的个数不能多于数组元素个数，但允许指定的初值个数少于数组元素个数的情况出现。

（1）一般初始化。例如：

int array1[10]={1,2,3,4,5,6,7,8,9,10};

其结果是给每一个元素都指定了初值。

（2）部分元素初始化。例如：

int array2[5]={3,6};

其结果是给前面的两个元素指定了初值，其余元素的初值均为零。

C 语言规定，在对数组进行初始化中，没有明确列举初值的元素其初值均为零值（数值型为

0，字符型为空）。

这就是说，元素 array2[2]、array2[3]、array2[4]的值均为默认值 0。这样一来，若有：

```
int array3[5]={0};
```

则使得数组 array3 的各个元素的初值均设为 0。若仅仅是：

```
int array3[5];
```

则数组 array3 的各个元素的初值可能是系统默认值，也可能是该内存空间以前操作后留下来的无效数值，总之是不能确定的值。

（3）在给全部数组元素赋初值时，可以不指定数组长度。编译时系统会根据初始化列表中初值个数自动定义数组长度。例如：

```
int array[5]={1,2,3,4,5};
```

可以写成：

```
int array[ ]={1,2,3,4,5};
```

（4）当初始化列表中初值个数多于数组元素个数时，编译时出错。

（5）对 static 数组元素不赋初值，系统会自动赋以 0 值。例如：

```
static int array[5];
```

等价于：

```
array[0]=0;array [1]=0;array[2]=0;array[3]=0;array[4]=0;
```

6.1.3　一维数组的输入与输出

【例 6-1】从键盘中输入 5 个学生的成绩并输出。

分析

在 C 语言中，由于 scanf 和 printf 不能一次处理整个数组的全部元素，只能逐个元素处理。假设 5 个学生的成绩用成绩数组 score 存放，数据输入输出方法可采用逐一输入、输出的方法，用如下 5 个单独的语句实现：

```
scanf("%f",&score[0]);
scanf("%f",&score[1]);
scanf("%f",&score[2]);
scanf("%f",&score[3]);
scanf("%f",&score[5]);
```

程序运行过程中逐个输入成绩值时，每输入一个数据后按回车换行键或 Tab 键后再输入下一个数据。和上述方法类似，输出 5 个学生的成绩可用 printf 函数来实现。

这种使用 5 个独立语句的方法缺点是：当处理的数组元素的个数不多时，上述输入、输出的方法是可行的，但若需要处理的数组的元素个数较多，就很不方便，有时甚至是不可行的。

使用一重循环可以解决这个问题，通过循环控制下标序号变化来实现对所有数组元素的访问。

完整的程序清单如下：

```
#include <stdio.h>
main()
{
  int i;
  float score[5];
  printf("请输入 5 个学生的成绩: ");
  for(i=0;i<5;i++)
```

```
    scanf("%f", &score[i]);
  for(i=0;i<5;i++)
    printf("第%d个学生的成绩为%f\n",i+1,score[i]);
  getch();
}
```

程序的运行结果如下：

请输入 5 个学生的成绩: 75 86 91 68 88↵

第 1 个学生的成绩为 75

第 2 个学生的成绩为 86

第 3 个学生的成绩为 91

第 4 个学生的成绩为 68

第 5 个学生的成绩为 88

6.1.4　一维数组的应用举例

【例 6-2】求数组元素中的最大值和最小值。

分析

可定义变量 max 和 min 来存储数组元素中的最大值和最小值，并将数组中下标为 0 的元素的值作为 max 和 min 的初值，然后通过循环语句，依次将余下的数组元素与 max 和 min 进行比较，max 保留两者中较大的数，min 保留两者中较小的数。在比较完所有的数组元素后，max 和 min 保存的就是数组中所有元素的最大值和最小值。

在求最大值的循环语句中，由于 max 的初值为 score[0]，因此循环是从数组下标为 1 开始比较的，若 max 小于 score[i]，则说明 max 不是最大值，需要将 score[i]赋给 max，这样通过条件判断，max 始终是数组 score 中已经参加过比较的元素中的最大值。类似地，可以分析求最小值的循环代码。

完整的程序清单如下：

```
#include <stdio.h>
#define MAX1 5
main()
{ int  score[MAX1],i;
  int  max,min;
  printf("请输入 MAX1 个数: ");
  for(i=0;i<MAX1;i++)
    scanf("%d",&score[i]);
  max=score[0];                              /* 设初值为下标为 0 的元素 */
  min=score[0];                              /* 设初值为下标为 0 的元素 */
  for(i=1;i<MAX1;i++)                         /* 求最大值 */
    if(max<score[i])  max=score[i];
  for(i=1;i<MAX1;i++)                         /* 求最小值 */
    if (min>score[i])  min=score[i];
  for(i=0;i<MAX1;i++)                         /*循环输出各个元素 */
    printf("score[%d]=%d\n",i,score[i]);
  printf("最大数为: %d,最小数为: %d\n",max,min);   /* 输出最大值和最小值 */
  getch();
}
```

【例 6-3】用冒泡法对 6 个整数进行升序排列。

分析

冒泡法排序的思路是，首先对 n 个数的每相邻两个数进行比较，小数放在前面，大数放在后面，经过第一遍扫描后，数列的最后一个数就是最大数；接着对前 n-1 个数进行同样的比较，将次大数放在倒数第二位置上，依此类推，直到排序结束为止。在这个过程中，大数不断往下沉，小数不断往上冒，故称为冒泡法排序。

本例中对 10, 6, 3, 9, 1, 7 这 6 个数排序，则要进行 5 轮次的比较。排序过程如图 6-1 所示。

在第一轮次比较中要进行 5 次两两比较，在第二轮次比较中要进行 4 次两两比较。若有 n 个数，在第一轮次比较中要进行 n-1 次两两比较，在第二轮次比较中要进行 n-2 次两两比较，在第 i 轮次比较中要进行 n-i 次两两比较。

初始状态	10	6	3	9	1	7
第一轮后	6	3	9	1	7	10
第二轮后	3	6	1	7	9	10
第三轮后	3	1	6	7	9	10
第四轮后	1	3	6	7	9	10
第五轮后	1	3	6	7	9	10

图 6-1　冒泡法排序示意图

完整的程序清单如下：

```c
#include "stdio.h"
main()
{  int i,j,temp,array[6];
   printf("请输入 6 个数:\n");
   for(i=0;i<6;i++)
     scanf("%d",&array[i]);
   printf("\n");
   for(j=1;j<=5;j++)                      /*比较 5 次*/
     for(i=0;i<6-j;i++)                   /*第 j 轮次比较 6-j 次*/
        if(array[i]>array[i+1])           /*比较相邻两数大小*/
          {
            temp=array[i];
            array[i]=array[i+1];
            array[i+1]=temp;
          }
   printf("排序后的结果为:");
   for(i=0;i<6;i++)
     printf("%d",array[i]);
   getch();
}
```

程序运行结果如下：

请输入 6 个数:
10 6 3 9 1 7↙
排序后的结果为:1 3 6 7 9 10

我们可以对上例中的程序做一些小的修改，通过一个计数器和两重循环将每趟排序的结果显示出来，使排序更明显。源程序如下：

```c
#include "stdio.h"
main()
{  int  i,j,temp,array[6];
   int  count=0;                          /*计数器，记录是第几次排序*/
   printf("请输入 6 个数字:\n");
```

```
    for(i=0;i<6;i++)
        scanf("%d",&array[i]);
    printf("\n");
    for(j=1;j<=5;j++)
        { count++;                                  /*每排序一次，计数器加 1*/
        for(i=0;i<6-j;i++)
        if(array[i]>array[i+1])
            { temp=array[i];array[i]=array[i+1];array[i+1]=temp; }
        printf("第%d 次交换后的数为:",count);         /*打印是第几次排序结果*/
        for(i=0;i<6;i++)
            printf("%4d",array[i]);                  /*打印本次排序的结果*/
        printf("\n");
        }
    printf("最终排序后的数为:");
    for(i=0;i<6;i++)
        printf("%4d",array[i]);                      /*打印最终排序的结果*/
    getch();
}
```

程序运行结果如下：

```
请输入 6 个数字:
10 6 3 9 1 7✓
第 1 次交换后的数为:6 3 9 1 7 10
第 2 次交换后的数为:3 6 1 7 9 10
第 3 次交换后的数为:3 1 6 7 9 10
第 4 次交换后的数为:1 3 6 7 9 10
第 5 次交换后的数为:1 3 6 7 9 10
最终排序后的数为:1 3 6 7 9 10
```

6.2 二维数组和多维数组

任务提出

编写一个程序，从键盘输入一个班级若干个学生的学号、姓名及几门课程的成绩，按总评成绩从高到低的顺序输出学生的成绩表。

任务分析

处理此问题和前面一维数组中类似，不能用简单的变量来处理。但因为要处理的不是一门课程而是若干门课程的成绩，若仍用一维数组来处理就必须每门课程定义一个数组，这样处理起来较复杂。这种情况可以使用二维数组。

任务实施

本题要求首先从键盘输入一个班所有学生的学号、姓名及几门课程的成绩，将每个人的总评成绩按从高分到低分的顺序排序后输出成绩表。

学生姓名用中文表示更直观，输出的成绩表中包含学生的学号、姓名、几门课程的成绩及总评成绩。

假设一个班级有 50 个学生，每个学生有 5 门课程（分别为语文、数学、英语、计算机基础、C 语言）的成绩。

同前面一维数组中一样，将学生人数、课程门数定义成符号常量：

```
#define  MAX1 50
#define  MAX2 5
```

学生学号由六位数字组成，用字符串处理。为此定义一个用来存放学生学号的二维字符数组 num，定义用于交换时用的字符数组 tnum。

学生姓名由不超过 20 位的字符组成，也用字符串表示，同时定义一个用来存放学生姓名的二维字符数组 name，定义一个用于交换用的字符数组 tname。

定义一个用于存放学生成绩的二维数组 score[MAX1][MAX2]。

还要定义一个存放平均值的数值型数组 average，定义一个用于交换时用的中间变量 temp。

另外，定义 3 个循环变量 i、j、k。

完成以上功能的程序如下：

```
#include  "string.h"
#define  MAX1  50
#define  MAX2  5
main()
  {
  int i,j,k;                              /*定义循环变量*/
  /*初始化学生学号数组（共有 MAX1 个学生）*/
  char num[MAX1][7];                      /* 学号 6 位，再留一位存放字符串结束标志*/
  char tnum[7];
  /*初始化学生姓名数组*/
  char name[MAX1][20];
  char tname[20];
  /*初始化学生成绩数组*/
  float score[MAX1][MAX2];
  float average[MAX1]={0},temp;
  /*依次输入每一个学生的数据，并保存至相应的数组中*/
  for(i=0;i<MAX1;i++)
    {
      scanf("%s",num[i]);                 /*输入第 i 个学生的学号*/
      scanf("%s",name[i]);                /*输入第 i 个学生的姓名*/
      for(j=0;j<MAX2;j++)
          scanf("%f,",&score[i][j]);      /*输入第 i 个学生的成绩*/
    }
  /*计算每个学生的总评成绩*/
  for(i=0;i<MAX1;i++)
    {
      for(j=0;j<MAX2;j++)
        average[i]=average[i]+score[i][j];
      average[i]=average[i]/MAX2;
    }
  /*用冒泡法按总评成绩从高到低进行排序*/
  for(j=1;j<=MAX1-1;j++)                                   /*共比较 MAX1-1 轮*/
```

```
        for(i=0;i<MAX1-j;i++)
            if(average[i]<average[i+1])           /*比较相邻两人总评成绩的大小*/
            {
                strcpy(tnum,num[i]);strcpy(num[i],num[i+1]);strcpy(num[i+1],tnum);
                strcpy(tname,name[i]);strcpy(name[i],name[i+1]);strcpy(name[i+1],tname);
                for(k=0;k<MAX2;k++)
                {
                    temp=score[i][k];
                    score[i][k]=score[i+1][k];
                    score[i+1][k]=temp;
                }
                temp=average[i]; average[i]=average[i+1];average[i+1]=temp;
            }
    printf(" 学号   姓名   语文   数学  英语   计算机基础  C语言   总评成绩\n");
    for(i=0;i<MAX1;i++)  /*输出排序后的学生成绩表*/
    {
        printf("%8s%20s",num[i],name[i]);
        for(j=0;j<MAX2;j++)
            printf("%8.2f",score[i][j]);
            printf("8.2f",average[i]);
        printf("\n");
    }
    getch();
```

在处理上述问题中，首先必须定义两个字符数组，一个用来存放学生学号的数组 num，另一个用来存放学生姓名的数组 name。再定义一个用来存放每一个学生各门课程的二维数组 score。利用循环语句实现从键盘中依次输入每个学生的学号、姓名及各门课程的成绩。输入完毕后计算出每个学生该门课程成绩的平均分后，利用二重循环实现按平均从高分到低分的排序。最后输出排序后的学生成绩表。

相关知识

6.2.1 二维和多维数组的定义和引用

1. 二维数组和多维数组的定义

二维数组定义的格式如下：

存储类型符 类型说明符 数组名[常量表达式1][常量表达式2];

从中可以看出，二维数组定义的格式与一维数组定义基本相同，只是多了一对方括号。同样，若定义一个三维数组，则应在二维数组定义格式的基础上再增加一对方括号，依此类推。可见，在数组定义中，数组维数的多少是由定义格式中的方括号的对数来决定的。这样，对于数组定义的统一格式就可表示为：

存储类型符 类型说明符 数组名[常量表达式1][常量表达式2] …[常量表达式n]

其中，各对方括号中的常量表达用来指定相应维的大小。例如：

float array[2][3];

```
char num[4][7];
int array2[3][4][5];
double array3[2][3][4][5][6];
```

其中，array1 是二维数组，每个元素的类型都是 float 型；num 是二维数组，每个元素的类型都是字符型；array2 是三维数组，每个元素的类型都是 int 型；array3 是五维数组，每个元素的类型都是 double 型。

二维及二维以上的数组称为多维数组。

2. 多维数组在内存中的存放次序

由于一维数组和内存空间的维数相同（内存空间总是一维的），因此一维数组的元素的下标顺序也就是各元素在内存空间中的次序。那么，对于多维数组呢？它们的各个元素在内存中的下标次序是怎样的呢？多维数组中元素的总数又是如何计算的呢？先来看一看二维数组，若有：

```
int str1[3][4];
```

则二维数组 str1 各元素在内存中的次序如图 6-2 所示。

从图 6-2 中可以看出：内存中，数组 str1 各元素的次序是先从 str1 [0][0]变化到 str1[0][3]，然后再从 str1 [1][0] 变化到 str1 [1][3]，最后是 str1[2][0] 变化到 str1[2][3]。可见，str1[0][0]是数组 str1 的第一个元素，而 str1[2][3]是数组 str1 的最后一个元素，一共有 12 个元素，共占用内存 12 × sizeof(int)，结果在 ANSI C 中为 24 个字节。

（1）多维数组的元素的总数是各维大小的乘积。例如，若有：

```
int str2[3][4][5][6];
```

则四维数组 str2 的元素个数为 $2×4×5×6 = 240$ 个，占据的内存为 240×sizeof(int)，在 ANSI C 中的结果为 480 个字节。显然，对于多维数组来说，尽管各维的大小不一定很大，但整个数组所占的内存空间一般将随维数的增加而增大。

（2）从内存中的次序可以看出，多维数组中最靠近数组名那一维的下标变化最慢，最远离数组名那一维的下标变化最快。为了叙述方便，通常将下标变化快的维称为低维，而将下标变化慢的维称为高维。这类似于十进制数中的个位、十位、千位……的变化次序，如图 6-3 所示，四维数组 d 的维的次序依次从右向左逐渐升高，最右边的是最低维，最左边的是最高维。这样，在内存中多维数组中元素的下标总是从低维到高维顺序变化。

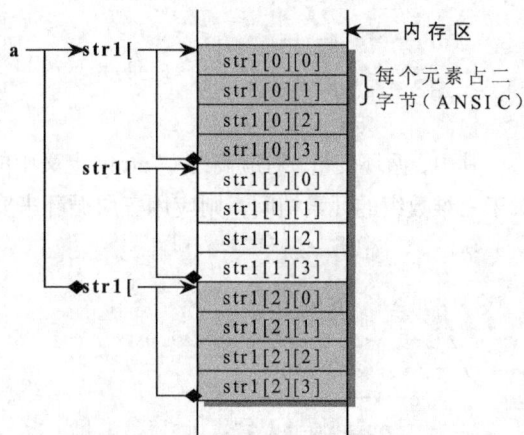

图 6-2　二维数组各元素在内存中的次序

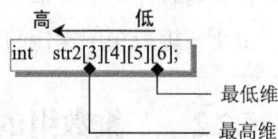

图 6-3　四维数组维的次序变化

3. 多维数组的引用

一旦定义了多维数组，就可以通过下面的格式来引用数组中的元素：

```
数组名[常量表达式 1][常量表达式 2]…[常量表达式 n];
```

这里的常量表达式 1、常量表达式 2 等分别与数组定义时的维相对应。也就是说，对于 "float str1[2][3];" 中的二维数组 str1 来说，其元素引用时需写成 "str1[i][j]" 的形式。其中，每一维的下标都是从 0 开始，且都小于相应维定义时指定的大小。即 i 的取值只能是 0 和 1，j 的取值只能是 0、1 和 2。

可见，对于多维数组的元素来说，引用时只要写数组名加上各维的下标即可，但各维的下标范围应为 0 ~ (n-1)。n 是数组定义时该维指定的大小。

同一维数组的元素一样，多维数组的元素也是等同于同数据类型的普通变量，可以像变量一样进行赋值、算术运算以及输入输出等操作。例如：

```
int  str1[1];
int  str2[3][4];
int  str3[6][7][8];
```

则以下都是合法的对数组元素的引用：

```
str1[0]=str2[0][2];          str3[2][3][4]=str2[2][2];
str2[0][1]=str2[0][2];       str3[2][3]=str3[2][2][2];
```

在程序中，访问多维数组元素的最简单的方法是通过循环来实现的，但此时的循环所嵌套的层数一般应与数组的维数相同。也就是说，对于二维数组的元素访问可用二层循环来实现，例如：

```
int  array[3][4],i,j;
…
/* 输出全部元素 */
for(i=0;i<3;i++)
{
  for(j=0;j<4;j++)
    printf("%d\t",array[i][j]);
  printf("\n");
}
```

其中，循环变量 i 对应高维（"array 定义中的[3]"），j 对应低维（"array 定义中的[4]"）。同样，对于三维数组的元素访问，则应用三层循环来实现，例如：

```
int  array[3][4][5],i,j,k;
…
/* 输出全部元素 */
for(i=0;i<3;i++)
 for(j=0;j<4;j++)
    for(k=0;k<5;k++)
        printf("%d\t",array[i][j][k]);
```

这样循环变量 i 对应最高维（"array 定义中的[3]"），k 对应最低维（"array 定义中的[5]"），而 j 对应中间维（"array 定义中的[4]"）。

从上述代码可以看出：数组元素的下标变化次序与元素在内存中的下标变化次序是相同的。即变化最快的最内层循环与数组的最低维相对应，而变化最慢的最外层循环与数组的最高维相对应。在编写程序时应养成好的习惯，否则极易产生混乱。

由于多维数组的操作与二维数组的操作相似，后面针对多维数组的讲解就以二维数组为例。

6.2.2 二维数组的初始化

1. 分行初始化

二维数组可以用来描述一个具有行和列的数据表，其初值可按行的顺序依次排列，每行都用花括号括起来，各行之间用逗号隔开。例如：

```
int array[2][3]={{1,2,3},{4,5,6}};
```

2．不分行的初始化。将所有元素的初值写在花括号内，按数组排列的顺序依次对各元素赋初值。例如：

```
int array[2][3]={1,2,3,4,5,6};
```

3．部分元素赋初值。例如：

```
int array[2][3]={{1},{2}};
```

仅对 array[0][0]、array[1][0]]赋值，其余元素均初始化 0。

或：

```
int array[2][3]={1,2};
```

则是仅对 array[0][0]、array[0][1]]赋值，其余元素均初始化 0。

4．如果初始化列表中元素的个数小于数组中元素的个数，则剩余元素赋默认值；若多于数组中元素的个数，则在编译过程中提示出错。

5．若对全部元素赋初值，则第一维的长度可以不指定，但必须指定第二维的长度。例如：

```
int array[][3]={{1,2,3},{4,5,6}};
```

与上面的定义"int array[2][3]={{1,2,3},{4,5,6}};"等价。

或：

```
int array[][3]={1,2,3,4,5,6};
```

与上面的定义"int array[2][3]={1,2,3,4,5,6};"等价。

便利需要，对于二维数组的初始化形式也与一维数组有所不同。二维数组的初始化有多种方法。

6.2.3　二维数组的应用举例

【例 6-4】求 3×4 矩阵的转置。

分析

矩阵转置是将一个矩阵的行和列互换，例如若有一个 3×4 的矩阵，则转置前后的结果如图 6-4 所示。可见，3×4 的矩阵转置后变成 4×3 的矩阵。

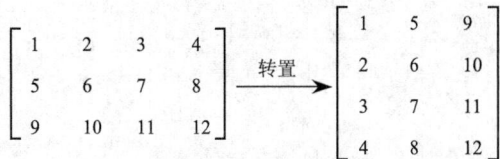

$$\begin{bmatrix} 1 & 2 & 3 & 4 \\ 5 & 6 & 7 & 8 \\ 9 & 10 & 11 & 12 \end{bmatrix} \xrightarrow{\text{转置}} \begin{bmatrix} 1 & 5 & 9 \\ 2 & 6 & 10 \\ 3 & 7 & 11 \\ 4 & 8 & 12 \end{bmatrix}$$

图 6-4　矩阵的转置

程序实现如下：

```
#include <stdio.h>
#include <conio.h>
main()
{
    int  str1[3][4]={{1,2,3,4},{5,6,7,8},{9,10,11,12}};
    int  str2[4][3];                    /* 存储转置后的矩阵 */
    int  i,j;
    for(i=0;i<3;i++)
        for(j=0;j<4;j++)
                str2[j][i]=str1[i][j];   /* 实现矩阵转置 */
    printf("转置后的矩阵为：\n");
    for(i=0;i<4;i++)        /* 输出转置后的矩阵 */
```

```
    {
        for(j=0;j<3;j++)    printf("%6d",str2[i][j]);
        printf("\n");
    }
    getch();
}
```

6.3 数组典型程序举例

【例 6-5】随机产生 0～100 之间的 10 个数，并用选择排序法对随机产生的 10 个数进行排序。

分析

设随机产生的 10 个数存放在一维数组 data 中，元素个数为 10，若按从小到大排序，则选择排序法的算法过程是这样的：首先从数组 data 中的 10 个元素中找出最小元素，放在第一个元素即 data[0]位置上，再从剩下的 10–1 个元素中找出最小元素，放在第二个元素即 data[1]位置上，这样不断重复下去，直到剩下最后一个元素。

程序实现如下：

```
#include "stdio.h"
#include "stdlib.h"
main()
{
  int data[10],i,j,t;
  int min;
  srand(50);    /*初始化随机序列*/
  for(i=0;i<10;i++)
    data[i]=rand()%100;   /*产生100以内的随机整数*/
  for(i=0;i<10;i++)
  {
    min=i;
    for(j=i+1;j<10;j++)
       if(data[min]>data[j])   min=j;    /*找出本轮中最小数的下标*/
    if(min!=i)
     {
       t=data[i];
       data[i]=data[min];
       data[min]=t;
     }
  }
  for(i=0;i<10;i++)
    printf("%4d",data[i]);
  getch();
}
```

程序运行结果如下：

```
14   15   26   31   36   40   43   80   86   93
```

【例 6-6】利用数组，求 Fibonacci 数列的前 30 项。

分析

Fibonacci 数列是除最前面的两个元素外，其余元素的值都是它前面的两个元素值之和。可以表示为：$F_n=F_n–2+F_{n–1}$，其中，$F0=1$，$F1=1$。

程序实现如下：

```
#include "stdio.h"
main()
{
  int i;
  long int f[30]={1,1};
  for(i=2;i<30;i++)
      f[i]=f[i-2]+f[i-1];
  for(i=0;i<30;i++)
    {
        if(i%5==0) printf("\n"); /*控制换行，每行输出5个数据*/
        printf("%12ld",f[i]);
    }
  getch();
}
```

程序运行结果为：

```
         1          1          2          3          5
         8         13         21         34         55
        89        144        233        377        610
       987       1597       2584       4181       6765
     10946      17711      28657      46368      75025
    121393     196418     317811     514229     832040
```

【例 6-7】打印出如下形式 6 行的杨辉三角形。

```
1
1   1
1   2   1
1   3   3   1
1   4   6   4   1
1   5   10  10   5   1
```

分析

先将两侧元素，即每一行的开始值与结束值均置为 1，然后从第三行开始（一、二行全为 1），除首尾两个元素外的其他元素为其左上角元素与正上方元素之和。

程序实现如下：

```
#define N 6
#include "stdio.h"
main()
{
  int array[N][N],i,j;
  /*置第一列与对角线上元素值1*/
  for(i=0;i<N;i++)
    array[i][0]=array[i][i]=1;
  /*其余元素值是其左上方项与正上方项元素之和*/
  for(i=2;i<N;i++)
    for(j=1;j<i;j++)
        array[i][j]=array[i-1][j-1]+array[i-1][j];
  /*输出杨辉三角*/
  for(i=0;i<N;i++)
    {
    for(j=0;j<=i;j++)
        printf("%4d",array[i][j]);
```

```
      printf("\n");
    }
  getch();
}
```

运行结果如下：

【例 6-8】输入 5 个国家的名称，用选择法按汉语拼音的顺序排列输出。

分析

这里字符串输入、输出采用专门用于字符串的 gets()函数和 puts()来实现。字符串的比较不能用关系运算符而是用 strcmp 来实现，同样两串字符串的交换用字符复制函数 strcpy()来实现。

程序实现如下：

```
#include "stdio.h"
#include "string.h"
main()
{
  char st[20],cs[5][20];
  int i,j,p;
  printf("请输入 5 个国家的名称；\n");
  for(i=0;i<5;i++)
    gets(cs[i]);
  printf("\n");
  for(i=0;i<5;i++)                       /*外层循环控制比较轮次*/
  {
    p=i;                                 /*假设每一轮比较前，最前面的数据最小*/
    strcpy(st,cs[i]);
    for(j=i+1;j<5;j++)                   /*内层循环找出最小数据的下标位置*/
      if(strcmp(cs[j],st)<0)
        { p=j;strcpy(st,cs[j]);}
    if(p!=i)                             /*每一轮比较结束后是否要交换数据*/
      {
        strcpy(st,cs[i]);
        strcpy(cs[i],cs[p]);strcpy(cs[p],st);
      }
    puts(cs[i]);
    printf("\n");
  }
  getch();
}
```

程序运行情况如下：

请输入 5 个国家的名称：
中国↙
美国↙
法国↙
意大利↙
德国↙

程序运行结果如下：

德国
法国
美国
意大利
中国

本章小结

　　1. 数组是程序设计是最常用的数据结构，属构造类型。遇到大量类型相同的数据要处理时都是用数组来处理的。数组可分为数值数组（整型数组、实型数组）、字符数组及以后要讲到的指针数组、结构体数组等。数组可以是一维的、二维的或是多维的。数组元素又称为下标变量。数组类型是数组中每一个元素的取值类型。

　　2. 数组必须先定义后使用，数组定义由类型说明符、数组名、数组长度（数组元素的个数）3 部分组成。

一维数组的定义格式为：

类型说明符　数组名[常量表达式]；

二维数组的定义格式为：

类型说明符　数组名[常量表达式 1][常量表达式 2]；

　　3. 数组元素在内存中的存放时，一维数组按下标递增的顺序连续存放，二维数组按行存放。数组名代表数组的首地址，是一个常量。

　　4. 除了对字符串、字符数组可以利用相应的字符串处理函数整体运算外，对数组的任何操作只能对数组元素进行，数组元素的引用采用下标法。在 C 语言中，下标从 0 开始，上限为数组长度减 1。使用时要注意下标不可越界。

　　5. 当数组存放字符串时，结尾处会加上一个自动结束标志'\0'。字符串可以被当做一个整体进行输入与输出。当使用字符串处理函数对字符串进行操作时，应在文件开头加上文件包含命令：#include "string.h"。

习 题 6

一、选择题

1. 下列描述中不正确的是_____。

　A. 字符数组中可以存放字符串

　B. 可以对字符数组进行整体输入、输出

　C. 可以对整型数组进行整体输入、输出

　D. 不能在赋值语句中通过赋值运算符 "=" 对字符型数组进行整体赋值

2. 以下定义数组的语句中正确的是_____。

   A．int atr(10);

   B．char str[ ];

   C．int n=5;int str[n][4];

   D．#define SIZE 10;char str1[SIZE],str2[SIZE+2];

3. 下面程序段运行后的结果是_____。

```
char str[5]={'a', 'b', '\0', 'c', '\0'};
printf("%s\n",str);
```

   A．'a' 'b'　　　　　　B．ab　　　　　　C．ab c　　　　　　D．a,b

4. 对定义 "char str1[ ]="ABCDEf";char str2[ ]={'A','B','C','D', 'E', 'f'};"
   下面的叙述正确是_____。

   A．str1 和 str2 完全相同　　　　　　　B．str1 和 str2 只是长度相等

   C．str1 数组比 str2 数组长　　　　　　　D．str1 数组比 str2 数组短

5. 假定 int 类型变量占用两个字节，若有定义 "int str[10]={0, 2, 4};"，则数组 str 在内存中所占字节数是_____。

   A．3　　　　　　　B．6　　　　　　C．10　　　　　　D．20

6. 以下数组定义中不正确的是_____。

   A．int str1[2][3];

   B．int str2[][3]={0,1, 2};

   C．int str3[100][100]={0};

   D．int str4[3][]={{1, 2}, {1, 2, 3}, {1, 2, 3, 4}};

7. 以下选项中，不能正确赋值的是_____。

   A．char strl[10]; str1="chest";　　　　　B．char str2[]={'C', 't', 'e', 's', 't'};

   C．char str3[20]= "Chest";　　　　　　　D．char *shr4="Ctest\n";

8. 有以下程序：

```
#include <stdio. h>
main()
{ char str[6];
  int i=0;
  for(;i<6;str[i]=getchar(),i++);
  for(i=0;i<6;i++) putchar(str[i]);
  printf("\n");
  getch();
}
```

如果从键盘上输入：

```
ab<回车>

c<回车>

def<回车>
```

则输出结果为_____。

   A．a　　　　　　　B．a　　　　　　　C．ab　　　　　　D．abcdef

     b　　　　　　　　　c　　　　　　　　c

```
        c                    d                    d
        d
        e
        f
```

9. 不能把字符串："Hello!"赋给数组 b 的语句是_____。

 A. char b[10]={ 'H', 'e', 'l', 'l', 'O', '!' };

 B. char b[10]={ 'h', 'e', 'l', 'l', 'O', '!' };

 C. char b[10]; strcpy(b, "Hello!");

 D. char b[10]= "Hello!";

10. 有如下程序：

```
main()
{ int a[3][3]={{1,2},{3,4},{5,6}},i,j,s=0;
  for(i=1;i<3;i++)
    for(j=0;j<=i;j++)
      s+=a[i][j];
  printf("%d\n",s);
  getch();
}
```

该程序的输出结果是_____。

 A. 18   B. 19   C. 20   D. 21

11. 以下程序的输出结果是_____。

```
main()
{ int i,a[10];
  for(i=9;i>=0;i--)
    a[i]=10-i;
  printf("%d%d%d",a[2],a[5],a[8]);
  getch();
}
```

 A. 258   B. 741   C. 852   D. 369

二、填空题

1. 已知数组 array 定义为 int array[ ]={1,2,3,4,5}；则数组 array 中各元素的值分别是_____，最小下标是_____，最大下标是_____。

2. 已知数组 Array 为一个有 15 个元素的整型数组，下面语句是求 15 个元素的平均值，并将其保存在变量 Avr 中，请补充完整下面的语句：

```
int i;
float Avr=0;
for(_____;_____;_____)
_____;
Avr=_____;
```

3. 已知数组 d 定义为 "double   array[4][5];"，则 array 是一个有_____行_____列的二维数组，总共有_____元素，最大行下标是_____，最大列下标是_____。

4. 设有 "char str[ ]= "student";" 则数组 str 在内存中所占的字节数为_____。

5. 若有定义 int array[3][4]={{2,5},{6},{15,0,12}}; 则 array[0][2]=_____,array[2][3]=_____。

三、程序分析题

1. 下列程序运行后的结果为_____。

```
main()
  { int i,array[3][3]={1,2,3,4,5,6,7,8,9};
    for(i=0;i<3;i++)
        printf("%d",array[i][i]);
    getch();
}
```

2. 以下程序的输出结果是_____。

```
main()
{ char st[20]= "hello\0\t";
 printf("%d,%d\n",strlen(st),sizeof(st));
 getch();
}
```

3. 以下程序段给数组所有的元素输入数据，请选择正确答案填入：

```
#include<stdi0.h>
main()
{
  int array[10],i=0;
  while(i<10) scanf("%d",_____);
  ...
  ...
}
```

A. array+(i++)　　　　B. &array[i+l]　　　　C. array+i　　　　D. &array[++i]

4. 下面程序的输出是_____。

```
main()
{ int array[10],i,k=0;
  for(i=0;i<10;i++)
    array[i]=I;
  for(i=l;i<4;i++)
    k+=array[i]+i;
  printf("%d\n",k);
  getch();
}
```

5. 下述函数用于统计一行字符中的单词个数，单词之间用空格分隔，请在横线上填上适当的内容后将程序补充完整。

```
word__num(str)
char str[];
{
  int i,num=0,word=0;
  for(i=0;str[i]!=_____;i++)
  if(_____ ==' ') word=0;
  else if(word==0)
    {
      word=1;
```

```
        _____;
    }
    return(num);
}
```

6. 下面程序运行时输入：Windos XP 1.0，则输出的结果是_____。

```
main()
{ char str[17];
  scanf("%s",str);
  printf("%s\n",str);
  getch();
}
```

7. 以下程序的输出结果是_____。

```
main()
{ int array[3][3]={0,1,2,0,1,2,0,1,2},i,j,t=1;
  for(i=0;i<3;i++)
    for(j=i;j<=i;j++)
      t=t+array[i][j];
  printf("%d\n",t);
  getch();
}
```

四、编程题

1. 设计一个程序，将输入的 20 个整数保存到数组中，按每行 5 个输出。再求出最大值、最小值及平均值。
2. 找出一个二维数组中的鞍点，即该位置上的元素在该行上最大，在该列上最小。也可能没有鞍点。
3. 输入多个学生的姓名，按升序排列后输出。
4. 编写一个能实现字符串复制的程序。

第7章

函数

在第 1 章中已经介绍过，C 源程序是由函数组成的。函数是 C 源程序的基本模块，通过对函数模块的调用实现特定的功能。C 语言中的函数相当于其他高级语言的子程序，所以也把 C 语言称为函数式语言。

在 C 语言中可从不同的角度对函数分类。从主调函数和被调函数之间数据传送的角度看可分为无参函数和有参函数两种。

从函数定义的角度看，函数可分为库函数和用户定义函数两种：

C 语言不仅提供了极为丰富的库函数，由 C 系统提供，用户无须定义，也不必在程序中作类型说明，只需在程序前包含有该函数原型的头文件即可在程序中直接调用。在前面各章的例题中反复用到 printf()、scanf()、getchar()、putchar()等函数均属此类。

C 语言还允许用户建立自己定义的函数。用户可把自己的算法编成一个个相对独立的函数模块，然后用调用的方法来使用函数。由于采用了函数模块式的结构，易于实现结构化程序设计。使程序的层次结构清晰，便于程序的编写、阅读、调试。前几章均有学生信息管理系统各单项功能在主函数中实现，如何把各单项功能统一系统化并有相对独立性，减少程序编译、调试执行的时间，提高工作效率是本章致力解决的问题。

7.1 自定义无参函数

任务提出

编一个函数：用无参函数形式实现"学生信息管理系统"菜单功能。

任务分析

我们使用简单的标题菜单实现上述功能，用 gotoxy()函数作平面定位，并输出菜单书面文字，从而形成简单的菜单形式。

任务实施

完整的程序清单如下：

```c
#include "stdio.h"
#include "conio.h"
#include "string.h"
main()/*主菜单*/
{ int select;
  void menu();/*函数声明*/
  while(1)
  { clrscr();/*清屏，使设置生效*/
    menu();
    scanf("%d",&select);
    getch();
  }
}
void menu()
{
    gotoxy(23,4);printf("*******学生信息管理系统*******");
    gotoxy(23,6);printf("--------------------------------");
    gotoxy(30,8);printf("1-导入、保存学生信息文件");
    gotoxy(30,10);printf("2-学生信息库维护");
    gotoxy(30,12);printf("3-学生信息查询");
    gotoxy(30,14);printf("4-学生信息统计");
    gotoxy(30,16);printf("5-学生信息输出");
    gotoxy(30,18);printf("0-退出");
    gotoxy(30,20);printf("请输入你的选择(0--5):");
    gotoxy(51,20);
    fflush(stdin);/*清空缓存*/
    return;
}
```

相关知识

无参函数定义的一般形式：

```
类型说明符    函数名()
{
类型说明
语句
}
```

其中，类型说明符和函数名称为函数头。类型说明符指明了本函数的类型，函数的类型实际上是函数返回值的类型。该类型说明符与第 2 章介绍的各种说明符相同。函数名是由用户定义的标识符，函数名后有一个空括号，其中无参数，但括号不可少。{}中的内容称为函数体。在函数体中也有类型说明，这是对函数体内部所用到的变量的类型说明。在很多情况下都不要求无参函数有返回值，此时函数类型符可以写为 void。

例如，一个函数定义如下：

```
void Hello()
{
  printf("Hello,world\n");
}
```

这里，只把 main 改为 Hello 作为函数名，其余不变。Hello 函数是一个无参函数，当被其他函数调用时，输出 Helloworld 字符串。

7.2 自定义有参函数

任务提出

编写程序：在主函数中输入 10 个学生成绩，通过调用函数实现求平均分并在主函数中输出平均分值。

任务分析

第 6 章已有在主函数中实现学生成绩的输入/输出、求平均分、排序等功能，为使学生信息管理系统程序结构化、功能化，现使用自定义函数实现这些功能，各项功能与主函数之间均有数据关联，因此分别使用有参函数 putin()、average()、sort()、putout()来实现。

本程序首先定义了一个实型函数 average，有一个形参为实型数组 a，长度为 10。在函数 average 中，把各元素值相加求出平均值，返回给主函数。主函数 main()中首先完成数组 score 的输入，然后以 score 作为实参调用 average 函数，函数返回值送 aver，最后输出 aver 值。

任务实施

程序实现如下：

```
float average(float  a[10])
{
  int  i;
  float  av,s=a[0];
  for(i=1;i<10;i++)
    s=s+a[i];
  av=s/10;
  return  av;
}
void main()
{
  float  score[10],aver;
  int  i;
  printf("请输入 10 位同学的成绩:\n");
  for(i=0;i<10;i++)
    scanf("%f",&score[i]);
  aver=average(score);
  printf("10 位同学成绩的平均分是: %.2f",aver);
  getch();
```

}

相关知识

有参函数定义的一般形式：

```
类型说明符  函数名(形式参数表)
参数类型说明
{
类型说明
语句
}
```

有参函数比无参函数多了两个内容，其一是形式参数表，其二是形式参数类型说明。在形参表中给出的参数称为形式参数，它们可以是各种类型的变量，各参数之间用逗号间隔。在进行函数调用时，主调函数将赋予这些形式参数实际的值。形参既然是变量，当然必须给以类型说明。例如，定义一个函数，用于求两个数中的大数，可写为：

```
int max(a,b)
int a,b;
{
  if(a>b) return a;
  else return b;
}
```

第一行说明 max 函数是一个整型函数，其返回的函数值是一个整数，形参为 a、b。第二行说明 a、b 均为整型量，a、b 的具体值是由主调函数在调用时传送过来的。在{}中的函数体内，除形参外没有使用其他变量，因此只有语句而没有变量类型说明。上边这种定义方法称为"传统格式"。这种格式编译系统不易于检查，从而会引起一些非常细微而且难于跟踪的错误。ANSI C 的新标准中把对形参的类型说明合并到形参表中，称为"现代格式"。

例如，max()函数用现代格式可定义为：

```
int  max(int a,int b)
{
  if (a>b) return a;
  else return b;
}
```

现代格式在函数定义和函数说明（后面将要介绍）时，给出了形式参数及其类型，在编译时易于对它们进行查错，从而保证了函数说明和定义的一致性。

在 max 函数体中的 return 语句是把 a（或 b）的值作为函数的值返回给主调函数。有返回值函数中至少应有一个 return 语句。在 C 语言程序中，一个函数的定义可以放在任意位置，既可放在主函数 main()之前，也可放在 main()之后。

例如定义了一个 max 函数，其位置在 main()之后，也可以把它放在 main()之前。

【例 7-1】编写一个函数，求两个数中的大数。

完整的程序清单如下：

```
int max(int a,int b)
{
  if(a>b) return a;
  else return b;
}
```

```
main()
{ int  x,y,z;
  printf("input two numbers:\n");
  scanf("%d%d",&x,&y);
  z=max(x,y);
  printf("maxmum=%d",z);
  getch();
}
```

现在我们可以从函数定义、函数说明及函数调用的角度来分析整个程序，从而进一步了解函数的各种特点。程序的第一行至第五行为 max()函数定义。进入主函数后，因为准备调用 max()函数，故先对 max()函数进行说明（程序第 8 行）。函数定义和函数说明并不等同，在后面还要专门讨论。可以看出函数说明与函数定义中的函数头部分相同，但是末尾要加分号。程序第 12 行调用 max()函数，并把 x、y 中的值传送给 max 的形参 a、b。max()函数执行的结果（a 或 b）将返回给变量 z，最后由主函数输出 z 的值。

7.3　函数的调用和声明

在程序中是通过对函数的调用来执行函数体的。

7.3.1　函数调用的一般形式

C 语言中函数调用的一般形式为：

函数名(实际参数表);

对无参函数调用时则无实际参数表，实际参数表中的参数可以是常数、变量或其他构造类型数据及表达式，各实参之间用逗号分隔。

7.3.2　调用函数的方式

在 C 语言中，可以用以下几种方式调用函数。

1. 函数表达式

函数作为表达式中的一项出现在表达式中，以函数返回值参与表达式的运算。这种方式要求函数是有返回值的。例如：z=max(x,y)是一个赋值表达式，把 max 的返回值赋予变量 z。

2. 函数语句

函数调用的一般形式加上分号即构成函数语句。
例如："printf("%d",a);scanf("%d",&b);"都是以函数语句的方式调用函数。

3. 函数实参

函数作为另一个函数调用的实际参数出现。这种情况是把该函数的返回值作为实参进行传送，因此要求该函数必须是有返回值的。

例如："printf("%d",max(x,y));"即把 max 调用的返回值又作为 printf()函数的实参来使用的。在函数调用中还应该注意的一个问题是求值顺序的问题。

7.3.3　有关自定义函数的几点说明

（1）如果被调函数的返回值是整型或字符型时，可以不对被调函数作声明，而直接调用。这时系统将自动对被调函数返回值按整型处理。

（2）当被调函数的函数定义出现在主调函数之前时，在主调函数中也可以不对被调函数再作声明而直接调用。例 7-1 中，函数 max()的定义放在 main()函数之前，因此可在 main()函数中省去对 max()函数的函数说明 in t max(int a,int b)。

（3）如果在所有函数进行定义之前，在函数外预先说明了各个函数的类型，则在以后的各主调函数中，可不再对被调函数作声明。例如：

```
char str(int a);
float f(float b);
main()
{
  …
}
char str(int a)
{
  …
}
float f(float b)
{
  …
```

其中第一行和第二行对 str()函数和 f()函数预先作了声明。因此在以后各函数中无须对 str()和 f()函数再作声明就可直接调用。

（4）对库函数的调用不需要再作声明，但必须把该函数的头文件用 include 命令包含在源文件前部。

在 C 语言中，在一个函数的函数体内，不能再定义另一个函数，即不能嵌套定义。但是函数之间允许相互调用，也允许嵌套调用。习惯上把调用者称为主调函数。函数还可以自己调用自己，称为递归调用。main()函数是主函数，它可以调用其他函数，而不允许被其他函数调用。

（5）C 语言程序的执行总是从 main()函数开始，完成对其他函数的调用后再返回到 main()函数，最后由 main()函数结束整个程序。一个 C 源程序必须有且只能有一个主函数 main()。

7.3.4　自定义函数的声明

函数声明是指在主调函数中调用某函数之前应对该被调函数进行说明。这与使用变量之前要先进行变量说明是一样的。在主调函数中对被调函数作声明的目的是使编译系统知道被调函数返回值的类型，以便在主调函数中按此种类型对返回值作相应的处理。

对被调函数的声明也有两种格式，一种为传统格式，另一种为现代格式。

（1）传统格式一般格式为：

```
类型说明符 被调函数名();
```

这种格式只给出函数返回值的类型，被调函数名及一个空括号。这种格式由于在括号中没有任何参数信息，因此不便于编译系统进行错误检查，易发生错误。

（2）现代格式一般形式为：

```
类型说明符 被调函数名(类型形参，类型形参…);
```

或为：

```
类型说明符 被调函数名(类型，类型…);
```

现代格式的括号内给出了形参的类型和形参名，或只给出形参类型。这便于编译系统进行检错，以防止可能出现的错误。

例如：main()函数中对max()函数的声明若用传统格式可写为：

```
int max();
```

用现代格式可写为：

```
int max(int a,int b);
```

或写为：

```
int max(int,int);
```

7.4 函数的参数和函数的值

7.4.1 函数的参数

前面已经介绍过，函数的参数分为形参和实参两种。在本小节中，进一步介绍形参、实参的特点和两者的关系。形参出现在函数定义中，在整个函数体内都可以使用，离开该函数则不能使用。实参出现在主调函数中，进入被调函数后，实参变量也不能使用。形参和实参的功能是作数据传送。发生函数调用时，主调函数把实参的值传送给被调函数的形参从而实现主调函数向被调函数的数据传送。

1. 函数的形参和实参的特点

（1）形参变量只有在被调用时才分配内存单元，在调用结束时，即刻释放所分配的内存单元。因此，形参只有在函数内部有效。函数调用结束返回主调函数后则不能再使用该形参变量。

（2）实参可以是常量、变量、表达式、函数等，无论实参是何种类型的量，在进行函数调用时，它们都必须具有确定的值，以便把这些值传送给形参。因此应预先用赋值，输入等办法使实参获得确定值。

（3）实参和形参在数量上、类型上、顺序上应严格一致，否则会发生"类型不匹配"的错误。

2. 函数调用中发生的数据传送是"值单向传递"

即只能把实参的值传送给形参，而不能把形参的值反向地传送给实参。因此在函数调用过程中，形参的值发生改变，而实参中的值不会变化。

【例7-2】分析以下程序中函数参数的传递情况。

```
void main()
```

```
{
  int n;
  printf("input number\n");
  scanf("%d",&n);
  s(n);
  printf("n=%d\n",n);
  getch();
}
int s(int n)
{
    int i;
    for(i=n-1;i>=1;i--)
    n=n+i;
    printf("n=%d\n",n);
}
```

本程序中定义了一个函数 s，该函数的功能是求 $\sum n_i$ 的值。在主函数中输入 n 值，并作为实参，在调用时传送给 s 函数的形参量 n（注意，本例的形参变量和实参变量的标识符都为 n，但这是两个不同的量，各自的作用域不同）。在主函数中用 printf 语句输出一次 n 值，这个 n 值是实参 n 的值。在函数 s() 中也用 printf() 语句输出了一次 n 值，这个 n 值是形参最后取得的 n 值 0。从运行情况看，输入 n 值为 100。即实参 n 的值为 100。把此值传给函数 s() 时，形参 n 的初值也为 100，在执行函数过程中，形参 n 的值变为 5050。返回主函数之后，输出实参 n 的值仍为 100。可见实参的值不随形参的变化而变化。

7.4.2　数组作为函数参数

数组可以作为函数的参数使用，进行数据传送。数组用作函数参数有两种形式，一种是把数组元素（下标变量）作为实参使用；另一种是把数组名作为函数的形参和实参使用。

数组元素作函数实参时，数组元素就是下标变量，与普通变量并无区别。因此数组元素作为函数实参使用与普通变量是完全相同的，在发生函数调用时，把作为实参的数组元素的值传送给形参，实现单向的值传送。

【例 7-3】判别一个整数数组中各元素的值，若大于 0 则输出该值，若小于或等于 0 则输出 0 值。编程如下：

```
void nzp(int v)
{
  if(v>0)
    printf("%d",v);
  else
    printf("%d",0);
}
main()
{
  int a[5],i;
  printf("input 5 numbers\n");
  for(i=0;i<5;i++)
  {
    scanf("%d",&a[i]);
    nzp(a[i]);
  }
  getch();
}
```

本程序中首先定义一个无返回值函数 nzp，并说明其形参 v 为整型变量。在函数体中根据 v 值输出相应的结果。在 main()函数中用一个 for 语句输入数组各元素，每输入一个就以该元素作实参调用一次 nzp 函数，即把 a[i]的值传送给形参 v，供 nzp 函数使用。

用数组名作函数参数时，所进行的传送是地址的传送。由于实际上形参和实参为同一数组，因此当形参数组发生变化时，实参数组也随之变化。当然这种情况不能理解为发生了"双向"的值传递。但从实际情况来看，调用函数之后实参数组的值将由于形参数组值的变化而变化。

前面已经讨论过，在变量作函数参数时，所进行的值传送是单向的，即只能从实参传向形参，不能从形参传回实参。形参的初值和实参相同，而形参的值发生改变后，实参并不变化，两者的终值是不同的。

1. 用数组名作函数参数与用数组元素作实参的区别

（1）用数组元素作实参时，只要数组类型和函数的形参变量的类型一致，那么作为下标变量的数组元素的类型也和函数形参变量的类型是一致的。因此，并不要求函数的形参也是下标变量。换句话说，对数组元素的处理是按普通变量对待的。

（2）用数组名作函数参数时，则要求形参和相对应的实参都必须是类型相同的数组，都必须有明确的数组说明。当形参和实参二者不一致时，即会发生错误。

（3）在普通变量或下标变量作函数参数时，形参变量和实参变量是由编译系统分配的两个不同的内存单元。在函数调用时发生的值传送是把实参变量的值赋予形参变量。

（4）在用数组名作函数参数时，数组名作函数参数时所进行的传送只是地址的传送，也就是说把实参数组的首地址赋予形参数组名。形参数组名取得该首地址之后，也就等于有了实在的数组。实际上是形参数组和实参数组为同一数组，共同拥有一段内存空间。

【例7-4】判别一个整数数组中各元素的值，若大于0则输出该值，若小于或等于0则输出0值。

```
void nzp(int a[5])
{
  int i;
  printf("\na 数组中的 5 个数是:\n");
  for(i=0;i<5;i++)
  {
    if(a[i]<0) a[i]=0;
    printf("%d",a[i]);
  }
}
main()
{
  int b[5],i;
  printf("\n 请输入 5 个数:\n");
  for(i=0;i<5;i++)
    scanf("%d",&b[i]);
  printf("b 数组中的 5 个数是:\n");
  for(i=0;i<5;i++)
    printf("%d",b[i]);
  nzp(b);
  printf("\n 调用 nzp 函数后 b 数组的 5 个数是:\n");
  for(i=0;i<5;i++)
    printf("%d",b[i]);
  getch();
}
```

本程序中函数 nzp()的形参为整型数组 a，长度为 5。主函数中实参数组 b 也为整型，长度也为 5。在主函数中首先输入数组 b 的值，然后输出数组 b 的初始值。然后以数组名 b 为实参调用 nzp 函数。在 nzp 中，按要求把负值单元清 0，并输出形参数组 a 的值。返回主函数之后，再次输出数组 b 的值。从运行结果可以看出，数组 b 的初值和终值是不同的，数组 b 的终值和数组 a 是相同的。这说明实参形参为同一数组，它们的值同时得以改变。

2. 用数组名作为函数参数时的注意事项

形参数组和实参数组的类型必须一致，否则将引起错误。

形参数组和实参数组的长度可以不相同，因为在调用时，只传送首地址而不检查形参数组的长度。当形参数组的长度与实参数组不一致时，虽不至于出现语法错误（编译能通过），但程序执行结果将与实际不符，这是应予以注意的。如：

```
void nzp(int a[8])
{
  …
}
main()
{
  int b[5],i;
  …
  nzp(b);
  …
}
```

在本程序中，nzp 函数的形参数组长度为 8，函数体中，for 语句的循环条件为 i<8。因此，形参数组 a 和实参数组 b 的长度不一致。编译能够通过，但从结果看，数组 a 的元素 a[5]、a[6]、a[7] 显然是无意义的。

在函数形参表中，允许不给出形参数组的长度，或用一个变量来表示数组元素的个数。

可以写为：

```
void nzp(int a[])
```

或写为：

```
void nzp(int a[], int n)
```

其中，形参数组 a 没有给出长度，而由 n 值动态地表示数组的长度。n 的值由主调函数的实参进行传送。

【例 7-5】判别一个整型数组中各元素的值，若大于 0 则输出该值，若小于或等于 0 则输出 0 值。

```
void nzp(int a[],int n)
{
  int i;
  printf("\na 数组中的 5 个数是:\n");
  for(i=0;i<n;i++)
  {
    if(a[i]<0)a[i]=0;
    printf("%d",a[i]);
  }
}
main()
{
  int b[5],i;
```

```
    printf("\n 请输入 5 个数:\n");
    for(i=0;i<5;i++)
    scanf("%d",&b[i]);
    printf("b 数组中的 5 个数是:\n");
    for(i=0;i<5;i++)
        printf("%d",b[i]);
    nzp(b,5);
    printf("\n 调用 nzp 函数后 b 数组的 5 个数是:\n");
    for(i=0;i<5;i++)
        printf("%d",b[i]);
    getch();
}
```

本程序 nzp()函数形参数组 a 没有给出长度,由 n 动态确定该长度。在 main()函数中,函数调用语句为 nzp(b, 5),其中实参 5 将赋予形参 n 作为形参数组的长度。

3. 多维数组作为函数的参数

在函数定义时对形参数组可以指定每一维的长度,也可省去第一维的长度。因此,以下写法都是合法的。

```
int MA(int a[3][10])
```

或

```
int MA(int a[][10])
```

7.4.3 函数的返回值

函数的返回值是指函数被调用之后,执行函数体中的程序段所取得的并返回给主调函数的值。如调用正弦函数取得正弦值,调用例 7.1 的 max 函数取得的最大数等。对函数的值(或称函数返回值)有以下一些说明:

(1)函数的值只能通过 return 语句返回主调函数。return 语句的一般形式为:

```
return 表达式;
```

或者为:

```
return(表达式);
```

该语句的功能是计算表达式的值,并返回给主调函数。在函数中允许有多个 return 语句,但每次调用只能有一个 return 语句被执行,因此只能返回一个函数值。

(2)函数值的类型和函数定义中函数的类型应保持一致。如果两者不一致,则以函数类型为准,自动进行类型转换。

(3)如果函数值为整型,在函数定义时可以省去类型说明。

(4)不返回函数值的函数,可以明确定义为"空类型",类型说明符为"void"。如函数 s()并不向主函数返回函数值,因此可定义为:

```
void s(int n)
{
    …
}
```

一旦函数被定义为空类型后,就不能在主调函数中使用被调函数的函数值了。例如,在定义函数 s()为空类型后,在主函数中写下述语句"sum=s(n);"就是错误的。为了使程序有良好的可读性并减少出错，凡不要求返回值的函数都应定义为空类型。在主调函数中对被调函数作说明的目的是使编译系统知道被调函数返回值的类型，以便在主调函数中按此种类型对返回值作相应的处理。

7.5 函数的嵌套及递归调用

C语言中不允许作嵌套的函数定义。因此各函数之间是平行的，不存在上一级函数和下一级函数的问题。但是C语言允许在一个函数的定义中出现对另一个函数的调用。这样就出现了函数的嵌套调用，即在被调函数中又调用其他函数。

一个函数在它的函数体内调用它自身称为递归调用，这种函数称为递归函数。C语言允许函数的递归调用。在递归调用中，主调函数又是被调函数。执行递归函数将反复调用其自身。每调用一次就进入新的一层。例如有函数f()如下：

```
int f(int x)
{
  int y;
  z=f(y);
  return z;
}
```

这个函数是一个递归函数。但是运行该函数将无休止地调用其自身，这当然是不正确的。为了防止递归调用无终止地进行，必须在函数内有终止递归调用的手段。常用的办法是加条件判断，满足某种条件后就不再作递归调用，然后逐层返回。下面举例说明递归调用的执行过程。

【例7-6】用递归法计算n!。用递归法计算n!可用下述公式表示：

n!=1(n=0,1)

n=n×(n−1)!(n>1)

程序实现如下：

```
long ff(int n)
{
  long f;
  if(n<0) printf("n<0,输入出错");
  else if(n==0||n==1)  f=1;
  else f=ff(n-1) *n;
  return f;
}
main()
{
  int n;
  long y;
  printf("\n 请输入一个整型数据:\n");
  scanf("%d",&n);
  y=ff(n);
  printf("%d!=%ld",n,y);
  getch();
}
long ff(int n)
{
  …
  else f=ff(n-1) *n;
  …
}
```

```
main()
{
    …
    y=ff(n);
    …
}
```

程序中给出的函数 ff()是一个递归函数。主函数调用 ff()后即进入函数 ff()执行,如果 n<0,n==0 或 n=1 时都将结束函数的执行,否则就递归调用 ff()函数自身。由于每次递归调用的实参为 n−1,即把 n−1 的值赋予形参 n,最后当 n−1 的值为 1 时再作递归调用,形参 n 的值也为 1,将使递归终止,然后可逐层退回。下面我们再举例说明该过程。设执行本程序时输入为 5,即求 5!。在主函数中的调用语句即为 y=ff(5),进入 ff()函数后,由于 n=5,不等于 0 或 1,故应执行 f=ff(n−1)*n,即 f=ff(5−1)*5。该语句对 ff()作递归调用即 ff(4)。逐次递归展开,进行 4 次递归调用后,ff()函数形参取得的值变为 1,故不再继续递归调用而开始逐层返回主调函数。ff(1)的函数返回值为 1,ff(2)的返回值为 1*2=2,ff(3)的返回值为 2*3=6,ff(4)的返回值为 6*4=24,最后返回值 ff(5)为 24*5=120。

也可以不用递归的方法来完成。如可以用递推法,即从 1 开始乘以 2,再乘以 3,……,直到 n。递推法比递归法更容易理解和实现,但是有些问题则只能用递归算法才能实现。

7.6 内部函数和外部函数

函数一旦定义后就可被其他函数调用。但当一个源程序由多个源文件组成时,在一个源文件中定义的函数能否被其他源文件中的函数调用呢?为此,C 语言又把函数分为两类,即内部函数和外部函数。

7.6.1 内部函数

如果在一个源文件中定义的函数只能被本文件中的函数调用,而不能被同一源程序其他文件中的函数调用,这种函数称为内部函数。

内部函数定义的一般形式是:

```
static 类型说明符 函数名(形参表);
```

例如:static int f(int a,int b)内部函数也称为静态函数。但此处静态 static 的含义已不是指存储方式,而是指对函数的调用范围只局限于本文件。因此在不同的源文件中定义同名的静态函数不会引起混淆。

7.6.2 外部函数

外部函数在整个源程序中都有效,其定义的一般形式为:

```
extern 类型说明符 函数名(形参表);
```

extern int f(int a,int b)如在函数定义中没有说明 extern 或 static 则隐含为 extern。在一个源文件的函数中调用其他源文件中定义的外部函数时,应用 extern 说明被调函数为外部函数。

例如:

```
F1.C(源文件一)
```

```
main()
{
    extern int f1(int i);/*外部函数说明, 表示 f1()函数在其他源文件中*/
    ...
}
F2.C(源文件二)
extern int f1(int i);/*外部函数定义*/
{
    ...
}
```

7.7　局部变量和全局变量

任务提出

编写自定义函数: 求任意长方体体积及相邻 3 个面的面积。

任务分析

如要在主函数得到长方体的体积和相邻的 3 个面的面积 4 个结果, 若用函数返回值来处理, 则只能返回一个值, 其他几个值就要用数组存放来达到数据传递的目的。这样实施是较为麻烦的做法。对于这种有多个返回数据的要求, 可以采用全局变量来进行处理。

任务实施

本题要求首先在 main()函数中定义局部变量 v、length、width、height, 在自定义函数中定义相应的局部变量 a、b、c, 而要求的长方体相邻 3 个面的面积定义为全局变量 s1、s2、s3。从键盘输入长方体的长、宽、高, 在自定义函数中计算长方体的体积和相邻 3 个面的面积。

程序实现如下:

```
float s1,s2,s3;
float vs(float a,float b,float c)
{
  float v;
  v=a*b*c;
  s1=a*b;
  s2=b*c;
  s3=a*c;
  return v;
}
main()
{ float v,length,width,height;
  printf("\n 请输入长方体的长宽高\n");
  scanf("%f%f%f",&length,&width,&height);
  v=vs(length,width,height);
  printf("\nv=%f,s1=%f,s2=%f,s3=%f\n",v,s1,s2,s3);
  getch();
}
```

在讨论函数的形参变量时曾经提到，形参变量只在被调用期间才分配内存单元，调用结束立即释放。这一点表明形参变量只有在函数内才是有效的，离开该函数就不能再使用了。这种变量有效的范围称变量的作用域。不仅对于形参变量，C语言中所有的量都有自己的作用域。变量说明的方式不同，其作用域也不同。C语言中的变量，按作用域范围可分为两种，即局部变量和全局变量。

7.7.1　局部变量

局部变量也称为内部变量，局部变量是在函数内作定义说明的。其作用域仅限于函数内，离开该函数后再使用这种变量是非法的。

例如：

```
int f1(int a)/*函数f1*/
{
  int b,c;
  …
}
```
a,b,c 有效
```
int f2(int x)/*函数f2*/
{
  int y,z;
  …
}
```
x,y,z 有效
```
main()
{
  int m,n;
  …
}
```
m,n 有效

在函数 f1()内定义了 3 个变量，a 为形参，b、c 为一般变量。在 f1()的范围内 a、b、c 有效，或者说 a、b、c 变量的作用域限于 f1 内。同理，x、y、z 的作用域限于 f2()内。M、n 的作用域限于 main()函数内。关于局部变量的作用域还要说明以下几点。

（1）主函数中定义的变量也只能在主函数中使用，不能在其他函数中使用。同时，主函数中也不能使用其他函数中定义的变量。因为主函数也是一个函数，它与其他函数是平行关系。这一点是与其他语言不同的，应予以注意。

（2）形参变量是属于被调函数的局部变量，实参变量是属于主调函数的局部变量。

（3）允许在不同的函数中使用相同的变量名，它们代表不同的对象，分配不同的单元，互不干扰，也不会发生混淆。如在前例中，形参和实参的变量名都为 n，是完全允许的。

（4）在复合语句中也可定义变量，其作用域只在复合语句范围内。

```
main()
{
```

```
  int s,a;
  …
  {
     int b;
     s=a+b;/*b 作用域*/
  }
  /*s,a 作用域*/
}
```

【例 7-7】在不同的复合语句中使用相同的变量名。

```
main()
{
  int i=2,j=3,k;
  k=i+j;
  { int k=8;
    printf("%d\n",k);
  }
  printf("%d\n",k);
  getch();
}
```

本程序在 main()中定义了 i、j、k 3 个变量，其中 k 未赋初值，而在复合语句内又定义了一个变量 k，并赋初值为 8，应该注意这两个 k 不是同一个变量。在复合语句外由 main()定义的 k 起作用，而在复合语句内则由在复合语句内定义的 k 起作用。因此程序第四行的 k 为 main()所定义，其值应为 5。第七行输出 k 值，该行在复合语句内，由复合语句内定义的 k 起作用，其初值为 8，故输出值为 8。而第九行已在复合语句之外，输出的 k 应为 main()所定义的 k，此 k 值由第四行已获得为 5，故输出也为 5。

7.7.2　全局变量

由于 C 语言规定函数返回值只有一个，当需要增加函数的返回数据个数时，用全局变量是一种很好的解决方式。全局变量是实现函数之间数据通信的有效手段。

全局变量也称为外部变量，它是在函数外部定义的变量。它不属于哪一个函数，它属于一个源程序文件。其作用域是整个源程序。在函数中使用全局变量，一般应作全局变量说明。只有在函数内经过说明的全局变量才能使用，全局变量的说明符为 extern。但在一个函数之前定义的全局变量，在该函数内使用可不再加以说明。

例如：

```
int a,b;/*外部变量*/
void f1()/*函数 f1*/
{
  …
}
float x,y;/*外部变量*/
int f2()/*函数 f2*/
{
  …
}
main()/*主函数*/
```

```
{
    …
}
```

从上例可以看出 a、b、x、y 都是在函数外部定义的外部变量，都是全局变量。但 x,y 定义在函数 f1()之后，而在 f1()内又无对 x,y 的说明，所以它们在 f1()内无效。a,b 定义在源程序最前面，因此在 f1()、f2()及 main()内不加说明也可使用。

【例 7-8】编写一个函数，求两数之和（使用局部变量）。

完整的程序清单如下：

```
#include "stdio.h"
int sum;
void add2(int a,int b)
{
  sum=a+b;
}
void main()
{ int a=5,b=2;
  add2(a,b);
  printf("a+b=%d",sum);
  getch();
}
```

程序结果：

```
a+b=7
```

sum 变量是定义在 add2()和 main()函数的外面，则它的作用域是从定义开始到程序最后。当全局变量名和局部变量名相同时，要特别注意。

【例 7-9】编写一个函数，求两数之和（使用全局变量）。

完整的程序清单如下：

```
#include "stdio.h"
int sum;
void add2(int a,int b)
{
  int sum;
  sum=a+b;
}
void main()
{ int a=5,b=2;
  sum=0;
  add2(a, b);
  printf("a+b=%d",sum);
  getch();
}
```

程序结果：

```
a+b=0
```

第二行的 sum 是一个全局变量，add2 中的 sum 是一个局部变量，此时 add2 中的 sum 是指这个局部变量。全局变量先赋初值为 0，调用无返回值函数，把局部变量的 sum 变为了 7，但是全局变量的 sum 不变，故最后输出的 sum 是全局变量的值。

如果同一个源文件中，外部变量与局部变量同名，则在局部变量的作用范围内，外部变量被"屏蔽"，即它不起作用。

7.7.3 变量的存储类别

1. 动态存储方式与静态存储方式

前面已经介绍了，从变量的作用域（即从空间）角度来分，可以分为全局变量和局部变量。从另一个角度，从变量值存在的作时间（即生存期）角度来分，可以分为静态存储方式和动态存储方式。

静态存储方式：是指在程序运行期间分配固定的存储空间的方式。

动态存储方式：是在程序运行期间根据需要进行动态的分配存储空间的方式。

用户存储空间可以分为 3 个部分：程序区；静态存储区；动态存储区。用户存储空间如图 7-1 所示。

全局变量全部存放在静态存储区，在程序开始执行时给全局变量分配存储区，程序执行完毕就释放。在程序执行过程中它们占据固定的存储单元，而不动态地进行分配和释放。

动态存储区存放以下数据：

（1）函数形式参数；

（2）自动变量（未加 static 声明的局部变量）；

（3）函数调用实的现场保护和返回地址。

对以上这些数据，在函数开始调用时分配动态存储空间，函数结束时释放这些空间。

在 C 语言中，每个变量和函数有两个属性：数据类型和数据的存储类别。

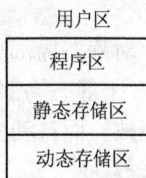

图 7-1 用户存储空间

2. auto 变量

函数中的局部变量，如不专门声明为 static 存储类别，都是动态地分配存储空间的，数据存储在动态存储区中。函数中的形参和在函数中定义的变量（包括在复合语句中定义的变量），都属此类，在调用该函数时系统会给它们分配存储空间，在函数调用结束时就自动释放这些存储空间。这类局部变量称为自动变量。自动变量用关键字 auto 作存储类别的声明。

例如：

```
int f(int a)/*定义 f 函数，a 为参数*/
{
  auto int b,c=12;/*定义 b，c 自动变量*/
  …
}
```

其中，a 是形参，b，c 是自动变量，对 c 赋初值 12。执行完 f 函数后，自动释放 a，b，c 所占的存储单元。

关键字 auto 可以省略，auto 不写则隐含定为"自动存储类别"，属于动态存储方式。

3. 用 static 声明局部变量

有时希望函数中的局部变量的值在函数调用结束后不消失而保留原值，这时就应该指定局部变量为"静态局部变量"，用关键字 static 进行声明。

【例7-10】考察静态局部变量的值。

完整的程序清单如下：

```
int f(int a)
{
  auto b=0;
  static c=3;
  b=b+1;
  c=c+1;
  return(a+b+c);
}
main()
{ int a=2,i;
  for(i=0;i<3;i++)
    printf("%d",f(a));
  getch();
}
```

对静态局部变量的说明。

① 静态局部变量属于静态存储类别，在静态存储区内分配存储单元，在程序整个运行期间都不释放。而自动变量（即动态局部变量）属于动态存储类别，占动态存储空间，函数调用结束后即释放。

② 静态局部变量在编译时赋初值，即只赋初值一次；而对自动变量赋初值是在函数调用时进行，每调用一次函数重新给一次初值，相当于执行一次赋值语句。

③ 如果在定义局部变量时不赋初值的话，则对静态局部变量来说，编译时自动赋初值 0（对数值型变量）或空字符（对字符变量）。而对自动变量来说，如果不赋初值则它的值是一个不确定的值。

【例7-11】打印 1 到 5 的阶乘值。

完整的程序清单如下：

```
int fac(int n)
{
  static int f=1;
  f=f*n;
  return(f);
}
main()
{ int i;
  for(i=1;i<=5;i++)
    printf("%d!=%d\n",i,fac(i));
  getch();
}
```

4. register 变量

上述各类变量都存放在存储器内，因此当对一个变量频繁读写时，必须要反复访问内存储器，从而花费大量的存取时间。为此，C语言提供了另一种变量，即寄存器变量。这种变量存放在 CPU 的寄存器中，使用时，不需要访问内存，而直接从寄存器中读写，这样可提高效率。寄存器变量的说明符是 register。对于循环次数较多的循环控制变量及循环体内反复使用的变量均可定义为寄存器变量。

【例7-12】求 $\sum i (1<=i<=200)$。

完整的程序清单如下：

```
main()
```

```
{ register i,s=0;
  for(i=1;i<=200;i++)
    s=s+i;
  printf("s=%d\n",s);
  getch();
}
```

本程序循环 200 次，i 和 s 都将频繁使用，因此可定义为寄存器变量。

对寄存器变量的几点说明。

① 只有局部自动变量和形式参数才可以定义为寄存器变量。因为寄存器变量属于动态存储方式。凡需要采用静态存储方式的量不能定义为寄存器变量。

② 在 TurboC，MSC 等计算机上使用的 C 语言中，实际上是把寄存器变量当做自动变量处理的，因此速度并不能提高。而在程序中允许使用寄存器变量只是为了与标准 C 保持一致。

③ 即使能真正使用寄存器变量的机器，由于 CPU 中寄存器的个数是有限的，因此使用寄存器变量的个数也是有限的。

5．用 extern 声明外部变量

外部变量（即全局变量）是在函数的外部定义的，它的作用域为从变量定义处开始，到本程序文件的末尾。如果外部变量不在文件的开头定义，其有效的作用范围只限于定义处到文件终了。如果在定义点之前的函数想引用该外部变量，则应该在引用之前用关键字 extern 对该变量作"外部变量声明"，表示该变量是一个已经定义的外部变量。有了此声明，就可以从"声明"处起，合法地使用该外部变量。

【例 7-13】用 extern 声明外部变量，扩展程序文件中的作用域。

完整的程序清单如下：

```
int max(int x,int y)
{ int z;
  z=x>y?x:y;
  return(z);
}
main()
{ extern A,B;
  printf("%d\n",max(A,B));
  getch();
}
  int A=5,B=7;
```

说明　　在本程序文件的最后一行定义了外部变量 A、B，但由于外部变量定义的位置在函数 main() 之后，因此本来在 main() 函数中不能引用外部变量 A、B。现在我们在 main() 函数中用 extern 对 A 和 B 进行"外部变量声明"，就可以从"声明"处起，合法地使用该外部变量 A 和 B。

7.8　预处理命令

在前面各章中，已多次使用过以"#"号开头的预处理命令。如包含命令#include，宏定义命令#define 等。在源程序中这些命令都放在函数之外，而且一般都放在源文件的前面，它们称为预处理部分。

所谓预处理是指在进行编译的第一遍扫描（词法扫描和语法分析）之前所作的工作。预处理是C语言的一个重要功能，它由预处理程序负责完成。当对一个源文件进行编译时，系统将自动引用预处理程序对源程序中的预处理部分作处理，处理完毕自动进入对源程序的编译。

C语言提供了多种预处理功能，如宏定义、文件包含、条件编译等。合理地使用预处理功能编写的程序便于阅读、修改、移植和调试，也有利于模块化程序设计。

相关知识

7.8.1　宏定义

在C语言源程序中允许用一个标识符来表示一个字符串，称为"宏"。被定义为"宏"的标识符称为"宏名"。在编译预处理时，对程序中所有出现的"宏名"，都用宏定义中的字符串去代换，这称为"宏代换"或"宏展开"。

宏定义是由源程序中的宏定义命令完成的。宏代换是由预处理程序自动完成的。

1. 无参宏定义

无参宏的宏名后不带参数，其定义的一般形式为：

```
#define 标识符 字符串
```

其中，"#"表示这是一条预处理命令。凡是以"#"开头的均为预处理命令。"define"为宏定义命令。"标识符"为所定义的宏名。"字符串"可以是常数、表达式、格式串等。

在前面介绍过的符号常量的定义就是一种无参宏定义。此外，常对程序中反复使用的表达式进行宏定义。例如：

```
#define M (y*y+3*y)
```

上述语句的作用是指定标识符 M 来代替表达式（y*y+3*y）。在编写源程序时，所有的（y*y+3*y）都可由 M 代替，而对源程序作编译时，将先由预处理程序进行宏代换，即用（y*y+3*y）表达式去置换所有的宏名 M，然后再进行编译。

【例7-14】应用宏定义求表达式 s=3*M+4*M+5*M 的值，其中 M=y*y+3*y。

```
#define M (y*y+3*y)
main()
{ int s,y;
  printf("请输入一个数据:");
  scanf("%d",&y);
  s=3*M+4*M+5*M;
  printf("s=%d\n",s);
  getch();
}
```

上例程序中首先进行宏定义，定义 M 来替代表达式（y*y+3*y），在 s=3*M+4*M+5*M 中作了宏调用。在预处理时经宏展开后该语句变为：

```
s=3* (y*y+3*y)+4*(y*y+3*y)+5*(y*y+3*y);
```

但要注意的是，在宏定义中表达式（y*y+3*y）两边的括号不能少。否则会发生错误。如当进行以下定义时：

```
#difine M y*y+3*y
```

在宏展开时将得到下述语句：

```
s=3*y*y+3*y+4*y*y+3*y+5*y*y+3*y;
```

这相当于：

```
3y2+3y+4y2+3y+5y2+3y;
```

显然与原题意要求不符，计算结果当然是错误的。因此在作宏定义时必须十分注意，应保证在宏代换之后不发生错误。

对于宏定义还要说明以下几点。

① 宏定义是用宏名来表示一个字符串，在宏展开时又以该字符串取代宏名，这只是一种简单的代换，字符串中可以含任何字符，可以是常数，也可以是表达式，预处理程序对它不作任何检查。如有错误，只能在编译已被宏展开后的源程序时发现。

② 宏定义不是说明或语句，在行末不必加分号，如加上分号则连分号也一起置换。

③ 宏定义允许嵌套，在宏定义的字符串中可以使用已经定义的宏名。在宏展开时由预处理程序层层代换。例如：

```
#define PI 3.1415926
#define S PI*y*y/*PI 是已定义的宏名*/
```

对语句：

```
printf("%f",S);
```

在宏代换后变为：

```
printf("%f",3.1415926*y*y);
```

④ 习惯上宏名用大写字母表示，以便于与变量区别。但也允许用小写字母。

⑤ 对"输出格式"作宏定义，可以减少书写麻烦。

【例 7-15】宏定义的使用。

```
#define P printf
#define D F"%d in%f\n"
main()
{
  int a=5,c=8,e=11;
  float b=3.8,d=9.7,f=21.08;
  P(DF,a,b);
  P(DF,c,d);
  P(DF,e,f);
  getch();
}
```

2. 带参宏定义

C 语言允许宏带有参数，在宏定义中的参数称为形式参数，在宏调用中的参数称为实际参数。对带参数的宏，在调用中，不仅要宏展开，而且要用实参去代换形参。

带参宏定义的一般形式为：

```
#define 宏名(形参表) 字符串
```

在字符串中含有各个形参。

带参宏调用的一般形式为：

```
宏名(实参表);
```

例如：

```
#define M(y) y*y+3*y/*宏定义*/
...
k=M(5);/*宏调用*/
...
```

在宏调用时，用实参 5 去代替形参 y，经预处理宏展开后的语句为：

```
k=5*5+3*5
```

【例 7-16】利用带参宏定义判断两个数中的较大数。

```
#define MAX(a,b) (a>b)?a:b
main()
{ int x,y,max;
  printf("请输入两个数");
  scanf("%d%d",&x,&y);
  max=MAX(x,y);
  printf("max=%d\n",max);
  getch();
}
```

上例程序的第一行进行带参宏定义，用宏名 MAX 表示条件表达式(a>b)?a:b，形参 a,b 均出现在条件表达式中。程序第七行"max=MAX(x,y)"为宏调用，实参 x、y 将代换形参 a、b。宏展开后该语句为：

```
max=(x>y)?x:y;
```

对于带参的宏定义有以下问题需要注意。

（1）带参宏定义中，宏名和形参表之间不能有空格出现。例如把：

```
#define MAX(a,b) (a>b)?a:b
```

写为：

```
#define MAX (a,b) (a>b)?a:b
```

将被认为是无参宏定义，宏名 MAX 代表字符串(a,b)(a>b)?a:b。宏展开时，宏调用语句：

```
max=MAX(x,y);
```

将变为：

```
max=(a,b)(a>b)?a:b(x,y);
```

这显然是错误的。

（2）在带参宏定义中，形式参数不分配内存单元，因此不必作类型定义。而宏调用中的实参有具体的值，要用它们去代换形参，因此必须作类型说明，这是与函数中的情况不同的。在函数中，形参和实参是两个不同的量，各有自己的作用域，调用时要把实参值赋予形参，进行"值传递"。而在带参宏中，只是符号代换，不存在值传递的问题。

（3）在宏定义中的形参是标识符，而宏调用中的实参可以是表达式。

【例 7-17】应用宏定义编写程序：求某一表达式的平方值。

```
#define SQ(y) (y)*(y)
main()
{ int a,sq;
  printf("请输入一个数");
  scanf("%d",&a);
  sq=SQ(a+1);
  printf("sq=%d\n",sq);
  getch();
}
```

上例中第一行为宏定义，形参为 y。程序第七行宏调用中实参为 a+1，是一个表达式，在宏展开时，用 a+1 代换 y，再用(y)*(y)代换 SQ，得到如下语句：

```
sq=(a+1)*(a+1);
```

这与函数的调用是不同的，函数调用时要把实参表达式的值求出来再赋予形参。而宏代换中对实参表达式不作计算直接地照原样代换。

（4）在宏定义中，字符串内的形参通常要用括号括起来以避免出错。在上例中的宏定义中(y)*(y)表达式的 y 都用括号括起来，因此结果是正确的。如果去掉括号，把程序改为例中的形式。

【例 7-18】应用宏定义编写程序：求某一表达式的平方值（错误的表达方式）。

```
#define SQ(y) y*y
main()
{ inta,sq;
  printf("请输入一个数:");
  scanf("%d",&a);
  sq=SQ(a+1);
  printf("sq=%d\n",sq);
  getch();
}
```

运行结果为：

请输入一个数:3

sq=7

同样输入 3，但结果却是不一样的。问题在哪里呢?这是由于代换只作符号代换而不作其他处理而造成的。宏代换后将得到以下语句：

```
sq=a+1*a+1;
```

由于 a 为 3 故 sq 的值为 7。这显然与题意相违，因此参数两边的括号是不能少的。即使在参数两边加括号还是不够的，请看下面程序：

【例 7-19】应用宏定义编写程序：求 160 除以某一表达式平方的值（错误的表达方式）。

```
#define SQ(y) (y)*(y)
main()
{ int a,sq;
  printf("请输入一个数:");
  scanf("%d",&a);
  sq=160/SQ(a+1);
  printf("sq=%d\n",sq);
  getch();
}
```

本程序与前例相比，只把宏调用语句改为：

```
sq=160/SQ(a+1);
```

运行本程序如输入值仍为 3 时，希望结果为 10。但实际运行的结果如下：

请输入一个数:3

sq=160

为什么会得这样的结果呢?分析宏调用语句，在宏代换之后变为：

```
sq=160/(a+1)*(a+1);
```

a 为 3 时，由于"/"和"*"运算符优先级和结合性相同，则先作 160/(3+1)得 40，再作 40*(3+1)最后得 160。为了得到正确答案应在宏定义中的整个字符串外加括号，程序修改如下例所示。

【例 7-20】应用宏定义编写程序：求 160 除以某一表达式平方的值。

```
#define SQ(y) ((y)*(y))
```

```
main()
{ int a,sq;
  printf("请输入一个数");
  scanf("%d",&a);
  sq=160/SQ(a+1);
  printf("sq=%d\n",sq);
  getch();
}
```

以上讨论说明，对于宏定义不仅应在参数两侧加括号，也应在整个字符串外加括号。

7.8.2 文件包含

文件包含是 C 预处理程序的另一个重要功能。

1. 文件包含命令行的一般形式

```
#include "文件名"
```

在前面我们已多次用此命令包含过库函数的头文件。例如：

```
#include "stdio.h"
#include "math.h"
```

文件包含命令的功能是把指定的文件插入该命令行位置取代该命令行，从而把指定的文件和当前的源程序文件连成一个源文件。

在程序设计中，文件包含是很有用的。一个大的程序可以分为多个模块，由多个程序员分别编程。有些公用的符号常量或宏定义等可单独组成一个文件，在其他文件的开头用包含命令包含该文件即可使用。这样，可避免在每个文件开头都去书写那些公用量，从而节省时间，并减少出错。

2. 文件包含命令使用的注意事项

（1）包含命令中的文件名可以用双引号括起来，也可以用尖括号括起来。例如，以下写法都是允许的：

```
#include "stdio.h"
#include <math.h>
```

但是这两种形式是有区别的：使用尖括号表示在包含文件目录中去查找（包含目录是由用户在设置环境时设置的），而不在源文件目录去查找；使用双引号则表示首先在当前的源文件目录中查找，若未找到才到包含目录中去查找。用户编程时可根据自己文件所在的目录来选择某一种命令形式。

（2）一个 include 命令只能指定一个被包含文件，若有多个文件要包含，则需用多个 include 命令。

（3）文件包含允许嵌套，即在一个被包含的文件中又可以包含另一个文件。

7.8.3 条件编译

预处理程序提供了条件编译的功能。可以按不同的条件去编译不同的程序部分，因而产生不同的目标代码文件。这对于程序的移植和调试是很有用的。

条件编译有 3 种形式，下面分别介绍。

1. 第一种形式

```
#ifdef 标识符
程序段 1
#else
程序段 2
#endif
```

它的功能是，如果标识符已被#define 命令定义过，则对程序段 1 进行编译；否则对程序段 2 进行编译。如果没有程序段 2（它为空），本格式中的#else 可以没有，即可以写为：

```
#ifdef 标识符
  程序段
#endif
```

2. 第二种形式

```
#ifndef 标识符
    程序段 1
#else
程序段 2
#endif
```

与第一种形式的区别是将"ifdef"改为"ifndef"。它的功能是，如果标识符未被#define 命令定义过则对程序段 1 进行编译，否则对程序段 2 进行编译。这与第一种形式的功能正相反。

3. 第三种形式

```
#if 常量表达式
    程序段 1
#else
程序段 2
#endif
```

它的功能是，如常量表达式的值为真（非 0），则对程序段 1 进行编译，否则对程序段 2 进行编译。因此可以使程序在不同条件下，完成不同的功能。

【例 7-21】应用条件编译求圆的面积和周长。

```
#define R 1
main()
{ float c,r,s;
  printf("请输入一个数");
  scanf("%f",&c);
  #if R
    r=3.14159*c*c;
    printf("圆的面积是:%f\n",r);
  #else
    s=c*c;
    printf("圆的周长是:%f\n",s);
  #endif
  getch();
}
```

本例中采用了第三种形式的条件编译。在程序第一行宏定义中，定义 R 为 1，因此在条件编译时，常量表达式的值为真，故计算并输出圆面积。

上面介绍的条件编译当然也可以用条件语句来实现。但是用条件语句将会对整个源程序进行编译，生成的目标代码程序很长，而采用条件编译，则根据条件只编译其中的程序段 1 或程序段 2，生成的目标程序较短。如果条件选择的程序段很长，采用条件编译的方法是十分必要的。

7.9 结构化程序设计方法

7.9.1 程序设计应符合标准

程序设计应符合以下几个标准。

（1）一个结构化程序由 3 种基本结构（顺序、选择、循环）组成，基本结构之间可以嵌套。

（2）每种基本结构都只有一个入口和一个出口。程序执行顺序必然是从前一个结构的出口到本结构的入口，经本结构内部的操作，到达本结构的唯一出口。

（3）程序中没有死循环（不能结束的循环）和死语句（程序永远执行不到的语句）。

7.9.2 结构化程序设计遵循的原则

结构化程序设计遵循的原则如下。

（1）自顶向下，逐步求精：把一个较大的复杂问题分解成若干相对独立而又简单的小问题来解决。

（2）模块化设计：把复杂的算法或程序分解成若干相对独立、功能单一，甚至可供其他程序调用的模块。

（3）结构化编程：利用高级语言提供的相关语句实现 3 种基本结构，每个结构具有唯一的出口和入口，整个程序由 3 种基本结构组成。

本章小结

1. 函数的分类

（1）库函数：由 C 系统提供的函数；

（2）用户定义函数：由用户自己定义的函数；

（3）有返回值的函数：向调用者返回函数值，应说明函数类型（即返回值的类型）；

（4）无返回值的函数：不返回函数值，说明为空（void）类型；

（5）有参函数：主调函数向被调函数传送数据；

（6）无参函数：主调函数与被调函数间无数据传送；

（7）内部函数：只能在本源文件中使用的函数；

（8）外部函数：可在整个源程序中使用的函数。

2. 函数的应用

（1）函数定义的一般形式：

[extern/static]类型说明符 函数名（[形参表]）

方括号内为可选项。

（2）函数声明的一般形式

[extern]类型说明符函数名（[形参表]）；

（3）函数调用的一般形式：

函数名（[实参表]）；

（4）函数的参数分为形参和实参两种，形参出现在函数定义中，实参出现在函数调用中，发生函数调用时，将把实参的值传送给形参。

（5）函数的值是指函数的返回值，它是在函数中由 return 语句返回的。

（6）数组名作为函数参数时不进行值传送而进行地址传送。形参和实参实际上为同一数组的两个名称。因此形参数组的值发生变化，实参数组的值当然也变化。

（7）C 语言中，允许函数的嵌套调用和函数的递归调用。

3. 局部变量和全局变量

（1）变量的分类：即变量的数据类型，变量作用域和变量的存储类型。在第 2 章中主要介绍变量的数据类型，本章中介绍了变量的作用域和变量的存储类型。

（2）变量的作用域是指变量在程序中的有效范围，分为局部变量和全局变量。

（3）变量的存储类型是指变量在内存中的存储方式，分为静态存储和动态存储，表示了变量的生存期。

静态存储：函数内定义静态局部变量 static，函数之外、源文件内定义的任何类型变量。

动态存储：寄存器变量 register，在函数或复合语句内定义的自动变量 auto。

4. 预处理命令

（1）宏定义是用一个标识符来表示一个字符串，这个字符串可以是常量、变量或表达式。在宏调用中将用该字符串代换宏名。

（2）宏定义可以带有参数，宏调用时是以实参代换形参，而不是"值传送"。

（3）为了避免宏代换时发生错误，宏定义中的字符串应加括号，字符串中出现的形式参数两边也应加括号。

（4）文件包含是预处理的一个重要功能，它可用来把多个源文件连接成一个源文件进行编译，结果将生成一个目标文件。

（5）条件编译允许只编译源程序中满足条件的程序段，使生成的目标程序较短，从而减少了内存的开销并提高了程序的效率。

习 题 7

一、选择题

1. C语言中，凡未指定存储类别的局部变量的隐含存储类别是_____。

   A．自动（auto）　　　B．静态（static）　　　C．外部（extern）　　　D．寄存器（register）

2. 在一个 C 源程序文件中，要定义一个只允许本源文件中所有函数使用的全局变量，则该变量需要使用的存储类别是：_____。

   A．extern　　　　　B．register　　　　C．auto　　　　　D．static

3. 以下函数返回 a 数组中最小值所在的下标，在划线处应填入的是_____。

```
fun(int a[],int n)
{
  int i,j=0,p;
  p=j;
  for(i=j;i<n;i++)
  if(a[i]<a[p])_____;
  return(p);
}
```

   A．i=p　　　　　B．a[p]=a[i]　　　　C．p=j　　　　D．p=i

4. C语言中形参的默认存储类别是_____。

   A．自动（auto）　　　B．静态（static）　　　C．寄存器（register）　　　D．外部（extern）

5. 请读程序：

```
#include<stdio.h>
f(int b[],int n)
{
  int i,r;
  r=1;
  for(i=0;i<=n;i++)r=r*b[i];
  return r;
}
main()
{ int x,a[]={3,4,5,6,7,8,9};
  x=f(a,2);
  printf("%d\n",x);
  getch();
}
```

   上面程序的输出结果是_____。

   A．720　　　　　B．120　　　　C．60　　　　D．24

6. 设有如下的函数：

```
ggg(x)
{ float x;
  printf("\n%d",x*x);
  getch();
}
```

   则函数的类型_____。

   A．与参数 x 的类型相同　　　　　　　B．void

   C．int　　　　　　　　　　　　　　　D．无法确定

7. 若主调用函数类型为 double, 被调用函数定义中没有进行函数类型说明, 而 return 语句中的表达式类型为 float 型, 则被调函数返回值的类型是_____。

    A. int 型   B. float 型

    C. double 型   D. 由系统当时的情况而定

8. 以下叙述中, 不正确的是_____。

    A. 在同一个 C 语言程序文件中, 不同函数中可以使用同名变量

    B. 在 main() 函数体内定义的变量是全局变量

    C. 形参是局部变量, 函数调用完成即失去意义

    D. 若同一文件中全局变量和局部变量同名, 则全局变量在局部变量作用范围内不起作用

9. 若函数调用时用数组名作为函数参数, 以下叙述中, 不正确的是_____。

    A. 实参与其对应的形参共占用同一段存储空间

    B. 实参将其地址传递给形参, 结果等同于实现了参数之间的双向值传递

    C. 实参与其对应的形参分别占用不同的存储空间

    D. 在调用函数中必须说明数组的大小, 但在被调函数中可以使用不定尺寸数组

10. 下面程序的输出是_____。

```
int m=13;
int fun2(int x,int y)
{
  int m=3;
  return(x*y-m);
}
main()
{ int a=7,b=5;
  printf("%d\n",fun2(a,b)/m);
  getch();
}
```

    A. 1   B. 2   C. 7   D. 10

11. 设有下列两条宏定义命令, 则表达式 B 的值为_____。

```
#define A 3+2
#define B A*A
```

    A. 11   B. 15   C. 25   D. 17

12. 设有宏定义命令 #define P(A,B,C)(A)?(B):(C), 则表达式 P(3,2,1), P(2,3,1)的运算结果是_____。

    A. 3   B. 4   C. 5   D. 6

二、阅读程序写结果

1. 以下程序的运行结果是_____。

```
main()
{ x();
  y();
  x();
  y();
  x();
  y();
  getch();
}
int x()
```

```
{
  int x=0;
  printf("x=%d\t",++x);
}
int y()
{
  static int y=0;
  printf("\ny=%d\n",++y);
}
```

2. 以下程序的运行结果是_____。

```
int digits(int n)
{
  int c=0;
  do
  {
    c++;
    n/=10;
  }while(n);
  return c;
}
main()
{ printf("%d",digits(824));
  getch();
}
```

3. 输入数值2,3，以下程序的运行结果是_____。

```
intsum(int k)
{
  static int y=0;int i;
  for(i=1;i<=k;i++)y+=i;
  return y;
}
main()
{ int m,n;
  scanf("%d,%d",&m,&n);
  printf("%d\n",sum(m)+sum(n));
  getch();
}
```

4. 以下程序的运行结果是_____。

```
main()
{ int i;
  function();
  for(i=0;i<3;i++)
    function();
  getch();
}
void function()
{
  inti=1,j=1;
  static int k=1;
  i++;j++;k++;
  printf("%d,%d,%d",i,j,k);
}
```

5. 以下程序的运行结果是_____。

```
float x=1.0,y=2.0,z;
```

```
main()
{ z=fun();
  printf("%f,%f,%f\n",x,y,z);
  getch();
}
double fun(void)
{
  int y,z;
  x=y=z=3.0;
  return (x+y+z);
}
```

6. 以下程序的运行结果是_____。

```
mma(int a,int b)
{
  int c;
  a+=a;b+=b;c=mmb(a,b);
  return c*c;
}
mmb(int a,int b)
{
  int c;
  c=a*b%3;
  return c;
}
main()
{ int x=11,y=19;
  printf("%d\n",mma(x,y));
  getch();
}
```

7. 以下程序的运行结果是_____。

```
main()
{
  int a=4,b=5,c;
  c=plus(a,b);
  printf("A+B=%d\n",c);
  getch();
}
plus(int x,int y)
{
  int z;
  z=x+y;
  return(x);
}
```

8. 以下程序的运行结果是_____。

```
#include<stdio.h>
void num()
{
  extern int x,y;int a=15,b=10;
  x=a-b;
  y=a+b;
}
int x,y;
main()
{ int a=7,b=5;
```

```
      x=a+b;
      y=a-b;
      num();
      printf("%d,%d\n",x,y);
      getch();
}
```

三、程序填空

1. 求 x 的 y 次方。

```
double fun(double x, int y)
{
  int i;
  double z;
  for(i=1, z=x;   ①   ; i++)
    z=   ②   ;
  return z;
}
```

2. 按逆序输出一个字符串。

```
void reverse(str)
charstr[];
{
  int len,i;
  char c;
  len=   ①   ;
  for(i=0;i<   ②   ;i++)
  {
    c=   ③   ;
    str[i]=str[len-i-1];
       ④   =c;
  }
}
#include<string.h>
main()
{ char string[256];
     ⑤   (string);
  reverse(string);
  puts(string);
  getch();
}
```

四、编程题

1. 把 20 个随机数存入一个数组，然后输出该数组中的最小值，其中确定最小值的下标的操作在 fun 函数中实现。

2. 编写函数该函数的功能是求出小于某个数的所有素数并放在 aa 数组中，该函数返回所求出素数的个数。

3. 编一函数，判断某一整数是否为回文数，若是返回 1，否则返回 0。所谓回文数就是该数正读与反读是一样的。例如 12321 就是一个回文数。

4. 定义一个宏，实现两个数互换，并写出程序，输入两个数作为使用参数，并显示结果。

第8章

结构体和共用体

前面已介绍了基本类型（如整型、实型、字符型等）的数据，也介绍了一种构造类型的数据——数组。但在实际问题中，光有这些数据类型是不够的，如果出现数据类型不同的若干数据，用单个数组就无法将它们存放在一起。例如：在学生的基本情况登记表中，姓名应为字符型，学号学应为整型或字符型，年龄应为整型，性别应为字符型，成绩可为整型或实型，显然不能用一个数组来存放上述不同类型的数据。为了将不同类型的数据组合成一个整体，C 语言提供了另一种构造类型的数据——结构体，它可以将某些有相互联系的不同类型的数据存放在一起。在前面的第 2 章中也曾提及结构体的概念，但并未深入。结构体相当于其他高级语言中的"记录"。"结构体"是一种构造类型，它由若干"成员"组成。每一个成员可以是一个基本类型或者是一个已定义过的构造类型。"结构体"既是一种"构造"而成的数据类型，那么在说明和使用之前必须先定义它，也就是先构造它，如同在声明和调用函数之前先定义函数一样。

本章详细介绍结构体和结构体变量的定义，结构体变量的初始化及使用方法，同时还将介绍另一种用于节省内存的构造型数据——共用体，最后介绍 C 语言的基本数据类型中的一种数据类型——枚举类型。

8.1 结构体类型

任务提出

学生信息管理系统数据库中，学生的信息包括学号、姓名、性别、出生日期、五门课程的成绩及平均成绩，如何定义一个数据类型。

任务分析

在此例中，学生的学号、姓名、性别、出生日期、课程的成绩五项的数据类型并不一致，其中的学号、姓名为字符型数组，性别为单个的字符型数据，成绩为实型数据，而出生日期又包括年月日三项。

一个学生的学号、姓名、性别、出生年月日、成绩等项，这些项都与某一学生相联系。如果将它们分别定义成互相独立的简单变量，难以反映它们之间的内在联系。但如果把它们组织成一个组合项，在这一个组合中包含这些项，它们之间的联系就能反映出来了。如可以定义为另一种如表 8-1 所示的结构体类型的数据。

表 8-1 结构体各项数据类型

学号	姓名	性别	出生日期			成绩	平均成绩
			年	月	日		
字符型数组	字符型数组	字符型	整型	整型	整型	实型数组	实型

在上述这种结构体类型中定义了一个包含 2 个字符型数组、1 个字符型、3 个整型、1 个实型数组、1 个实型。

任务实施

结构体类型的定义如下：

```
struct birthday
{
    int year;
    int month;
    int day;
};
struct student
{
    char num[7];
    char name[20];
    char sex;
    struct birthday bir;
    float score[5];
    float average;
};
```

相关知识

8.1.1 结构体定义格式

```
struct 结构体名
{
    数据类型 1    成员名 1;
    数据类型 2    成员名 2;
         .              .
         .              .
         .              .
    数据类型 n    成员名 n;
```

```
};
```

例如：

```
 struct student
{
  char num[7];
  char name[20];
  char sex;
  float score;
};
```

其中：

（1）"结构体名"是用户取的标识符，是结构体类型的标志。如上例中的结构体定义中 student 就是一个结构体名。

（2）花括弧内是结构体中的各个成员，由它们组成一个结构体。如上例中的 num、name、sex、score 等都是成员名。

（3）对每个成员必须作类型说明。数据类型可以是基本数据类型说明符，也可以是用户已经定义过的结构体名，还可以是后面将要介绍的其他数据类型的类型说明符。类型说明的格式是：

数据类型名　成员名；

（4）成员名是用户取的标识符，是用来标识所包含的成员名称。成员名的命名规则与变量名相同。成员也称为"域"，每一个成员也称为结构体中的一个域。

如在上例中的结构体定义中，定义了一个名为 student 的结构体，该结构共有 4 个成员组成。第 1 个成员为 num，字符型数组；第 2 个成员为 name，字符数组；第 3 个成员为 sex，字符变量；第 4 个成员为 score，实型变量。应注意括号外面的分号"；"不能少。

（5）结构体定义可以嵌套，即某个结构体成员的数据类型可以说明为另一个已定义过的结构体。

【例 8-1】定义一个结构体类型用来表示学生的基本情况，其中的每个学生的数据包括：学号、姓名、性别、年龄、成绩、家庭地址等。

分析

该结构体中，可将学号、姓名、家庭地址定义成字符型数组，性别定义成字符型数据，年龄定义为整型数据，成绩定义实型数据。结构体名取为"student"，它包括 num、name、sex、age、score、addr 等不同类型的数据项。

结构体类型定义如下：

```
struct  student
{
char num[7];
char name[20];
char sex;
int age;
float score;
char addr[30];
};
```

【例 8-2】定义一个结构体类型用来表示一个单位的职工档案，职工档案中包括：职工姓名、性别、年龄、工资等。

分析

该结构体中，可将职工档案中的职工姓名定义成字符型数组，性别定义成字符型数据，年龄定义成整型数据，工资定义实型数据。结构体名取为"person"，它包括 name、sex、age、wage 等不同类型的数据项。

结构体类型定义如下：

```
struct person
{
  char name[20];
  char sex;
  int age;
  float wage;
};
```

8.1.2　嵌套的结构体类型定义方法

如在定义结构体类型时要用到了基本数据类型外的结构体类型，即需嵌套定义时，引用的结构体类型名必须是已经定义过的，否则就会出现"结构体未定义"的错误。

【例 8-3】定义一个结构体类型用来表示职工档案，职工档案中除和【例 8-2】一样包括职工姓名、性别、工资外，职工的出生日期要能体现年月日。

分析

假设此结构体类型名 person1，其成员有职工姓名 name、性别 sex、出生日期 bir、工资 wage 等五个成员。其中的职工姓名、性别、工资等成员的定义方法同【例 8-2】一样。而对于出生日期 bir 又包括 3 个部分 year、month、day（分别对应年、月、日），则要用嵌套的结构体类型定义方法来定义。

嵌套的结构体类型定义如下：

```
struct birthday
{
  int year;
  int month;
  int day;
};
struct person1
{
  char name[20];
  char sex;
  struct birthday bir;
  float wage;
};
```

这里，在定义结构体类型 person1 时用到了基本数据类型外的结构体类型 birthday，此时结构体类型 birthday 的定义必须出现在前面，否则就会出现"结构体未定义"的错误。

8.1.3　结构体类型使用说明

有了前面的叙述，大家对结构体型的数据已有了一个初步的了解，下面对结构体的使用再作如下的说明。

（1）当用户需要将一些不同类型但又相互联系的数据放在一起时，就可以将它们定义成结构体类型，以便于反映它们之间的相互联系。

（2）结构体定义中的花括号里面的每一个定义语句后面均要用分号 ";" 作为语句结束标记，花括号外也有一个分号 ";" 作为结构体定义语句的结束标记。

（3）结构体是一种数据类型，其中的成员不是变量，系统也不会给成员分配内存。

（4）已经定义的某种结构体可以作为一种数据类型，用来定义变量、数组、指针等。这时才会给定义的变量、数组、指针分配内存。

（5）如在定义结构体成员类型时要用到基本数据类型外的结构体类型，即需嵌套定义时，一定要注意引用的结构体类型名必须是已经定义过的，否则就会出现 "结构体未定义" 的错误。如上面例 8-3，名为 "birthday" 的定义必须在结构体 "person1" 的定义之前，否则就会出错。

8.2 结构体变量

任务提出

学生信息管理系统数据库中，学生信息包括学号、姓名、性别、出生日期、五门课程的成绩、平均成绩等数据，从键盘中输入某学生的数据信息，并输出该学生的所有信息。

任务分析

前面已定义了一个名为 student 的结构体，但只是指定了一个结构体类型，它相当于一个模型，其中并没有具体的数据，系统也不给它分配内存单元。为了能在程序中使用结构体类型的数据，还应当定义结构体类型的变量，并在其中存放具体的数据。

如果在程序中已经定义了某个结构体，则在此后就可使用这种用户自定义的数据类型来定义变量。

上述问题的所需的类型变量的定义如下：

```
struct student stu;
```

任务实施

完成以上功能的程序清单如下：

```c
#include "stdio.h"
#define MAX2 5
struct birthday
{
    int year;
    int month;
    int day;
};
struct student
{
    char num[7];
    char name[20];
    char sex;
    struct birthday bir;
    int score[MAX2];
```

```
      float average;
};
main()
{
  int i;
  struct student stu;
  stu.average=0.0;
  scanf("%c",&stu.sex);
  scanf("%d,%d,%d",&stu.bir.year,&stu.bir.month,&stu.bir.day);
  for(i=0;i<MAX2;i++)
    {
      scanf("%d",&stu.score[i]);
      stu.average+=stu.score[i];
    }
scanf("%s%s",stu.num,stu.name);
stu.average=stu.average/MAX2;
printf("学号: %s",stu.num);
printf("\n 姓名: %s",stu.name);
printf("\n 性别: %c",stu.sex);
printf("出生年月日: %d年%d月%d日",stu.bir.year,stu.bir.month,stu.bir.day);
printf("\n 五门课程的成绩为: \n");
for(i=0;i<MAX2;i++)
 printf ("%4d",stu.score[i]);
printf("\n 平均成绩为: \n");
printf("%5.2f\n",stu.average);
getch();
}
```

程序运行情况如下：

F✓
1991,11,16✓
68 78 88 76 69✓
100001 李平✓

则输出结果为：

学号: 100001

姓名: 李平

性别: F

出生年月日: 1991 年 11 月 16 日

五门课程的成绩为: 68 78　　88　　76　　69

平均成绩为: 75.80

相关知识

8.2.1　结构体变量的定义与初始化

结构体变量的定义有以下 3 种方法。

（1）用结构体类型名定义变量。

用结构体类型名定义变量的一般格式：

结构体类型名　变量名 1，变量名 2，…，变量名 n

其中，结构体类型名是已经定义过的结构体名；变量名之间用逗号分隔。这种方法也就是先定义结构体类型再定义变量名。例如：

```
struct  student
{
  char  num[7];
  char name[20];
  char sex;
  int age;
  float score;
  char addr[30];
};
```

struct student　　　　student1,student2

结构体类型名　　　　结构体变量名

上面例中前面定义了一个结构体类型 struct student，后面定定义了 student1 和 student2 两个同为 struct student 类型的变量，即它们具有 struct student 类型的结构。

也可以用宏定义使用一个符号常量来表示一个结构体类型名。例如，在程序的前面有宏定义：

```
#define STU struct student
```

则以上的结构体及变量定义可修改为：

```
  struct  student
  {
    char num[7];
    char name[20];
    char sex;
    int age;
    float score;
    char addr[30];
  };
STU  student1,student2;
```

在定义变量的同时，可以对变量赋初值，例如上面的变量定义语句可以改为如下语句：

```
struct student  student1={"10001","Zhang Xin",'M',19,90.5,"Shanghai"},
student2={"10002","Wang Li",'F',20,98,"Beijing"};
```

定义结果如表 8-2 所示：

表 8-2　　　　　　　　　　　　结构体变量的定义

变量名	成员 1	成员 2	成员 3	成员 4	成员 5	成员 6
student1	10001	Zhang Xin	M	19	90.5	Shanghai
student2	10002	Wang Li	F	20	98	Beijing

在定义了结构体变量后，系统会为之分配内存单元。例如 student1 和 student2 在内存中各占 64 个字节（7+20+1+2+4+30=64）。

应当注意,将一个变量定义为基本数据类型与将一个变量定义成结构体类型的方法是不同的，后者不仅要求指定结构体类型，而且要求指定为某一特定的结构体类型。

（2）定义结构体类型的同时定义变量。这种定义的一般格式为：

```
struct  结构体名
{
   数据类型 1    成员名 1;
   数据类型 2    成员名 2;
         ·          ·
         ·          ·
         ·          ·
   数据类型 n    成员名 n;
}变量名表列;
```

例如，为两个学生信息定义两个变量，程序段如下：

```
struct  student
{
  char num[7];
  char name[20];
  char sex;
  int age;
  float score;
  char addr[30];
} student1, student2;
```

它的作用与第一种方法相同，即定义结构体类型的同时定义了两个 struct student 类型的变量 student1 和 student2。

应当注意，在变量名 student1，student2 后面的分号";"不能少。

（3）定义无名结构体类型的同时定义变量。这种定义的一般格式为：

```
struct
   { 数据类型 1    成员名 1;
     数据类型 2    成员名 2;
           ·          ·
           ·          ·
           ·          ·
     数据类型 n    成员名 n;
}变量名表列;
```

例如：

```
struct
{
  char num[7];
  char name[20];
  char sex;
  int age;
  float score;
  char addr[30];
} student1, student2;
```

即不出现结构体名。但变量 student1，student2 后面的分号";"不能省略。

或直接为：

```
struct
{
  char num[7];
  char name[20];
```

```
    char sex;
    int age;
    float score;
    char addr[30];
}student1={"10001","Zhang Xin",'M',19,90.5,"Shanghai"},
    student2={"10002","Wang Li",'F',20,98,"Beijing"};
```

即定义的同时给变量赋初值。

这种方法是将类型定义和变量定义同时进行，但是结构体类型的名称省略了，以后将无法使用这种结构体来定义其他的变量。

说明

（1）类型和变量是两个不同的概念。只能对变量赋初值、存取或运算，而不能对一个类型赋值、存取或运算。对类型不分配内存空间，对变量却要分配内存空间。

（2）对结构体中的变量成员（即"域"），可以单独使用，其作用与地位相当于普通变量。关于结构体成员的引用方法见 8.2.2 节。

（3）成员也可以是一个结构体变量，此时即构成了嵌套的结构。例如：

```
struct date
{
int momth;
int day;
int year;
};
struct student
{
char num[7];
char name[20];
char sex;
int age;
struct date birthday;    /* birthday 是 struct date 类型*/
char addr[30];
}student1,student2;
```

这里先声明一个 struct date 类型，再将成员 birthday 指定为 struct date 类型。

struct student 的结构如表 8-3 所示。

表 8-3　　　　　　　　　　　　　　　　struct student 的结构

num	name	sex	age	birthday			addr
				month	day	year	

（4）成员名可以与程序中的变量名同，二者不代表同一对象。例如，程序中可以另定义一个变量 num，它与 struct student 中的 num 不同，互不干扰。但初学者应尽量不要这样使用，以防使用不小心时混淆。

8.2.2　结构体成员的引用

在定义了结构体变量之后，当然可以引用此变量。对结构体变量的引用包括赋值、输入、输出、运算等都是通过结构体变量的成员来实现的，一般不能直接使用结构体变量。

1. 结构体变量成员的引用格式

结构体变量名. 成员名

其中，"."称为成员运算符，其运算的优先级别是最高的，和圆括号"（ ）"、下标运算符"[ ]"是同一级别的，运算顺序是自左向右。

例如：student1.num 表示 student1 中的 num（学号）项。由于该成员是一个字符型数组类型，不能用赋值方法给此成员赋值，如："student1.num="10001";"是不合法。

正确的方法是把"student1.num"看作一个整体，用字符串复制的方法，例如：

strcpy(student1.num, "10001");

2. 引用结构体变量应遵循的规则

（1）不能将一个结构体变量作为一个整体变量进行输入/输出，只能对结构体变量中的各个成员分别进行输入/输出。例如，前面已定义了 student1 和 student2 为结构体变量并且它们也已有了初值。不能这样引用：

printf("%s,%s,%c,%d,%f,%s\n",student1);

（2）如果某个结构体类型的变量成员的数据类型又是一个结构体类型，则只能对最低级的成员进行赋值、输入、输出以及运算。外层结构体类型的变量成员是不能单独引用的。这种嵌套的结构体变量成员的引用方法是逐级找到最低级的成员才能使用。例如，对具有两层的结构体变量名的引用为：

外层结构体类型变量名. 外层成员名. 内层成员名

如上节已定义过的结构体变量 student1，可以这样访问各成员：

student1.num
student1.birthday.month

（3）结构体变量的成员可以像普通变量一样进行各种运算（参与运算时注意其类型）。例如：

student1.score=student2.score+10;
　sum=student1.score+student2.score;
　student1.age++;
++student2.age;

（4）可以引用结构体变量成员的地址，其引用格式为：

&结构体变量名. 成员名

例如：

scanf("%d",&student1.num); /*输入 student1.num 的值*/

（5）可以引用结构体变量的地址。结构体变量的地址主要用于作函数的参数，传递结构体的地址。

结构体变量的地址的引用格式为：

&结构体变量名

例如：

printf("%x",&student1) ;　　/*输出 student1 的首地址*/

【例 8-4】给结构体变量成员赋值并输出其值。

```
#include <stdio.h>
main()
```

```
{
struct
    {
      char num[7];
      char name[20];
      char sex;
      float score[3];
    }x={"10001","Zhang Xin",'M',68,89,78};
printf("学号: %s\n 姓名: %s\n 性别: %c\n",x.num,x.name,x.sex);
printf("成绩:%.2f、%.2f、%.2f、\n",x.score[0],x.score[1],x.score[2]);
getch();
}
```

程序运行结果如下：

学号: 10001

姓名: Zhang Xin

性别: M

成绩: 68、89、78

以上程序是在定义的同时给变量赋初值，也可以用赋值语句等给结构体变量成员赋值。

```
#include "stdio.h"
main()
{ /*定义一个结构体类型*/
    …
    /*定义一个结构体类型的变量*/
    struct student x;
    /*给结构体类型的变量 x 赋值*/
    strcpy(x.num,"100001");
    strcpy(x.name,"Zhang Xin");
    x.sex='M';
    x.score[0]=68;
    x.score[1]=89;
    x.score[2]=78;
    /*输出结果*/
    …
 getch();
}
```

则运行结果和上面完全一致。

上例还可用输入语句给结构体变量赋值，赋值如下：

```
scanf("%s,%s,%c",x.num,x.name,x.sex);
scanf("%f,%f,%f",&x.score[0],&x.score[1],&x.score[2]);
```

【例 8-5】嵌套的结构体变量成员的引用举例。

```
#include "stdio.h"
#include "string.h"
struct birthday
{
    int year;
    int momth;
    int day;
};
```

```
struct person
{
  char name[20];
  char sex;
  struct birthday  bir;
  float wage;
}x;
main()
{
  strcpy(x.name,"gu");
  x.sex= 'F';
  x.bir.year=1972;
  x.bir.month=10;
  x.bir.day=3;
  x.wage=2880.0;
  printf("姓名：%s,性别：%c,工资：%f\n",x.name,x.sex,x.wage);
  printf("出生年、月、日：%4d. %2d. %2d\n",x.bir.year,x.bir.month,x.bir.day);
  getch();
}
```

8.2.3　结构体与函数

可以将一个结构体变量的值传递给另一个函数，在函数间传递结构体型的数据和传递其他类型数据的方法完全相同，可以使用全局外部变量、返回值、形式参数与实际参数结合方式（参数传递方式又分为值传递和地址传递两种）。

将一个结构体变量的值传给另一个函数的具体用法如下。

1. 使用返回值方式传递结构体数据

函数的返回值必须是某种已定义过的结构体指针（即指向结构体变量的指针），利用"return（表达式）;"语句返回的表达式值也必须是同种结构体型的指针，该指针指向的数据则是同一种结构体类型的数据；而接收返回值的变量也必须是这种结构体类型的指针变量。

2. 使用形式参数和实际参数结合方式传递结构体数据

要注意是单向的值传递还是双向的地址传递。使用单向的值传递方式，通常形式参数要声明为某种结构体型，而对应的实际参数必须是同一种结构体类型。如果使用双向的地址传递方式，要区分不同的情况，如果形式参数被声明为某种结构体类型的指针变量，则实际参数必须是同一种结构体类型的变量地址、数组名或已赋值的指针变量等；如果形式参数是某种结构体类型数组，则对应的实际参数必须是同一种结构体型的数组或指针变量。（关于指针部分内容将在后面讲解。）

用结构体变量的成员作为参数。例如，用 student1.num 或 student1.name 作函数的实参，将实参值传给形参。其用法和普通变量作实参的用法一样，属于"值传递"方式。只是要注意实参和形参的类型保持一致。

用结构体变量作为实参。采用的是"值传递"的方式，将结构体变量所占的内存单元的内容全部顺序传给形参。形参也必须是同类型的结构体变量。在函数的调用期间形参也要占用内存单元。此外由于采用的是值传递方式，如果在调用过程中改变了形参的值，则该值不能返回主调函数，这是很不方便的。因此这种方法一般很少用。

【例 8-6】用结构体变量作函数参数。

```c
#include <stdio.h>
#include <string.h>
struct student
{
  char num[7];
  char name[20];
  char sex;
  float score[3];
};
main()
{
  void print(struct student);
  struct student x;
  strcpy(x.num,"10002");
  strcpy(x.name,"zhang shang");
  x.sex='F';
  x.score[0]=85;
  x.score[1]=74;
  x.score[2]=90;
  print(x);
  getch();
}
void print(struct student x)
{
  printf("学号: %s\n 姓名: %s\n 性别: %c\n",x.num,x.name,x.sex);
  printf("成绩 1: %f\n",x.score[0]);
  printf("成绩 2: %f\n",x.score[1]);
  printf("成绩 3: %f\n",x.score[2]);
}
```

运行结果如下：

```
学号: 10002
姓名: zhang shang
性别: F
成绩1: 85.000000
成绩2: 74.000000
成绩3: 90.000000
```

【例 8-7】用全局外部变量方式传递数据。

```c
struct student3                /* 定义一个结构体 student3*/
 {
   char num[7];
   char name[20];
   int age;
 }x;                           /*定义结构体型的外部变量x*/
void printin()                 /*无参无返回值的函数*/
 {
   scanf("%s",x.num);
   scanf("%s",x.name);
   scanf("%d",&x.age);
```

```
      return;
  }
main()
  {
    printin();                        /*调用函数 printin()*/
    printf("学号: %s,姓名: %s,年龄: %d\n",x.num,x.name,x.age);
    /*依次输出学生的有关信息*/
    getch();
```

【例 8-8】学院图书馆要购进一批书籍，共 4 种。编写程序，从键盘输入书名、购书数量、书的单价，请编写程序，计算每一种书的总金额，和所有要购书籍的总金额，输出购书清单，输出的购书清单的格式如下。

购书清单：

```
书名    数量    单价   合计
.......................................................
购书金额总计: ……
#include <stdio.h>
#include <conio.h>
#include <stdlib.h>
struct BookLib
{
 char name[12];
 int num;
 float price;
 float SumMoney;
};
void list(struct BookLib StuBook);
main()
{
 struct BookLib Book[4];
 int i;
 float Total=0;
 printf("请输入 4 本要购进的书籍信息: 书名   数量     单价\n");
 for(i=0;i<4;i++)
  {
    scanf("%s",Book[i].name);  /* 输入书名*/
    scanf("%d%f",&Book[i].num,&Book[i].price);
    Total=Total+Book[i].num*Book[i].price;
  }
 printf("\n---------------------\n");
 printf("购书清单: \n");
 printf("书名\t\t\t  数量\t 单价\t 合计\n");
 for(i=0;i<4;i++)
 list(Book[i]);    /* 输出购书清单*/
 printf("购书金额总计: %.2f\n",Total);
 getch();
}
void list(struct BookLib StuBook)
  { StuBook.SumMoney=StuBook.num*StuBook.price;
    printf("%-24s%d\t%.2f\t%.2f\n",StuBook.name,StuBook.num,StuBook.price,StuBook.
    SumMoney);
```

　　}
运行结果如下：

请输入 4 本要购进的书籍信息：书名　数量　　单价

计算机基础 10　18.5

数学 10 15

C 语言 15 16

英语 20 17

购书清单：

书名	数量	单价	合计
计算机基础	10	18.5	185.00
数学	10	15.00	150.00
C 语言	15	16.00	160.00
英语	20	17.00	340.00

购书金额总计：915.00

8.3　结构体数组

任务提出

　　假设一个班有 50 个学生，每个学生信息包括学号、姓名、性别、出生日期、五门课程的成绩及平均成绩等数据，从键盘中输入 50 个学生的数据信息，按平均成绩排序后输出所有学生的信息表。

任务分析

　　前面已定义了一个名为 student 的结构体，还定义了结构体类型的变量，并可在其中存放具体的数据。用此方法处理单个或几个学生数据时是可行的，但若学生数较多，用前面单个定义结构体变量来存放数据是很不方便的。

　　将学生数定义成符号常量：

```
#define MAX1 50
```

则可定义如下的结构体数组：

```
struct student stu[MAX1];
```

任务实施

　　完成以上功能的程序清单如下：

```
#include"string.h"
#define MAX1 50
#define  MAX2 5
struct  birthday
 { int year;
   int month;
   int day;
 };
```

```
struct student
 {
    char num[7];
    char name[20];
    char sex;
    struct birthday bir;
    float score[MAX2];
    float average;
 };
main()
{
  int i,j,k;
  char tnum[7],tname[20],tsex;
  int tbir;
  float tscore;
  struct student stu[MAX1];
  for(i=0;i<MAX1;i++)
  {
    scanf("%s",stu[i].num);
    scanf("%s",stu[i].name);
    scanf("%c",&stu[i].sex);
    scanf("%d,%d,%d",&stu[i].bir.year, &stu[i].bir.month, &stu[i].bir.day);
    for(j=0;j<MAX2;j++)
      {
        scanf("%f",&stu[i].score[j]);
        stu[i].average+=stu[i].score[j];
      }
    stu[i].average=stu[i].average/MAX2;
  }
  for(j=0;j<MAX1-1;j++)     /*共比较MAX1-1轮*/
    for(i=0;i<MAX1-j;i++)
      if(stu[i].average< stu[i+1].average)
      {
        strcpy(tnum,stu[i].num);
        strcpy(stu[i].num,stu[i+1].num);
        strcpy(stu[i+1].num,tnum);
        strcpy(tname,stu[i].name);
        strcpy(stu[i].name,stu[i+1].name);
        strcpy(stu[i+1].name,tname);
          tsex=stu[i].sex;stu[i].sex=stu[i+1].sex;stu[i+1].sex=tsex;
        tbir=stu[i].bir.year;stu[i].bir.year=stu[i+1].bir.year;
        stu[i+1].bir.year=tbir;
        tbir=stu[i].bir.month;stu[i].bir.month=stu[i+1].bir.month;
        stu[i+1].bir.month=tbir;
        tbir=stu[i].bir.day;stu[i].bir.day=stu[i+1].bir.day;
        stu[i+1].bir.day=tbir;
        for(k=0;k<MAX2;k++)
          {
            tscore=stu[i].score[k]; stu[i].score[k]=stu[i+1].score[k];
            stu[i+1].score[k]=tscore;
          }
      }
    printf("学号 姓名  性别  出生日期 成绩1 成绩2 成绩3 成绩4 成绩5 平均成绩");
    for(i=0;i<MAX1;i++)
      {
        printf("%10s",stu[i].num);
```

```
        printf ("%25s",stu[i].name);
        printf ("%3c",stu[i].sex);
        printf ("%d/%d/%d",stu[i].bir.year, stu[i].bir.month, stu[i].bir.day);
        for(j=0;j<MAX2;j++)
        printf ("%5.2f",&stu[i].score[j]);
        printf("%5.2f\n",stu[i].average);
        }
    getch();
}
```

相关知识

结构体数组的定义和引用

结构体数组的定义方法和定义结构体变量一样也有 3 种不同的方法。

（1）先定义结构体，然后再定义结构体数组并赋初值。例如：

```
struct student
{
  char num[7];
  char name[20];
  char sex;
  float score[3];
};
struct student s[3]={{"200001","钱企",'M',{65,87,90}},
                    {"200002","李小艳",'F',{75,98,60}},
                    {"200003","徐强",'M',{85,76,69}}};
```

（2）定义结构体的同时定义结构体数组并赋初值。例如：

```
struct student
{
  char num[7];
  char name[20];
  char sex;
  float score[3];
}s[3]={{ "200001","钱企",'M',{65,87,90}},
       {"200002","李小艳",'F',{75,98,60}},
       {"200003","徐强",'M',{85,76,69}}
      };
```

（3）定义无名结构体的同时定义结构体数组并赋初值。例如：

```
struct
{
  char num[7];
  char name[20];
  char sex;
  float score[3];
}s[3]={{"200001","钱企",'M',{65,87,90}},
       {"200002","李小艳",'F',{75,98,60}},
       {"200003","徐强",'M',{85,76,69}}
      };
```

定义了一个结构体数组，就可以使用这个数组中的元素。对结构体数组，可以引用其成员，引用方法和普通变量一样，也可以引用结构体数组元素的地址。

结构体数组元素的引用格式如下：

结构体数组名[下标].成员名

【例 8-9】设有 3 个候选人，每次输入一个候选人的名字，最后输出各人的得票结果。

分析

该问题要求编写一个程序，实现候选人得票的统计。程序中涉及两种数据：候选人的姓名及候选人的得票数。

定义一个结构体数组用来存放此数据：

```
struct person
{
  char name[20];
  int count;
} leader[3]={ "Zhang Xin",0,"Li Shan",0,"Wan pin",0};
```

此结构体数组有 3 个元素，每个元素包含两个成员 name（姓名）、count（票数）。在定义时使之初始化，使 3 位候选人的票数都先设为零。

为方便起见，假设参加选举的代表共有 10 人，用符号常量定义：

```
#define number 10
```

完整的程序清单如下：

```
#include <string.h>
#define number 10
struct person
  {
    char name[20];
    int count;
  }leader[3]={ "张明",0,"李三",0,"王萍",0};
main()
{
  int i,j;
  char leader_name[11];
  for(i=0;i<number;i++)
    {
      scanf("%s",leader_name);
      for(j=0;j<3;j++)
      if(strcmp(leader_name, leader[j].name)==0)  leader[j].count++;
    }
  printf("\n");
  for(i=0;i<3;i++)
  printf("%25s:%d\n", leader[i].name,leader[i].count++);
  getch();
}
```

程序运行情况如下：

```
李三✓
王萍✓
王萍✓
李三✓
张明✓
李三✓
张明✓
李三✓
张明✓
```

李三↙

则运行结果为：

张明：3

李三：5

王萍：2

8.4 共用体

任务提出

设有若干个人员的数据，其中有学生和教师。学生的数据中包括姓名、编号、性别、职业、班级。教师的数据中包括：姓名、编号、性别、职业、职务。要求：当输入人员的数据时能打印出他们的资料，并把资料放在同一表格中。

任务分析

为简化程序，这里只给出两个人员的数据，假设两人的数据如表 8-4 所示。

表 8–4 学生教师信息表

编　号	姓　名	性　别	职　业	班　级 / 职　务
100001	李平	M(男)	S(学生)	应用 1 班
100002	王英	F(女)	T(教师)	教授

其中，"sex"项中，"F"表示"女"，"M"表示"男"；"job"项中，"S"表示"学生"，"T"表示"教师"；第五项中，若前面是学生，则表示"班级"，若是教师，则表示"职务"。

任务实施

程序清单如下：

```
struct                   /*定义一个无名结构体*/
  {
    char num[7];
    char name[20];
    char sex;
    char job;
    union                /*定义一个无名共用体*/
      {
       char clas[10];
       char position[10];
      }pos;              /*定义一共用体变量 pos，它同时又是结构体中的一成员*/
  }person[2];            /*定义一外部结构体数组，内含两个数组元素*/
main()
{
```

```
int n,i;
for(i=0;i<2;i++)
{
   scanf("%c%c%s%s",&person[i].sex,&person[i].job,person[i].num,person[i].name);
   printf("%c\t%c\t%s\t%s",person[i].sex,person[i].job,person[i].num,person[i].name);
    getch();
   if(person[i].job=='S')
     scanf("%s",person[i].pos.clas);
   else if(person[i].job=='T')
     scanf("%s",person[i].pos.position);
   else printf("input error!");
}
printf("编号    姓名     性别    职业   班级/职务\n");
for(i=0;i<2;i++)
{if(person[i].job=='S')
   printf("%-10s,%-25s,%-6c,%-6c,%-12s\n",person[i].num,person[i].name,
   person[i].sex,person[i].job,person[i].pos.clas);
   else if(person[i].job=='T')
   printf("%-10s,%-25s,%-6c,%-6c,%-12s\n",person[i].num,person[i].name,
   person[i].sex,person[i].job,person[i].pos.position);
}
getch();
}
```

程序运行如下：

FS100001	李平✓ 应用 1 班✓			
MT100002	王英✓ 教授✓			
编号	姓名	性别	职业	班级/职务
100001	李平	男	学生	应用 1 班
100002	王英	女	教师	教授

相关知识

结构体的引入，用户可以方便定义新的数据类型，用成员变量来存储事物不同方面的特性，但是结构体每一个成员变量均需要占用一定的存储空间，与实际的要求存在一定的差距。

为此 C 语言引入了新的自定义数据类型共用体（union），共用体和结构体类似，也是一种用户自己定义的数据类型，也可以由若干不同类型的数据组合而成，组成共用体的若干个数据也称为共用体成员。和结构体不同的是，共用体数据中的所有成员占用的是同一段内存单元，其目的就是为了节省内存。如可以把一个字符型变量 c、一个整型变量 i、一个实型变量 f，定义成一个共用体变量 u，u 中含有 3 个不同类型的成员，它们都存放在同一个地址开始的内存单元中，以上 3 个变量在内存中所占的字节数不同，但都从同一个地址开始。此时给 3 个变量只分配了 4 个内存单元，3 个成员之间对应关系如图 8-1 所示。

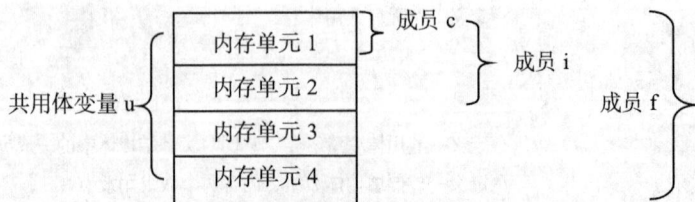

图 8-1　共用体成员在内存中的空间分配

这种使几个不同的变量共占同一段内存单元的结构，称为"共用体"类型的结构。

8.4.1 共用体的定义

共用体定义的一般格式如下：

```
union 共用体名
{
数据类型 1        成员名 1；
数据类型 2        成员名 2；
        .                .
        .                .
        .                .
    数据类型 n        成员名 n；
    };
```

（1）共用体名是用户自己取的标识符。

（2）数据类型可以是基本数据类型，也可以是已定义过的结构体、共用体等其他数据类型。

（3）成员名是用户自己取的标识符，用来标识所包含的成员名称。例如：

```
union data
{
  int i;
  char c;
  float f;
};
```

以上的共用体定义语句定义了一个名为"data"的共用体，该共用体中含有 3 个成员，每个成员都有确定的数据类型和名称，它们共用一段内存单元。

使用共用体编写程序时应当注意以下几点。

（1）右花括号后面的分号"；"不能少，它是共用体定义语句的结束标志。

（2）共用体中的每个成员所占的内存单元都是连续的，而且都是从分配的连续内存单元的第一个内存单元开始存放。因此，一个共用体数据的所有成员的首地址都是相同的。

（3）共用体所占的内存单元等于最长的成员的长度，这一点和结构体是不同的。结构体所占的内存单元是各成员所占的内存长度之和，每个成员分别占有自己的内存单元。

8.4.2 共用体变量的定义

在定义了某个共用体类型后，就可以使用它来定义相应的变量、数组和指针等。共用体变量的定义方法和结构体相同，也有 3 种方法：一是先定义共用体，再定义共用体类型的变量；二是定义的同时定义共用体和变量；三是定义无名共用体的同时定义变量。

例如：

```
union data
{
  int i;
  char t;
  float f;
};
```

```
union data a,b,c;
```

或是:

```
union data
{
  int i;
  char t;
  float f;
}a,b,c;
```

或是:

```
union
{
  int i;
  char t;
  float f;
}a,b,c;
```

8.4.3　共用体变量的引用

共用体变量成员引用的一般格式如下:

共用体变量名.成员名

其中,".""和结构体中的成员运算符"."相同。

如前面定义了 a、b、c 为共用体变量,则在程序中可以这样引用:

```
a.i=12;
scanf("%c",&a.c);
printf("%f\n",a.f);
```

共用体成员的地址也可以引用,其引用格式为:

&共用体变量名.成员名

应当注意,如果用指针变量来存放共用体成员变量的地址,则该指针变量的类型必须和该共用体成员的类型一致。

共用体变量的地址也可引用,其引用格式为:

&共用体变量名

应当注意,如果用指针变量来存放该共用体变量的地址,则该指针变量的类型也必须和该共用体变量一样是同一种共用体类型。

【例 8-10】阅读下列程序,分析和了解共用体变量成员的取值情况。

```
#include <stdio.h>
union memb
{
  double v;
  int n;
  char c;
};
main()
{
  union memb tag;
  tag.n=18;
  tag.c='T';
  tag.v=36.7;
```

```
    printf("tag.v=%6.2f\ntag.n=%4d\ntag.c=%c\n",tag.v,tag.n,tag.c);
    getch();
}
```

程序运行结果：

```
tag.v=36.70
tag.n=-13107
tag.c= ǔ
```

【例 8-11】定义自定义类型 struct VARIANT，从键盘输入数据类型（1—整数，2—单精度浮点数，3—双精度浮点数），然后从键盘输入该类型的数据存储到共用体成员变量中。

```
struct VARIANT
{
  int vt;                        /*当前的结构体存储的数据类型*/
      /*共用体类型成员变量 u，存储当前的数据信息共用体定义*/
  union
  {
    unsigned int iVal;          /* int 型数据*/
    float fVal;                 /* float 型数据*/
    double dVal;                /* double 型数据*/
  }u;                           /*共用体类型成员变量 u，存储当前的数据信息共用体定义*/
};
main()
{
  struct VARIANT varValue;
  printf("请输入数据类型，然后输入此数据（1—整数，2—单精度浮点数，3—双精度浮点数）");
  scanf("%d",&(varValue.vt)) ;
  switch(varValue.vt)
  { case 1:scanf("%u",&varValue.u.iVal) ;printf("%u\n",varValue.u.iVal);break;
    case 2:scanf("%f",&varValue.u.fVal); printf("%f\n",varValue.u.fVal);break;
    case 3:scanf("%lf",&varValue.u.dVal); printf("%lf\n",varValue.u.dVal);break;
  }
  getch();
}
```

*8.5　枚举类型

任务提出

口袋中有红、黄、蓝、白、黑 5 种颜色的球若干。从口袋中取出 3 个球，问得到 3 种不同颜色的球的可能取法，打印出每种组合的 3 种颜色。

任务分析

设取出球为 i、j、k，分别是 5 种色球之一，并要求 i≠j≠k。用 n 累计得到不同色球的次数。用三重循环来实现：外循环使第一个球 i 从 red 变到 black，第二层循环使第二个球 j 从 red 变到 black，若 i 和 j 同色则不可取，只有 i 和 j 不同色（i≠j）时才需要继续找第三个球，此时内循环使第三个球 k 从 red 变到 black，但也要求第三个球既不能和第一个球同色，也不能和第二个球同色，即 k≠i 且 k≠j。如果满足以上条件就输出这种 3 色的组合方案，同时 n 加 1。外循环执行完毕，全部方案也就输出完毕。最后输出总数 n。

任务实施

完成以上功能的程序清单如下：

```
main()
{ enum color { red,yellow,blue,white,black}i,j,k,pri; /*定义一种枚举类型 */
  int n=0,loop;
  for(i=red;i<=black;i++)
  for(j=red;j<=black;j++)
     if(i!=j)
       for(k=red;k<=black;k++)
         if((k!=i)&&(k!=j))
          {n=n+1;
          printf("%-4d",n);
          for(loop=1;loop<=3;loop++)
           {switch(loop)
             {case 1:pri=i;break;
              case 2:pri=j;break;
              case 3:pri=k;break;
              }
            switch(pri)
            {case red:printf("%-10s","red");break;
             case yellow:printf("%-10s","yellow");break;
             case blue:printf("%-10s","blue");break;
             case white:printf("%-10s","white");break;
             case black:printf("%-10s","black");break;
             default:break;
             }
            }
          printf("\n");
         }
  printf("\ntotal=%5d\n", n);
  getch();
}
```

程序运行结果如下：

```
  1    red     yellow    blue
  2    red     yellow    white
  3    red     yellow    block
  .      .        .
  .      .        .
  .      .        .
 58    black   white     red
 59    black   white     yellow
 60    black   white     blue
total=   60
```

相关知识

在日常生活中，会遇到很多集合类问题，其所描述的状态为有限几个，例如：比赛的结果只有输和赢两种状态；一周有 7 天，共 7 个状态。以人为中心进行方位描述，可以包括上、下、前、后、左和右几个状态。

枚举类型是 ANSI C 新标准中提供的一种用户自定义的数据类型，其主要用途是用名称来代替某些有特定含义的数据，增加程序的可读性。

8.5.1　枚举类型的定义

如果一个变量只有几种可能的值，就可以定义成枚举类型。所谓"枚举"就是指把变量的值一一列举出来，变量的取值只限于列举出来的值的范围内。

枚举类型定义的一般格式如下：

```
enum 枚举类型名
{枚举常量 1, 枚举常量 2, …, 枚举常量 n};
```

其中，（1）枚举类型名是用户取的标识符；

（2）枚举常量是用户给枚举类型的变量所限定的可能的取值，是常量标识符。

该定义语句定义了一个名为"枚举类型名"的枚举类型，该枚举类型中含有 n 个枚举常量，每个枚举常量均有值，C 语言规定枚举常量的值依次为 0、1、2、…、n–1。

例如，定义一个表示星期的枚举类型如下：

```
enum weekday
{sun,mon,tue,wed,thu,fri,sat};
```

以上定义了一个枚举类型 enum weekday，共有 7 个枚举常量（或称为枚举元素）sun、mon、tue、wed、thu、fri、sat，它们的值依次为 0、1、2、3、4、5、6。这 7 个常量是用户定义的标识符并不自动地表示什么含义。如写成"sun"并不能代表"星期天"。用什么标识符代表什么含义，完全由程序员决定，并在程序中作相应的处理。

枚举常量除了 C 编译时自动顺序赋值 0、1、2、3…外，在定义枚举类型时也可以给枚举常量赋值，方法是在枚举常量后跟上"=整型常量"。

如上面的枚举类型定义可写成：

```
enum weekday
    {sun=0,mon=1,tue=2,wed=3,thu=4,fri=5,sat=6};
```

其作用和原来的一样。

也可以这样定义：

```
enum color
    {red=2,yellow=4,blue=8,white=9,black=11};
```

则枚举常量 red 的值为 2，yellow 的值为 4，blue 的值为 8，white 的值为 9，black 的值为 11。

C 语言规定，在给枚举类型常量赋初值时，如果给其中任何一个枚举常量赋初值，则其后的枚举常量将按自然数的规则依次赋初值。

如有下列定义语句：

```
enum weekday
    {sun,mon,tue=5,wed,thu,fri,sat};
```

则枚举常量的初值如下：sun=0，mon=1，tue=5 ，wed=6，thu=7，fri=8，sat=9。

应当注意：枚举常量按常量处理，它们不是变量，不能对其赋值。如语句"sun=0;mon=1;"是错误的。

8.5.2　枚举类型变量的定义

定义了一个枚举类型后，就可以用这种枚举类型来定义变量、数组等。定义的方法有 3 种。

（1）先定义枚举类型，再定义枚举类型的变量、数组。例如，

```
enum weekday      /*定义一个枚举类型weekday*/
{sun,mon,tue,wed,thu,fri,sat};
enum weekday  workday,workend;
 /*定义了两个enum weekday类型的变量workday、workend*/
```

（2）定义枚举类型的同时定义枚举型变量、数组。例如，

```
enum color
{red,yellow,blue,white,black}i,j,k;
```

定义了一个表示 5 种颜色的枚举类型，同时指定了 3 个枚举变量 i、j、k。

（3）定义无名枚举类型的同时定义枚举型变量、数组。

如定义语句

```
enum
{red,yellow,blue,white,black}i,j,k;
```

定义了一个表示 5 种颜色的无名枚举类型，同时指定了 3 个枚举变量 i、j、k。

8.5.3　枚举类型变量的引用

枚举类型的变量或数组元素的引用方法和普通变量或数组元素的引用方法一样。其使用有下列几种情况：

（1）给枚举类型的变量或数组元素赋值。其格式为：

```
枚举类型变量或数组元素=同一种枚举型的枚举常量名
```

如有定义语句：

```
enum weekday{sun,mon,tue,wed,thu,fri,sat}workday;
```

的前提下，又有赋值语句：

```
workday=mon;
```

则变量 workday 的值为 1（因枚举常量 mon 的值为 1）。这个整数是可以输出的，例如，

```
printf("%d\n",workday);
```

将输出整数 1。

C 语言规定，枚举常量的值为 0 或自然数。但是一般不能直接将整型常量赋给枚举型变量或数组元素。但可通过强制类型转换来赋值。如语句“workday=2;”是不对的。而语句“workday=(enum weekday)2;”，其用法是正确的。它相当于将顺序号为 2 的枚举常量赋给 workday，即相当于语句“workday=tue;”。甚至可以是表达式。如：

```
workday=(enum weekday)(5-3);
```

（2）用比较运算符对两个枚举类型的变量或数组元素进行比较，也可以将枚举类型的变量或数组元素与枚举常量值进行比较。例如，

```
if(workday==mon) …
if(workday>sun) …
```

枚举值的比较规则是按其在定义时的值进行比较。

（3）在循环中用枚举变量或数组元素控制循环例如：

```
enum color
{ red,yellow,blue,white,black}i;
  int j=0;
  for(i=red;i<=black;i++)
    j++;
  printf("j=%d\n",j);
```

则此程序段的结果为：j=5。

【例 8-12】使用枚举定义一年中的 12 个月，在输入月份数时显示对应月份的天数。（为方便起见，这里假设该年不是闰年。）

```
#include <stdio.h>
enum months{Jan=1,Feb,Mar,Apr,May,Jun,Jul,Aug,Sep,Oct,Nov,Dec};
main()
{
  enum months month;
  int n;
  printf("请输入月份数: \n");
  scanf("%d",&month);
  switch(month)
  {
    case Jan:    /*1, 3, 5, 7, 8, 10, 12月都是31天*/
    case Mar:
    case May:
    case Jul:
    case Aug:
    case Oct:
    case Dec:n=31;break;
    case Feb:n=28;break;
    case Apr:
    case Jun:
    case Sep:
    case Nov:n=30;break;
    default:printf("输入数据有错\n ");
  }
 printf("月份与天数: \n");
 printf("%d月共有%d天\n",month,n);
 getch();
}
```

程序运行结果：

```
请输入月份数:
9↙
月份与天数:
9月共有30天
```

【例 8-13】输入两个整数，依次求出它们的和、差、积并输出结果。要求用枚举类型数据来处理和、差、积的判断。

分析：

3 种运算定义成枚举成员，定义方式如下：

```
enum
{plus,minus,times}i;
```

在此基础上再定义两个整数，用 x、y 表示，从键盘中输入两个整数后，进行和、差、积运算。

程序清单如下：

```
main()
{
  enum
  {plus,minus,times}i;
   int x,y;
   scanf("%d,%d",&x,&y);
   i=plus;
   while(i<=times)
   switch(i++)
    {
      case plus:printf("%d+%d=%d\n",x,y,x+y);break;
      case minus:printf("%d-%d=%d\n",x,y,x-y);break;
      case times:printf("%d*%d=%d\n",x,y,x*y);break;
    }
  getch();
}
```

运行情况如下：

```
3, 5✓
3+5=8
3-5=-2
3*5=15
```

*8.6 用 typedef 定义类型

相关知识

在现实生活中，信息的概念可能是长度、数量和面积等。在 C 语言中，信息被抽象为 int、float 和 double 等基本数据类型。从基本数据类型名称上，不能够看出其所代表的物理属性，并且 int、float 和 double 为系统关键字，不可以修改。为了解决用户自定义数据类型名称的需求，C 语言中引入类型重定义语句 typedef，可以为数据类型定义新的类型名称，从而丰富数据类型所包含的属性信息。

8.6.1 用 typedef 定义类型的格式

用 typedef 定义类型的格式

```
typedef 原类型名  用户自定义类型名;
```

其中，typedef 为系统保留字；"原类型名"为已知数据类型名称，包括基本数据类型和用户自定义数据类型；"用户自定义类型名"是一个标识符，为新的类型名称。

例如：

```
typedef double LENGTH;
typedef unsigned int COUNT;
```

定义新的类型名称之后，可像基本数据类型那样定义变量。例如：

```
typedef unsigned int COUNT;
unsigned int b;
COUNT c;
```

8.6.2   用 typedef 定义类型的应用

typedef 的主要应用有如下的几种形式：

1. 将基本数据类型定义新的类型名

例如：

```
typedef unsigned int COUNT;
typedef double AREA;
```

此种应用的主要目的，首先是丰富数据类型中包含的属性信息，其次是为了系统移植的需要，稍后详细描述。

2. 数组类型自定义

例如：

```
typedef float Array[10];          /*将数组类型与数组变量分离开来*/
Array a,b;                        /* 等同于定义:float a[10],b[10]; */
int i;
for(i=0;i<10;i++)
{
  a[i]=i;
  b[i]=a[i];
}
```

3. 将自定义数据类型（结构体、共用体和枚举类型等）定义简洁的类型名称

例如：

```
struct student
  {
    int num;
    char name[20];
    char sex;
    float score;
  };
struct student stu1,stu2;
```

其中，结构体 struct student 为新的数据类型，在定义变量的时候均要有保留字 struct，而不能像 int 和 double 那样直接使用 student 来定义变量。如果经过如下的修改：

```
typedef struct student
```

```
    {
    int num;
    char name[20];
    char sex;
    float score;
    }Pstu;
```

则定义变量的方法可以简化为：

```
Pstu stu1,stu2;
```

为共用体类型定义简洁的类型名称的方法等同于结构体类型。

同样，也可以为枚举类型定义简洁的类型名称，例如，

```
enum color                    /*定义一种枚举类型 */
  { red,yellow,blue,white,black};
    enum color i,j,k,pri;
```

可改为：

```
typedef enum color           /*Pcol 代替原枚举类型 */
  { red,yellow,blue,white,black}Pcol;
Pcol i,j,k,pri;
```

4．为指针定义简洁的名称

首先，为数据指针定义新的名称，例如，

```
typedef char * STRING;       /*  将指针类型与指针变量定义分开 */
STRING p1;                   /*  等同于 char * p1; */
STRING p2[10];               /*  等同于 char * p2[10]; */
```

其次，可以为函数指针定义新的名称，例如，

```
typedef int (*MyFUN)(int a, int b);
```

其中，MyFUN 代表 int *XFunction(int a，intb)类型指针的新名称。

例如，

```
typedef int (*MyFUN)(int a, int b);
int Max(int a, int b);
MyFUN *pMyFun;
pMyFun= Max;
```

8.6.3　使用 typedef 定义类型的注意事项

在使用 typedef 时，应当注意如下的问题。

（1）typedef 的目的是为已知数据类型增加一个新的名称。因此并没有引入新的数据类型。

（2）typedef 只适于类型名称定义，不适合变量的定义。

（3）typedef 与#define 具有相似的之处，但是实质不同。

#define AREA double 与 typedef double AREA 可以达到相同的效果。但是其实质不同，#define 为预编译处理命令，主要定义常量，此常量可以为任何的字符及其组合，在编译之前，将此常量出现的所有位置，用其代表的字符或字符组合无条件地替换，然后进行编译；typedef 是为已知数据类型增加一个新名称，其原理与使用 int double 等保留字一致。

【例 8-14】输出数据类型的存储长度。

```c
#include <stdio.h>
void main()
{
   typedef struct
     {
       int i;
       float f;
     }stru;
   typedef union
     {
       int i;
       float f;
     }UNION;
   typedef enum{Sun,Mon,Tue,Wed,Thu,Fri,Sat}WEEK;
   printf("%d,%d\n",sizeof(int),sizeof(float));
   printf("%d,%d,%d\n",sizeof(stru),sizeof(UNION),sizeof(WEEK));
   getch();
}
```

程序运行结果为：

```
2, 4
6, 4, 2
```

本章小结

1. 结构体和共用体是两种构造类型数据，是用户定义新数据类型的重要手段。结构体和共用体有很多的相似之处，它们都由成员组成。成员可以具有不同的数据类型。成员的表示方法相同，都可用 3 种方式作变量说明。

2. 在结构体中，各成员都占有自己的内存空间，它们是同时存在的。一个结构体类型的变量的总长度等于所有成员长度之和。在共用体中，所有成员不能同时占用它的内存空间，它们不能同时存在。共用体变量的长度等于最长的成员的长度。

3. "."是成员运算符，可用它表示成员项，成员还可用 "–>" 运算符来表示。

4. 结构体类型的变量可以作为函数参数，函数也可返回指向结构体的指针变量。而共用体变量不能作为函数参数，函数也不能返回指向共用体类型的指针变量。但可以使用指向共用体变量的指针。

5. 结构体和共用体的定义允许嵌套，结构体中可以用共用体作为成员，共用体中也可以用结构体作为成员，形成结构体和共用体的嵌套。

6. 枚举类型是一种用户自定义的基本数据类型。枚举变量的取值是有限的，枚举元素是常量，不是变量。

7. 枚举变量通常由赋值语句赋值，而不是动态输入赋值。枚举元素虽可由系统或用户定义一个顺序值，但枚举元素和整数并不相同，它们属于不同的类型。因此，也不能用 printf 语句来输出元素值（可输出顺序值）。

8. 使用 typedef 进行自定义类型说明，其目的是使程序书写简单，提高可读性。

习题 8

一、选择题

1. 设有定义语句 "struct {int x;int y;}a={1,2},b={3,4};" 则执行语句 "printf("%d,%d,%d\n",a.x,b.y, a.y+b.x);" 后的结果是_____。

   A. 1,2,3   B. 1,4,5   C. 1,3,4   D. 2,4,6

2. 设有定义语句 "enum team{my,your=4,his,her=his+10};" 则执行语句 "printf("%d,%d,%d,%d\n",my, your,his,her);" 后的结果是_____。

   A. 0,1,2,3   B. 0,4,2,3   C. 0,4,5,6   D. 0,4,5,15

3. 以下对枚举类型的定义正确的是_____。

   A. enum a={one,two,there};   B. enum a{a1,a2,a3};

   C. enum a={"one","two","there"};   D. enum a{x;y;z;};

4. 设有如下的定义，则对 data 中的 a 成员正确的引用是_____。

```
struct sk{int a;float b;}data, *p=&data;
```

   A. (*p).data.a   B. (*p).a   C. p–>data.a   D. p.data.a

5. 有关结构体的正确描述是_____。

   A. 结构体成员必须是同一数据类型

   B. 结构体成员只能是不同的数据类型

   C. 成员运算符 "." 和 "–>" 作用是等价的

   D. 成员就是数组元素

6. 在下面的结构体定义中，结构体变量 b 占用内存的字节数是_____。

```
struct date{int j;char ch;double f;}a;
```

   A. 1   B. 2   C. 8   D. 11

7. 在下面的共用体定义中，正确的叙述是_____。

```
union date{int j;char ch;double f;}a;
```

   A. a 所占的内存空间等于 f 的长度

   B. a 的地址和它的各成员的地址不同

   C. a 可以作为函数参数

   D. 不能对 a 赋值，但可以在定义时对它进行初始化

8. 在下列的结构体定义中，叙述不正确的是_____。

```
struct student
{int a;float b;}stutype;
```

   A. struct 是结构体类型的关键字

   B. struct student 是用户定义的结构体类型

   C. stutype 是用户定义的结构体类型名

   D. a 和 b 都是结构体的成员

9. 当说明一个结构体变量时，系统分配给它的内存是_____。

  A. 各成员所需内内存之和 　　　　　 B. 结构体中第一个成员所需内存量

  C. 成员中占内存时最大者所需内存 　　 D. 结构体中最后一个成员所需内存量

10. 把一些属于不同类型的数据作为一个整体来处理时，常用_____。

  A. 简单变量 　　　　　　　　　　　　 B. 数组类型数据

  C. 指针类型数据 　　　　　　　　　　 D. 结构体类型数据

11. 以下对枚举类型叙述不正确的是_____。

  A. 枚举变量只能取对应枚举类型的枚举元素列表中的元素

  B. 可以在定义枚举类型时对枚举元素进行初始化

  C. 枚举元素列表中的元素的先后次序，可以进行比较

  D. 可以给枚举元素赋整型或字符串类型的值

二、填空题

1. 运算符“.”称作_____运算符，运算符“–>”称作_____运算符。

2. 设有定义语句“struct {int a;float b;char c;}x,*p=&x;”，则对结构体成员 a 的引用方法可以是 x____a 和 p____a 。

3. 若有以下的说明和定义语句，则变量 w 在内存中所占的字节数是_____。

```
union abc{float x;int y;char z;};
struct{union abc r;float s;double t;}w;
```

4. 枚举变量只能取枚举说明结构中的某个_____。

5. C 语言中结构体变量在程序执行期间是否一直占用内存？_____。

6. 用 typedef 可以_____，但不能用来定义变量。

三、程序分析题

1. 下列程序运行后的结果为_____。

```
main()
{ union
{ char c;int i;float f;}x;
x.i=65;
x.c=x.i;
printf("%c\n",x.c);
getch();
}
```

2. 下列程序运行后的结果为_____。

```
#include <string. h>
main()
{ struct student
{ char name[20];
float k;
}a={"zhang",34},b,*p=&b;
strcpy((*p).name,"shing");
p->k=67;
printf("namea:%s  ka:%f\n",a.name,a.k);
printf("nameb:%s  kb:%f\n",(*p).name,p->k);
```

```
    getch();
    }
```

3. 下列程序运行后的结果为_____。

```
#include <stdio.h>
main()
{ struct date
{int year,month,day;};
union
{ long i;
int k;
char j;
}mix;
printf("%d\n",sizeof(struct date));
printf("%d\n",sizeof(mix));
getch();
}
```

四、编程题

1. 定义一个结构体变量（包括年、月、日），从键盘中输入某年的年月日，计算该日在本年中是第几天，注意闰年问题。

2. 写一个函数 sums 实现上面的计算，由主函数将年、月、日传递给 sums 函数，计算后将该日在本年中的第几天，传回主函数并输出。

3. 编写一个函数 print，打印一个学生的成绩数组，该数组中有 5 个学生的数据记录，每个记录包括 num、name、score[3]，用主函数输入这些记录，用 print 函数输出这些记录。

4. 从键盘输入一整数，显示与该整数对应的枚举常量的英文名称。

5. 建立有 100 名学生的学生信息登记表，每个学生的数据包括学号、姓名、性别及 5 门课程的成绩。要求：

（1）从键盘输入 100 名学生的数据；

（2）显示每个学生 5 门课程的平均成绩；

（3）显示每门课程的全班平均成绩；

（4）显示名为"zhangsan"的学生的 5 门课程成绩。

第**9**章

指针

指针是 C 语言的一个重要的概念，也是 C 语言的一个重要特色，当然也是 C 语言学习的一个难点。正确而灵活地使用指针，可以有效地表示复杂的数据结构、能动态分配内存、方便地使用字符串、有效而方便地使用数组、调用函数时能得到多于一个的函数值、能直接处理内存地址。由于 C 语言的指针的这些功能，使得指针成为了 C 语言的精华。但是，由于指针的概信念比较复杂，使用也比较灵活，在学习时也要求大家多思考、多比较、多上机。

9.1　指针的基本概念

任务提出

从键盘输入两个整数，按由大到小的顺序输出，要求用指针来实现。

任务分析

本题要求首先从键盘输入两个整数，然后要求从大到小输出，可以定义 3 个整形变量 a、b、temp，并分别向 a、b 中输入数据，然后使用中间变量 temp 进行数据的比较，较大的数据放入 a，较小的放入 b，然后分别输出 a、b 即可。

通过前面学习的内容，我们可以按上述分析很轻易的完成任务，但是还有没有别的方法可以实现呢？我们这里对数据的操作是使用它们的变量名进行的，但是我们知道数据都是存放在内存中的，如果我们能够找到内存中的数据并对其操作，也能完成任务，问题是内存中的数据如何找到呢？解决以上疑问，我们需要来学习指针的概念。

可先从键盘输入两个数据 a、b 以及临时变量 temp，同时使用指针变量指向它们"p1=&a;"、"p2=&b;"，目的是使用指针的方法来操作数据，然后进行数据的比较，这里通过"*"来引用变量，例如：*p1<*p2。

完整的程序清单如下：

```
#include <stdio.h>
main()
{ int *p1,*p2,a,b,t;                /*定义指针变量与整型变量*/
    printf("输入两个数据: ");
    scanf("%d,%d",&a,&b );
    p1=&a;                          /*使指针变量指向整型变量 a*/
    p2=&b;                          /*使指针变量指向整型变量 b*/
    if(*p1<*p2)                     /*交换指针变量指向的整型变量*/
    {
        t=*p1;
        *p1=*p2;
        *p2=t;
    }
    printf("%d,%d\n",a,b );
    getch();
}
```

处理上述问题中，首先定义了两个变量来存放从键盘中输入的数据，再利用变量 temp 充当临时存放点，调整最大的数至 a，最小的数至 b。

相关知识

9.1.1 变量的地址及变量存取方式

指针之所以难学是因为它与内存有着密切的联系，简单地说，指针就是内存地址。

这里首先要区分 3 个比较接近的概念：名称、地址和内容（值）。名称是给内存空间取的一个容易记忆的名字；内存中每个字节都有一个编号，就是"地址"；在地址所对应的内存单元中存放的数值即为内容或值。

为了帮助读者理解三者之间的联系与区别，我们不妨打个比方，有一座教师办公楼，各房间都有一个编号，如 101，102，…，201，202，…。一旦各房间被分配给相应的职能部门后，各房间就挂起了部门名称：如电子系、计算机系、机械工程系等，假如电子系被分配在 101 房间，我们要找到电子系的教师（内容），可以去找电子系（按名称找），也可以去找 101 房间（按地址找）。类似地，对一个存储空间的访问既可以指出它的名称，也可以指出它的地址。

C 语言规定编程时必须首先说明变量名、数组名，这样编译系统就会给变量或数组分配内存单元。系统根据程序中定义的变量类型，分配固定长度的空间，计算机的 C 编译系统为整型变量分配 2 个字节，为实型变量分配 4 个字节，为字符型变量分配 1 个字节。例如："int i,j,k;"是程序中定义的 3 个整型变量，C 编译系统在编译过程中为这 3 个变量分配空闲的内存空间，并记录

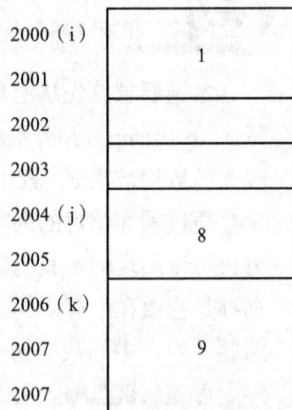

图 9-1 三变量地址分配

下各自对应的地址，如图 9-1 所示。

　　从用户角度看，访问变量 i 和访问地址 2000 是对同一空间的两种访问形式；而对系统来说，对变量 i 的访问归根结底还是对地址的访问，因而若在程序中执行赋值语句"i=1，j=8，k=9；"编译系统会将数值 1、8、9 依次填充到地址为 2000，2004，2006 内存空间中。系统对变量访问形式分成两种：

　　（1）直接访问。按变量地址存取的变量值的方式称为"直接访问"方式。

> **说明**　用变量名对变量的访问也属于直接访问，因为在编译后，变量名和变量地址之间有对应关系，对变量名的访问系统自动转换成利用地址对变量的访问。

　　（2）间接访问。将变量的地址存放在一种特殊变量中，利用这个特殊变量进行访问。如图 9-2 所示，特殊变量 p 存放的内容是变量 i 的地址，利用变量 p 来访问变量 i 的方法称为"间接访问"。

　　在 C 语言中，如果变量 p 中的内容是另一个变量 i 的地址，则称变量 p 指向变量 i，或称 p 是指向变量 i 的指针变量，形象地用图 9-2 所示的箭头表示。

　　由此可以得出结论：变量的指针即为变量的地址，而存放其他变量地址的变量是指针变量。

　　指针变量是一种变量，因而也具有变量的 3 个要素，但它是一种特殊的变量，其特殊性表现在它的类型取值上。

　　① 变量名：与一般的变量命名规则相同。

　　② 变量的值：是某个变量的内存地址。

　　③ 变量的类型：主要是其指向的变量的类型。

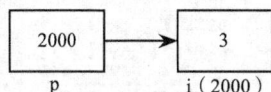

图 9-2　间接访问

9.1.2　指针变量的定义和指针变量的基本类型

指针变量定义

指针变量与一般普通变量一样，必须先说明后使用。指针变量说明的形式为：

　　存储类型符　类型说明符　*指针变量名

例如：

```
int *pointer_1,*pointer_2;
/*定义了两个指向整型数据的指针变量 pointer_1，pointer_2*/
float *f;  /*定义了指向实型数据的指针变量 f*/
char *pc;  /*定义了指定字符型数据的指针变量 pc*/
```

说明

　　（1）C 语言规定所有变量必须先定义后使用，指针变量也不例外，为了表示指针变量是存放地址的特殊变量，定义变量时在变量名前加指向符号"*"。

　　（2）定义指针变量时，不仅要定义指针变量名，还必须指出指针变量所指向的变量的类型即基类型，或者说，一个指针变量只能指向同一数据类型的变量。由于不同类型的数据在内存中所占的字节数不同，如果同一指针变量一会儿指向整型变量，一会儿指向实型变量，就会使该系统无法管理变量的字节数，从而引发错误。

9.1.3 指针变量赋值

指针变量不同于整型变量及其他类型的变量，它是用来专门存放其他变量的地址的。那么，如何把变量地址存放到指针变量中？这里就要用到取址运算符"&"。例如：

```
int i;
int *p;
p=&i;
```

上述命令的执行将使指针变量 p 指向变量 i，也即把变量 i 的地址存放到指针变量 p 中，如图 9-2 所示。

应当注意：虽然变量的地址&i 是一个整型数据，但一般情况下不要给指针变量送一个整型常量，如 p=1000 是不允许的，这是因为变量的地址是由编译系统分配的，用户不必了解。

【例 9-1】输出变量的地址。

分析

输出变量的地址，首先需要定义变量，而得到变量的地址可以有两种方法，一是使用取地址运算符&来实现，二是通过指向变量的指针。

完整的程序清单如下：

```
#include <stdio.h>
main()
{ float f=3.14f;
    float *ptr;      /*定义 ptr 为指向 float 型变量的指针变量*/
    ptr=&f;          /*把变量 f 的地址赋给 ptr*/
    printf("变量 f 的值：%4.2f\n",f);/*输出变量 f 的值*/
    printf("变量 f 的地址：%x\n",&f);/*输出变量 f 的地址*/
    printf("利用指针变量输出变量 f 的地址:%x\n",ptr);/*输出变量 f 的地址*/
    getch();
}
```

程序的运行结果如下：

```
变量 f 的值：3.14
变量 f 的地址：12FF7C
利用指针变量输出变量 f 的地址：12FF7C
```

本例使用取地址运算符&获取变量的地址并输出。程序第五行定义了一个指向 float 型变量的指针变量 ptr，但它并未指向任何一个 float 型变量。程序第六行的赋值语句就是把变量 f 的地址赋给 ptr，其作用就是用 ptr 指向 f。

通过程序的输出可以看出变量 f 的地址为 12FF7C，这是一个十六进制形式。

上述地址依赖于运行程序的那台计算机的状态，因此，读者运行程序可能得到不同的结果。

9.1.4 指针变量引用

1. 指针运算符

&：取地址运算符。

*：指针运算符（间址访问运算符）。

2. 指针变量引用举例

【例 9-2】通过指针变量访问整型变量。

分析

这里涉及的恰恰是对指针变量的引用，访问变量可以直接访问，也可以通过指向变量的指针间接访问。

程序清单如下：

```
#include <stdio.h>
main()
{ int i=100,j=10;
    int *pi,*pj;
    pi=&i;    /*将 pi 指向 i*/
    pj=&j;    /*将 pj 指向 j*/
    printf("%d,%d\n",i,j);  /*直接访问变量 i,j*/
    printf("%d,%d",*pi,*pj);/*间接访问变量 i,j*/
    getch();
}
```

程序的运行结果如下：

```
100,10
100,10
```

> （1）"int *pi,*pj;"语句定义了变量 pi，pj 是指向整型变量的指针变量，但没指定它们指向哪个具体变量。
>
> （2）"pi=&i; pj=&j;"语句确定了 pi,pj 的具体指向，pi 指向 i，pj 指向 j。不能误写成：*pi=&i,*pj=&j;
>
> （3）"printf("%d,%d\n",i,j);"语句通过变量名直接访问变量的方法，这是最常用的手段。
>
> （4）"printf("%d,%d",*pi,*pj);"语句通过指向变量 i,j 的指针变量来访问变量 i,j 的方法，*pi 表示变量 pi 所指向的单元的内容，即 i 的值;*pj 表示变量 pj 所指向的单元的内容，即 j 的值，因而两个 printf 语句输出的结果均为变量 i,j 所对应的值。

需要明确的是，这里的"*"是对变量 pi,pj 所指向单元的值的引用；而"int *pi,*pj;"语句处 pi,pj 没有具体的指向，"*"定义了 pi,pj 属于指针变量，而非间址运算符。

3. "*"与"&"运算符的进一步说明

（1）如果已执行了"pointer_1=&a;"语句，则&*pointer_1 的值是&a。因为"*"与"&"运算符的优先级相同，并且是自右向左结合，所以先进行*pointer_1 的运算得到变量 a，再进行&运算得到的值为变量 a 的地址。

（2）如果已执行了"a=100;"语句，则*&a 的值是 a 即 100。因为先进行&a 运算得到 a 的地址，再进行*运算，得到 a 地址的内容 a。

（3）指针加 1，不是纯加 1,而是加一个所指变量的字节个数。例如：

```
int *p1,a=100;
```

```
p1=&a;
p1++;
...
```

假如 a 的地址是 2000，p1++后 p1 的值为 2002，而非 2001，如图 9-3 所示，如果 p1 是指向实型单精度变量的指针变量，其初值为 2000，则 p1++后的值为 2004。

100	←	2000
50	←	2002
……	←	2004

图 9-3 指针自增运算

9.1.5 为何要使用指针

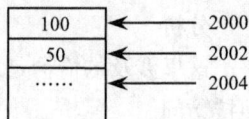

指针的存在提供了一种共享数据的方法，可以在程序的不同位置、使用不同的名字（指针）来访问相同的一段共享数据。如果在一个地方对该数据进行了修改，那么在其他的地方都能看到修改以后的结果。

【例 9-3】交换函数—传值调用。

分析

谈到交换数据，常常使用的是 swap()交换函数，此时，参数传递使用的是"值传递"。

程序清单如下：

```
#include "stdio.h"
void swap(int x,int y)
{
    int temp;
    temp=x;
    x=y;
    y=temp;
    printf("x=:%d,y=:%d\n",x,y);
}
main()
{ int a,b;
    a=4;
    b=7;
    swap(a,b);
    printf("a=:%d,b=%d\n",a,b)
    getch();
}
```

程序运行结果如下：

```
x=7,y=4
a=4,b=7
```

从上面的程序输出可以看出，a 和 b 并未交换，它们仍然保持原值，在主函数中，开始调 swap()函数时，a 的值传给 x，b 的值传给 y，swap()函数执行完后，x 和 y 的值是互换了，但 main()函数中的 a 和 b 并未互换。这是因为，在 C 语言中，实参变量和形参变量之间的数据传递是单向的"值传递"，调用函数不能改变实参变量的值。

函数的参数可以是整型，实型，字符型等数据，也可以是指针型。指针可以作为函数参数。当函数的某个参数是一个指针时，此时用实参调用函数，时系统将实参的地址传给了函数，因此函数中对形参的内容的任何修改都将直接影响实参的内容。

【例 9-4】交换函数—传址调用。

分析

上例中使用的是 swap()交换函数，这里仍然使用，不过在本例中，实参变量将它的值传送形参变量，而它的值要交换的是变量的地址。

完整的程序清单如下：

```
#include <stdio.h>
void swap(int *p1,int *p2)
{
    int temp;
    printf("p1 的值=%x, p2 的值=%d\n",p1,p2);
    temp=*p1;
    *p1=*p2;
    *p2=temp;
    printf("交换后, p1 所指向变量的值=%d, p2 所指向变量的值=%d\n", *p1, *p2);
}
main()
{ int a,b;
    a=4;
    b=7;
    printf("a 的地址=%d, b 的地址=%d\n",&a,&b);
    swap(&a,&b);
    printf("交换后,a=%d,b=%d\n",a,b);
    getch();
}
```

程序运行的结果如下：

```
a 是地址=1245052, b 的地址=1245048
p1 的值=1245052, p2 的值=1245048
交换后, p1 所指向变量的值=7, p2 所指向变量的值=4
交换后, a=7,b=4
```

注意实参分别是&a 和&b，在主函数中，函数调用开始时，实参变量将它的值传送至形参变量。在这里，实参是变量 a 和 b 的地址，因此，虚实结合后，指针变量 p1 和 p2 得到的是 a 和 b 的地址，即 p1 指向 a,p2 指向 b。实际上，在本例中，尽管名字和位置不同，*p1 就是 a,*p2 就是 b。

从上面的程序输出也可以看出，a 的地址 1245052 与指针变量 p1 的值相等，b 的地址 1245048 与指针变量 p2 的值相等。

我们知道，函数的调用只能得到一个返回值，但是利用指针变量作为函数参数可以得到多个变化的值，通过本例读者可以看到，在程序的不同位置，使用不同的名字（指针）可访问相同的共享数据。如果在一个地方对该数据进行了修改，那么在其他的地方都能看到修改以后的结果。

9.2　指针与数组

任务提出

编写一个程序，从键盘输入 10 个学生的某门课程的成绩，找出成绩最高的同学，并输出其成绩。

任务分析

本题要求首先从键盘输入 10 个学生的成绩，找出最高分并输出。我们首先需要解决的是 10

个学生成绩的存放问题。

前面学习了数组，我们理所当然地考虑使用数组来存放数据。完成数据的存储之后，我们考虑到找出最高分即为对数组中的元素进行遍历，保存最高分，然后输出即可。

整个任务可以使用数组来完成，但是还有没有别的方法可以实现呢？我们知道数据都是存放在内存中的，如果能够找到内存中的数据并对其操作，也能完成任务，通过前一节的内容，我们已经知道，访问内存可以通过指针来完成，那么如何使用指针来操作数组中的数据呢？

任务实施

我们还是需要使用数组来对输入的数据进行存储，但是由于是使用指针对数组元素进行操作，所以指针必须同数组联系起，将数组的首地址赋给指针的做法*pmax=a 可使数组与指针产生关联，同时为了方便保存遍历后找到的结果，应设置最高分变量。

程序清单如下：

```c
#include <stdio.h>
main()
{
    int a[10], *p=a, *pmax=a,i;          /*定义数组及指针变量，循环控制变量*/
    for(i=0;i<10;i++)                     /*完成 10 个学生成绩的输入并保存*/
    {
        printf("请输入第%d 个学生的成绩: ",i+1);
        scanf("%d",p++);
    }
    p=a+1;                                /* p 指向数组中的第二个元素 */
    for(i=1;i<10;i++,p++)                 /*进行 9 轮比较*/
        if(*pmax<*p)
            pmax=p;                       /*由 pmax 指向最高分*/
    printf("最高分是%d\n",*pmax);
    getch();
}
```

处理上述问题中，首先定义了一个用来存放学生成绩的成绩数组 a。利用循环语句实现从键盘中输入每一个学生的成绩，再利用循环遍历数组中的每个元素，求出最高分后输出。

相关知识

数组是由若干相同类型的元素构成的有序序列，这些元素在内存中占据了一组连续的存储空间，每个元素都有一个地址，数组的地址指的是数组的起始地址，这个起始地址也称为数组的指针。

9.2.1 指向数组的指针

如果一个变量中存放了数组的起始地址，那么该变量称为指向数组的指针变量，指向数组的指针变量的定义遵循一般指针变量定义规则。它的赋值与一般指针变量的赋值相同。如果有以下定义：

```c
int a[10], *p;
p=&a[0];
```

应当注意，如果数组为 int 型，则指针变量必须指向 int 类型。上述语句组的功能是将指针变量 p 指向 a[0]，由于 a[0]是数组 a 的首地址，所以指针变量 p 指向数组 a。如图 9-4 所示。

C 语言规定，数组名代表数组的首地址，因此，下面两个语句功能相同：

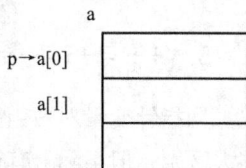

图 9-4　指向数组的指针

```
p=a;
p=&a[0];
```

允许用一个已经定义过的数组的地址作为定义指针时的初始化值。例如：

```
float score[20];
float *pf=score;
```

应当注意：上述语句的功能是将数组 score 的首地址赋给指针变量 pf，这里的"*"是定义指针类型变量的说明符，而非指针变量的间址运算符，不是将数组 score 的首地址赋给*pf。

9.2.2　通过指针引用数组元素

已知指向数组的指针后，数组中各元素的起始地址可以通过起始地址加相对值的方式来获得，从而增加了访问数组元素的渠道。

C 语言规定，如果指针变量 p 指向数组中的一个元素，则 p+1 指向同一数组中的下一个元素（而不是简单地将 p 的值加 1），如果数组元素类型是整型，每个元素占两个字节，则 p+1 意味着将 p 的值加 2，使它指向下一个元素。因此，p+1 所代表的地址实际上是 p+1*d，d 是一个数组元素所占的字节数（对整型数组，d=2；对实型数组，d=4；对字符型数组，d=1）。

1. 地址表示法

当 p 定义为指向 a 数组的指针变量后，就会产生对同一地址不同的表示方法。例如数组元素 a[5]的地址有 3 种不同的表示形式：

```
p+5, a+5, &a[5]
```

2. 访问表示法

与地址表示法相对应，访问数组元素也有多种表示法。例如数组元素 a[5]可通过下列 3 种形式访问：

```
*(p+5), *(a+5), a[5]
```

3. 指针变量带下标

指向数组的指针变量可以带下标，如 p[5]与*(p+5)等价。

4. 指针变量与数组名的引用区别

指针变量可以取代数组名进行操作，数组名表示数组的首地址，属于常量，它不能完成取代指针变量进行操作。例如，设 p 为指向数组 a 的指针变量，p++可以，但 a++不行。

5. ++与+i 不等价

用指针变量对数组逐个访问时，一般有两种方式，*（p++）或*(p+i)，表面上这两种方式没多大区别，但实际上有很大差异，像 p++不必每次都重新计算地址，这种自加操作比较快的，能大大提高执行效率。

根据以上叙述，引用一个数组元素，可以用两个方法。

（1）下标法，通过数组元素序号来访问数组元素，用 a[i]形式来表示。

（2）指针法，通过数组元素的地址访问数组元素，用*(p+i)或*(a+i)的形式来表示。

【例 9-5】任意输入 10 个数，将这 10 个数按逆序输出。

分析：

题目要求对任意输入的数据先存储，由于数据量有 10 个且都是同类型，可以考虑使用数组进行存储，接下来就是对数组数据的遍历过程，这里有多重方法，例如：下标法、数组名以及指针。

程序清单如下所示。

（1）用下标法访问数组。

```
#include <stdio.h>
main()
{ int a[10],i;
    for(i=0;i<10;i++)
        scanf("%d",&a[i]);
    printf("\n");
    for(i=9;i>=0;i--)
        printf("%d",a[i]);
    getch();
}
```

（2）数组名访问数组。

```
#include <stdio.h>
main()
{ int a[10],i;
    for(i=0;i<10;i++)
        scanf("%d",&a[i]);
    printf("\n");
    for(i=9;i>=0;i--)
        printf("%d",* (a+i));
    getch();
}
```

（3）指针变量访问数组。

方法 1：

```
#include <stdio.h>
main()
{ int a[10],i, *p;
    for(i=0;i<10;i++)
        scanf("%d",&a[i]);
    printf("\n");
    for(i=9;i>=0;p--)
        printf("%d",* (p+i));
    getch();
}
```

方法 2：

```
#include <stdio.h>
main()
{ int a[10],i, *p;
    p=a;
    for(i=0;i<10;i++)
        scanf("%d",p+i);
    printf("\n");
    for(p=a+9;p>=a;p--)
        printf("%d",*p);
    getch();
}
```

将上述 3 种算法比较如下。

（1）【例 9-5】中（1），（2），（3）方法 1 执行效率是相同的，编译系统需要将 a[i]转换成*(a+i)处理的，即先计算地址再访问数组元素。

（2）（3）方法 2 执行效率比其他方法快，因为它有规律地改变地址值的方法（p--）能大大提高执行效率。

（3）要注意指针变量的当前值。请看下面程序，分析其能否达到依次输出 10 个数组元素的目的，为什么？

```
#include <stdio.h>
main()
{ int a[10],i,*p;
    p=a;
    for(i=0;i<10;i++)
        scanf("%d",p++);
    printf("\n");
    for(i=0;i<10;i++,p++)
        printf("%d",*p);
    getch();
}
```

如果指针变量 p 指向数组 a，比较以下表达式的含义。

（1）表达式*p++，由于++与*运算符优先级相同，结合方向为自右向左，故*p++的作用是先得到*p 的值，再使 p+1→p。同样表达式*p--的作用是先得到*p 的值，再使 p-1→p。

（2）表达式*++p，先使 p+1→p，再得到*p 的值。同样表达式*--p 的作用是先使 p-1→p，再得到*p 的值。

（3）表达式(*p)++表示 p 所指向的数组元素值(*p)加 1，变量 p 的值不会改变。同样，(*p)--表示 p 所指向的数组元素的值(*p)减 1。

9.2.3　数组名作为函数参数

正如在函数部分所述，数组名也可作为函数的参数，例如：

```
main()                      sort(int x[],int n)
{                           {
int a[10];                  ...
...                         ...
sort(a,10);
```

```
        ...                        ...
                                }
    }
```

由于数组名代表数组的首地址，故在函数调用时"sort(a,10);"按"虚实结合"的原则，把以数组名 a 为首地址的内存变量区传递给被调函数中的形参数组 x，使得形参数组 x 与主调函数的数组 a 具有相同的地址，故在函数 sort 中这块内存区中的数据发生变化的结果就是主调函数中数据的变化，如图 9-5 所示，这种现象好像是被调函数有多个值返回主函数，实际上"单向"传递原则依然没变。

有了指针的概念后，对数组名作为函数参数可以有进一步的认识，实际上，能够接收并存放地址值的形参只能是指针变量，C 编译系统都是将形参数组名作为指针变量来处理的。因此函数 sort 的首部也可以写成：

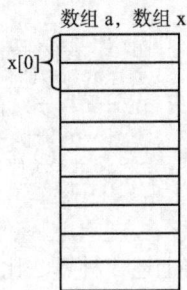

数组 a, 数组 x

图 9-5　数组名作为函数参数时内存区数据的变化

```
sort(int *x,int n)
```

在函数调用过程中，x 首先接收实参数组 a 的首地址，也就指向了数组元素 a[0]，前面已经讲过，指针变量 x 指向数组后，就可以带下标，即 x[i]与*(x+i)等价，它们都代表数组中下标为 i 的元素。

由于函数参数有实参、形参之分，所以数组指针作为函数参数分以下四种情况：

（1）形参、实参为数组名。

（2）形参是指针变量，实参是数组名。

【例 9-6】用选择法对 10 个整数排序。

分析

假设形参是指针变量 b，函数调用时，它接收数组 a 的首地址，即指针变量 b 指向数组 a，表达式*(b+i)表示数组中第 i 个元素；通过函数 sort()改变了数组元素的顺序，返回主函数后，可以输出按从小到大排序后的数组。

程序清单如下：

```c
#include "stdio.h"
void  sort (int *b,int n) /*形参b为指针变量*/
{
    int i,j,k,t;
    for(i=0;i<n-1;i++)
    {
        k=i;
        for(j=i+1;j<n;j++)
            if(*(b+j)<*(b+k)) k=j;
            if(k!=i)
            {
                t=*(b+k);*(b+k)=*(b+i);*(b+i)=t;
            }
    }
}
main()
{
    int a[10],i;
```

```
    for(i=0;i<10;i++)
        scanf("%d",&a[i]);
    sort(a,10); /*实参为数组名*/
    for(i=0;i<10;i++)
        printf("%d,",a[i]);
    printf("\n");
    getch();
}
```

程序运行结果：

```
-2 12 9 -56 100 3 1 10 2✔
-56, -2, 0, 1, 2, 3, 9, 10, 12, 100
```

（3）形参、实参均为指针变量。

【例 9-7】将数组 a 中前 n 个元素按相反顺序存放。

分析

设 n=6，解此算法要求将 a[0]与 a[5]交换，a[1]与 a[4]交换，将 a[2]与 a[3]交换。通过分析，我们发现被交换的两个数组元素下标的和为 n−1(5)，今用循环来处理此问题，设定两个"位置指针变量"i 和 j，i 初值为 x，j 的初值为 x+n−1，将 a[i]与 a[j]交换，然后将 i 增加 1，j 减少 1，再交换 a[i]与 a[j]，直到 i≥j 结束循环，如图 9-6 所示。

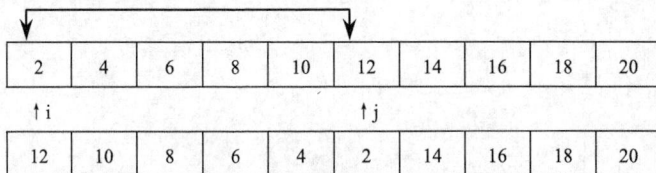

2	4	6	8	10	12	14	16	18	20

↑i　　　　　　　　　↑j

12	10	8	6	4	2	14	16	18	20

图 9-6　程序执行示意图

程序清单如下：

```
#include"stdio.h"
void inv(int *x,int n)/*形参 x 为指针变量*/
{ int *p,*i,*j,temp;
    for(i=x,j=x+n-1;i<j;i++,j--)
    {
        temp=*i; *i=*j; *j=temp;
    }
}
main()
{
    int i,n,a[10]={2,4,6,8,10,12,14,16,18,20};
    int *p;
    printf("the original array:\n");
    for(i=0;i<10;i++)
        printf("%d,",a[i]);
    printf("\n");
    p=a; /*给实参指针变量 p 赋值*/
    printf("input to n:\n");
    scanf("%d",&n);
    inv(p,n); /*实参 p 为指针变量*/
    printf("the array after invented:");
    for(p=a;p<a+10;p++)
        printf("%d,", *p);
```

```
        printf("\n");
        getch();
}
```

程序运行的结果如下：

```
the original array:
2,4,6,8,10,12,14,16,18,20,
input to n:
6↙
the array after invented:12,10,8,6,4,2,14,16,18,20
```

程序说明

若实参为指针变量，在调用函数前必须给指针变量赋值，使它指向某一个数组，注意本例中的第一个 "p=a;" 语句。本程序显示前 6 个整数按逆序排列后的结果。

想一想，能否对算法进行修改，要求只使用一个位置指针变量？

（4）形参是数组名，实参为指针变量。

将【例 9-7】稍作改动，形如：

```
#include<stdio.h>
void  inv(int x[ ],int n) /*形参 x 为数组名*/
{
...
}
main()
{ int a[10],n;
    int *p;
...
    p=a; /*给实参指针变量 p 赋值*/
    inv(p,n); /*实参 p 为指针变量*/
...
}
```

说明：调用函数前必须给实参指针变量赋值。在函数 inv 中，既可以用下标法 x[i]，也可以用指针法*(x+i)处理第 i 个数组元素，处理结果在返回主函数后有效。

9.2.4　指向多维数组的指针和指针变量

用指针变量可以指向一维数组，也可以指向多维数组。多维数组的首地址称为多维数组的指针，存放这个指针的变量称为指向多维数组的指针变量。多维数组的指针并不是一维数组指针的简单拓展，它具有自己的独特性质，在概念上和使用上，指向多维数组的指针比指向一维数组的指针更复杂。

1．多维数组的地址

多维数组的首地址是这片连续存储空间的起始地址，它既可以用数组名表示，也可以用数组中第一个元素的地址表示。

以二维数组为例，设有一个二维数组 s[3][4]，其定义如下：

```
int s[3][4]={{0,2,4,6},{1,3,5,7},{9,10,11,12}};
```

这是一个 3 行 4 列的二维数组，如图 9-7 所示，s 数组包含 3 行，即由 3 个元素组成：s[0]、s[1]、s[2]。

而每一行又是一个一维数组，包含 4 个元素，如，s[0]包含 s[0][0],s[0][1],s[0][2],s[0][3]。

从二维数组的角度看，s 代表二维数组的首地址，也是第 0 行的首地址，s+1 代表第 1 行的首地址，从 s[0]到 s[1]要跨越一个一维数组的空间（包含 4 个整型元素，共 8 个字节）。若 s 数组首地址为 2000，则 s+1 为 2008；s+2 代表第 2 个一维数组的首地址，值为 2016。

s[0]	2000 0	2002 2	2004 4	2006 6
s[1]	2008 1	2010 3	2012 5	2014 7
s[2]	2016 9	2018 10	2020 11	2022 12

图 9-7

s[0],s[1],s[2]既然是一维数组名，C 语言又规定数组名代表数组的首地址，因此 s[0] 表示第 0 行一维数组的首地址，即&s[0][0]；s[1] 表示第 1 行一维数组的首地址，即&s[1][0]；s[2] 表示第 2 行一维数组的首地址，即&s[2][0]。s[0]+1 表示第 0 行一维数组第 1 个元素的地址&s[0][1]；s[1]+2=&s[1][2]……。对各元素内容的访问也可以写成*(s[0]+1),*(s[1]+2)。

2. 行转列的概念

经过上述分析可知，数据元素内容的访问可以写成*(s[0]+1),*(s[1]+2)。既然 s[0]= s，s[1]=s+1，s[2]=s+2，是否能将其简单地代入公式中呢？答案是否定的，也就是说用*(s+0+1)对 s[0][1]的访问是不行的。因为 s 是整个二维数组的首地址，而 s+0、s+1、s+2 是每一行数组的首地址，这时进行的是行操作，并不能对每一行中的各元素进行操作，若想利用 s 对指定行中各元素进行操作，首先必须将行操作方式转换成列操作方式，转换方式为：*(s+i) i=0,1,2。

如果将二维数组 s 视为由 s[0]、s[1]、s[2]组成的一维数组，那么 s[0]=*(s+0)，s[1]=*(s+1)，s[i]=*(s+2)。所以 s[0]+1=*(s+0)+1=&s[0][1]，s[i]+j=*(s+i)+j=&s[i][j]。

总之，虽然 s =s[0]、s[1]=s+1、s[2]=s+2，但只是地址上的相等，操作上是不相等的；而 s[0]=*(s+0)，s[1]=*(s+1)，s[2]=*(s+2)不仅地址上相等，操作上也相等。

请认真分析和体会表 9-1 所示表达式及其含义。

表 9-1　　　　　　　　　　　二维数组的指针表示形式

表 示 形 式	含　　　义	地　　　址
s	二维数组名，数组首地址，0 行首地址	2000
s[0],*(s+0),*s	第 0 行第 0 列元素地址	2000
s+1,&s[1]	第 1 行首地址	2008
s[1],*(s+1)	第 1 行第 0 列元素地址	2008
s[1]+2,*(s+1)+2,&s[1][2]	第 1 行第 2 列元素地址	2012
(s[1]+2),(*(s+1)+2),s[1][2]	第 1 行第 2 列元素的值	数值 5

为了帮助理解这个容易混淆的概念，举一个日常生活中的例子来说明。

有一幢 3 层楼，每层有 4 个房间，每层楼在入口处均设有一个大门，大楼有一个总大门，设大楼地址为 s，一楼门地址为 s[0]，二楼门地址为 s[1]，三楼门地址为 s[2]，s+0,s+1,s+2 仅能到达一、二、三层，但并没有打开相应层的门，而*(s+0),*(s+1),*(s+2)才打开了该层的门，进入该层，s[0],s[1],s[2]是各层的地址，不存在开门的问题了，因而 s[i]与*(s+i)在地址上和操作上完全等价。

试分析下面程序，以加深对多维数组地址的理解。

```
#include<stdio.h>
#define FMT "%d,%d\n"
main()
{ int s[3][4]= {{0,2,4,6},{1,3,5,7},{9,10,11,12}};
    printf(FMT,s,*s);
    printf(FMT,s[0],*(s+0));
    printf(FMT,&s[0],(s+0));
    printf(FMT,s[1],*(s+1));
    printf(FMT,&s[1][0],*(s+1)+0);
    printf(FMT,s[2],*(s+2));
    printf(FMT,s[1][0],*(*(s+1)+0));
    getch();
}
```

3. 指向多维数组的指针变量

（1）指向数组元素的指针变量。

【例9-8】用指向元素的指针变量输出数组元素的值。

分析

本程序功能是顺序输出数组中各元素的值，比较简单，若要输出某个指定的数组元素如 s[1][2]，必须首先计算出该元素在数组中的相对位置（即相对于数组起始位置的相对位移量）。计算 s[i][j] 在数组中的相对位移量的公式为：$i*m+j$（其中 m 为二维数组的列数）。

完整的程序清单：

```
#include<stdio.h>
main()
{ int a[3][4]= {{0,2,4,6},{1,3,5,7},{9,10,11,12}};
    int *p;
    for(p=a[0];p<a[0]+12;p++)
    {
        if ((p-a[0])%4==0) printf("\n");
        printf("%4d",*p);
    }
    getch();
}
```

程序运行的结果如下：

```
0    2    4    6
1    3    5    7
9   10   11   12
```

本程序段中将 p 定义成一个指向整型的指针变量，执行语句 p=a[0]后将第 0 行 0 列地址赋给变量 p，每次 p 值加 1，以移向下一个元素。if 语句的作用是使一行输出 4 个数据，然后换行。

（2）指向由 m 个元素组成的一维数组的指针变量。

格式：数据类型　　(*p)[m]

功能：指定变量 p 是一个指针变量，它指向包含 m 个元素的一维数组。

示例：

```
int (*p)[4];
p=s;
```

说明

p 指向 s 数组，p++的值为 s+1，它只能对行进行操作，不能对行中的某个元素进行操作，只有将行转列后*(p++)，才能对数组元素进行操作。

【例 9-9】输出二维数组任一行任一列元素的值。

分析

假设数组为 s[3][4]，指针变量 p 指向包含 4 个整型的一维数组，若将二维数组名 s 赋给 p，p+i 表示第 i 行首地址，*(p+i)表示第 i 行第 0 列元素的地址，此时将行指针转换成列指针，*(p+i)+j 表示第 i 行 j 行元素的地址，而*(*(p+i)+j)代表第 i 行第 j 列元素的值。

完整的程序清单如下：

```
#include<stdio.h>
main()
{ int s[3][4]= {{0,2,4,6},{1,3,5,7},{9,10,11,12}};
    int  (*p)[4],i,j;
    p=s;
    scanf("%d,%d",&i,&j);
    printf("s[%d,%d]=%d\n",i,j,*(*(p+i)+j));
    getch();
}
```

程序运行的结果：

```
1, 2✓
s[1,2]=5
```

4. 指向多维数组的指针作函数参数

一维数组的地址可以作为函数参数，多维数组的地址也可作函数参数。在用指针变量作形参以接收实参数组名传递来的地址时，有两种方法：用指向变量的指针变量和用指向一维数组的指针变量。下面通过示例来说明。

【例 9-10】有一个班级，3 个学生，各学四门课程，计算总平均分数，以及第 n 个学生的成绩。

分析

3 个学生，各学四门课程说明需要来定义一个二维数组 score[3][4]存储以上数据。

可以定义一个 average 函数求平均值，其中 average 函数中可以定义两个形参，一个是指向实型数据的指针变量，对应实参*score，即 score[0]，它表示第 0 行第 0 个元素的地址，*p 的值是 score[0][0]，p++指向下一个元素，另一个形参 n 表示需求平均值的元素个数，它对应的实参是 12，表示要求整个二维数组的平均值。

而求第 n 个学生的成绩，可以定义一个函数 search ( )，遍历整个 score 数组，考虑使用二维数组名作为实参，故对应的形参必须是一个行指针变量。函数 search()的形参 p 不是指向一般实型数据的指针变量，而是指向包含 4 个元素的一维数组的行指针。*（p+n）表示 score[n][0]的地址，*(p+n)+i 表示 score[n][i]的地址，*(*(p+n)+i)表示 score[n][i]的值。若 n 的值为 1，i 的值从 0 到 3，for 循环体依次输出 score[1][0]到 score[1][3]的值。

完整的程序清单：

```
#include<stdio.h>
main()
{
    void average(float *p,int n);
    void search(float (*p)[4],int n);
```

```
    float score[3][4]={{65,75,54,80},{78,90,89,76},{66,76,87,90}};
    int n;
    average(*score,12);
    printf("enter a number to n:\n");
    scanf("%d",&n);
    search(score,n);
    getch();
}
void average(float *p,int n)
{ float  *p_end=p+n;
    float aver=0;
    for(;p<p_end;p++)
        aver=aver+*p;
    aver=aver/n;
    printf("Average=%7.2f\n",aver);
}
void search(float (*p)[4],int n)
{
    int i;
    for(i=0;i<4;i++)
        printf("%7.2f",*(*(p+n)+i));
}
```

程序运行的结果如下：

```
Average=77.17
    enter a numer to n:
1✓
78,90,89,76
```

9.3   指针与字符串

任务提出

编写一个程序，实现两个字符串的复制。

任务分析

本题要求实现两个字符串之间的复制，自然想到使用的是字符数组可以完成任务，但是通过前面的内容，我们知道了指针和数组的关系，那么本题目可否使用指针来对字符串进行操作呢？

这里将使用字符串指针，用指针来处理字符串是用指针来处理数组的一种特殊情况，字符串指针是字符串的首地址。

由于是进行字符串的复制，所以需先定义两个字符数组，同时定义两个指向字符串的指针，接下来的操作即为字符串中的一个一个字符的复制。

任务实施

获取字符串可以使用 gets()函数，为了完成复制，所以定义两个分别指向字符串的指针*ptr1和*ptr2，然后使用*ptr1++=*ptr2++一个一个字符进行复制。

字符串的复制要注意的是：若将串 1 复制到串 2，一定要保证串 2 的长度大于或等于串 1。
完整的程序清单如下：

```
#include "stdio.h"
main(void)
{
    char str1[30],str2[20], *ptr1=str1, *ptr2=str2;
    printf("input str1: ");
    gets(str1);                        /*输入 str1*/
    printf("input str2: ");
    gets(str2);                        /*输入 str2*/
    printf("str1 & str2 before copy: \n") ;
    printf("%s    %s\n",ptr1,ptr2) ;
    while(*ptr2)
        *ptr1++=*ptr2++;               /*字符串复制*/
    ptr1='\0';                         /*写入串的结束标志*/
    printf("str1 & str2 after copy: \n");
    printf("%s    %s\n",str1,str2);
    getch();;
}
```

相关知识

9.3.1　字符串的表示形式

C 程序允许使用两种方法实现一个字符串的引用。

1. 字符数组

将字符串的各字符（包括结尾标志'\0'）依次存放到字符数组中，利用下标变量或数组名对数组进行操作。

【例 9-11】字符数组应用。

```
#include "stdio.h"
main()
{
    char string[]="I am a student. ";
    printf("%s\n",string);
}
```

程序运行的结果如下：

```
I am a student.
```

程序说明

（1）字符数组 string 长度未明确定义，默认的长度是字符串中字符个数外加结尾标志，string 数组长度应该为 16。

（2）string 是数组名，它表示字符数组首地址，string+4 表示序号为 4 的元素的地址，它指向 m。string[4],*(string+4)表示数组中序号为 4 的元素的值（m）。

（3）字符数组允许用%s 格式进行整体输出。

2. 字符指针

对字符串而言，也可以不定义字符数组，直接定义指向字符串的指针变量，利用该指针变量对字符串进行操作。

【例 9-12】 字符指针应用。

```
#include "stdio.h"
main()
{ char *string="I am a student. ";
    printf("%s\n",string);
    getch();
}
```

程序运行的结果如下：

```
I am a student.
```

程序说明

在这里没有定义字符数组，在程序中定义了一个字符指针变量 string。

C 程序将字符串常量"I am a student."按字符数组处理的，在内存中开辟一个字符数组用来存放字符串常量，并把字符数组的首地址赋值字符指针变量 string，这里的 char *string="I am a student. ";语句仅是一种 C 语言表示形式，其真正的含义是：

```
char a[]="I am a student. ",*string;
string=a;
```

但省略了数组 a，数组 a 由 C 环境隐含给出，如图 9-8 所示。在输出时，用"printf("%s\n",string);"语句，%s 表示输出一个字符串，输出项指定为字符指针变量 string，系统先输出它所指向的一个字符，然后自动使 string 加 1，使之指向下一个字符，然后再输出一个字符……，直到遇到字符串结束标志'\0'为止。

【例 9-13】 输入两个字符串，比较是否相等，相等输出 YES，不等输出 NO。

分析

使用 gets()函数获取字符串，比较的过程即为对两个字符串一个个字符的对比，所以考虑定义两个指向字符串的指针*s1、*s2，一个个字符的对比需要使用到循环，循环的结束条件是字符串遍历到'\0'。

完整的程序清单如下：

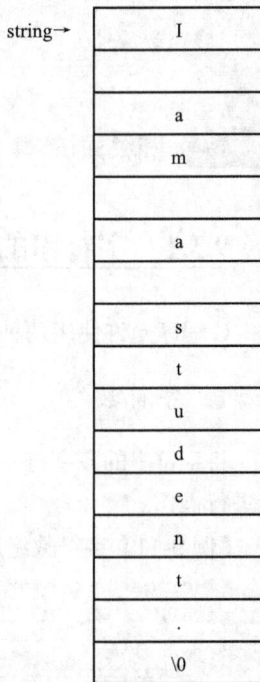

图 9-8　字符指针应用

```
#include "stdio.h"
#include "string.h"
main()
{
    int t=0;
    char *s1,*s2;
    gets(s1);
    gets(s2);
    while (*s1!='\0' && *s2!='\0')
    { if(*s1!=*s2){t=1;break;}
        s1++;
        s2++;
```

```
    }
    if(t==0)
        printf("YES");
    else printf("NO");
    getch();
}
```

程序运行的结果如下：

```
this✓
these✓
NO
```

9.3.2 字符串指针作为函数参数

将一个字符串从一个函数传递到另一个函数，一方面可以用字符数组名作参数，另一方面可以用指向字符串的指针变量作参数，在被调函数中改变字符串的内容，在主调函数中得到改变了的字符串。

【例 9-14】输入字符串中的大写字母改成小写字母，然后输出字符串。

分析

通过 gets 函数从终端获得一个字符串，并可定义指针变量 string 指向该字符串的第一个字符，调用函数 inv，将指向字符串的指针 string 作为实参传递给 inv 中的形参 s，函数 inv 的作用是逐个检查字符串的每个字符是否为大写字符，若是将其加 32 转换成相应的小写字符，若不是则不处理。

函数 inv 无返回值，由于从主调函数传递来的指针 string 与形参 s 指向同一内存空间，所以字符串在函数 inv 中的处理结果也就是指针 string 所指向空间的数据改变。

完整的程序清单如下：

```
#include "stdio.h"
#include "string.h"
void inv(char *s)
{
    int i;
    for(i=1;i<=strlen(s);i++)
        if (*(s+i)>65 && *(s+i)<90)
            *(s+i)+=32;
}
main()
{ char *string;
    gets(string);
    inv(string);
    puts(string);
    getch();
}
```

程序运行的结果如下：

```
ACeBd✓
acebd
```

用指向字符串的指针对字符串进行操作，比字符数组操作起来更方便灵活。例如，可将上例中 inv 函数改写成下面两种形式：

方式 1：

```
void inv(char *s)
```

```
{
    while (*s!='\0')
    {
        if (*s>65 && *s<90)
            *s+=32;
        s++;
    }
```

方式2：

```
void inv(char *s)
{
    for(;*s!='\0';s++)
        if (*s>65 && *s<90)
            *s+=32;
}
```

9.3.3　字符数组与字符串指针区别

虽然使用字符数组和字符串指针都能实现对字符串的操作，但二者是有区别的，主要区别如下：

1. 存储方式的区别

字符数组由若干元素组成，每个元素存放一个字符，而字符串指针中存放的是地址（字符串的首地址），决不是将整个字符串放到字符指针变量中。

2. 赋值方式的区别

对字符数组只能对各个元素赋值，不能用下列方法对字符数组赋值。

```
char str[16];
str="I am a student. ";
```

但若将 str 定义成字符串指针，就可以采用下列方法赋值。

```
char *str;
str="I am a student. ";
```

3. 定义方式的区别

定义一个数组后，编译系统分配具体的内存单元，各单元有确切的地址；定义一个指针变量，编译系统分配一个存储地址单元，在其中可以存放地址值，也就是说，该指针变量可以指向一个字符型数据。但在对它赋以一个具体地址值前，它并未指向哪一个字符数据。例如：

```
char  str[10];
scanf("%s",str);
```

是可以的。如果用下面的方法：

```
char  *str;
scanf("%s",str);
```

其目的也是输入一个字符串，虽然一般也能运行，但这种方法很危险，不宜提倡。

4. 运算方面的区别

指针变量的值允许改变，如果定义了指针变量 s，则 s 可以进行++,--等运算。

【例 9-15】 指针变量的运算。

```
#include "stdio.h"
main()
{ char *string="I am a student. ";
    string=string+7;
    printf("%s\n",string);
    getch();
}
```

程序运行的结果如下：

```
student.
```

指针变量 s 的值可以改变，输出字符串时从 s 当前所指向的单元开始输出各个字符，直到遇到'\0'结束。而字符数组名是地址常量，不允许进行++,--等运算。下面形式是错误的。

```
#include "stdio.h"
main()
{ char string[]="I am a student. ";
    string=string+7;
    printf("%s\n",string);
    getch();
}
```

9.4 指针数组与指向指针的指针

任务提出

图书馆有若干本书，想把书名存放到一个数组中，如图 9-9（a）所示，然后对这些书进行排序和查询。

任务分析

按一般的思路，每本书名对应一个字符串，一个字符串需要一个字符数组存放，因此要设计一个二维的字符数组才能存放若干本书名，并且必须按最长的书名来定义二维数组的列数，而实际上书名长度一般不相等，这样就造成了内存空间的浪费，如图 9-9（b）所示。

图 9-9 字符数组的存放

换一种思路，字符串除了通过字符数组存放外，还可以通过字符串指针进行存取，定义一个指针数组，将该数组中的每一个元素指向各字符串，见图 9-10。这样处理有两个优点，一是节省内存空间，二是若想对字符串排序，不必改动字符串的位置，只需改动指针数组各元素的指向，移动指针变量的值比移动字符串所花的时间少得多。

指针数组 name   字符串

name[0]		→	C Program
name[1]		→	BASIC
name[2]		→	Computer English
name[3]		→	Word

图 9-10　字符串指针的存取

任务实施

可以在 main()中定义了指针数组 name，它有 4 个元素，其初值分别的"C Program"，"BASIC"，"Computer English"，"Word" 的首地址，如图 9-10 所示。

函数 sort()利用选择排序法对指针数组 name 所指向的字符串按字母顺序进行排序，在排序过程中不交换字符串，只交换指向字符串的指针（name[i]与 name[k]交换），执行完 sort 函数后指针数组的情况如图 9-11 所示。

最后依次输出各字符串。通过本例可以很清楚地看到指针数组把非有序化量有序化，这种方法可以用于结构体数据的排序，通过设置指向结构体元素的指针数组，实现对结构体元素的有序化。

请注意两个字符串大小比较时应当使用 strcmp 函数；用于两个指针数组元素交换的中间变量 temp 必须定义成字符指针类型。

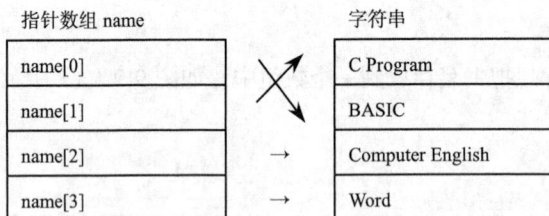

指针数组 name   字符串

name[0]		C Program
name[1]		BASIC
name[2]		→	Computer English
name[3]		→	Word

图 9-11　指针数组与字符串对应关系

完整的程序清单如下：

```c
#include "stdio.h"
void sort(char *name[],int n)
{
    char *temp;
    int i,j,k;
    for(i=0;i<n-1;i++)
    {
        k=i;
        for(j=i+1;j<n;j++)
            if(strcmp(name[k],name[j])>0) k=j;
            if(k!=i)
            {temp=name[i];name[i]=name[k];name[k]=temp;}
    }
}
main()
{ char *name[ ]={ "C Program","BASIC","Computer English","Word"};
    int i,n=4;
```

```
        sort(name,n);
        for(i=0;i<n;i++)
            printf("%s\n",name[i]);
        getch();
}
```

程序运行的结果如下：

```
BASIC
C Program
Computer English
Word
```

在指针数组的定义中"[]"的优先级比"*"的优先级高 。p 先与[]结合，形成 p[]，这显然是数组形式，然后再与"*"结合，形成指针数组。

相关知识

9.4.1 指针数组的概念

一个数组，若其元素均为指针类型数据，称为指针数组。一维指针数组的定义形式为

类型名   *数组名[数组长度]

例如：

```
int *p[4];
```

由于[]比*优先级高，因此 p 先与[ ]结合，表明 p 为数组名，数组 p 中包含 4 个元素。然后再与*结合，*表示此数组元素是指针类型，每个元素都指向一个整型变量。即每个元素相当于一个指针变量。

应当注意：不能写成"int   (*p)[4];"，这是一个指向一维数组的行指针变量。

为什么要引用指针数组的概念呢？它比较适合于指向若干长度不等的字符串，使字符串处理更方便灵活，而且节省内存空间。

9.4.2 指向指针的指针

若一个变量中存放的是一个指针变量的指针，该变量称为指向指针变量的指针变量，简称为指向指针的指针。若有如下定义：

```
int  i=2;
int *p1;
p=&a;
```

它定义了指针变量 p1 指向 i，*p1 的值为 2；C 语言还允许定义变量 p2，在变量 p2 中存放指针变量 p1 的地址，变量 p2 称为指向指针的指针。变量 i,p1,p2 的关系如图 9-12 所示。变量 p2 的定义和赋值形式如下：

```
int **p2;
p2=&p1;
```

p2		p1		i
&p1	→	&i	→	2

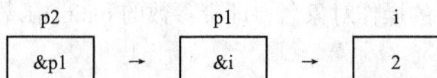

图 9-12 指向指针的指针

有了上述的定义与赋值后，*p2 的值为 p1，变量 i 存在三种访问形式：i,*p1,**p2。

掌握了指向指针的指针后，下面介绍指向指针的指针与指针数组的关系，图 9-13 可以看到，name 是一个指针数组，它的每一个元素均为指针型数据，其值为地址。name 代表指针数组第 0 个元素的地址，name+1 代表第 1 个元素的地址……，可以设置一个指针变量 p，它指向指针数组的元素，p 就是指向指针的指针变量。

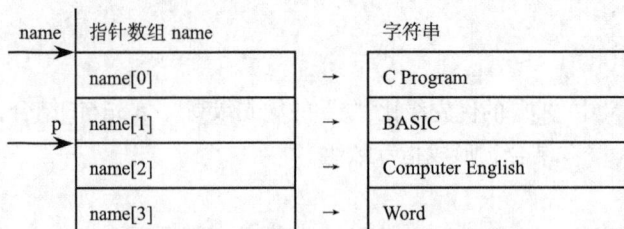

图 9-13　指针数组和指向指针的指针

【例 9-16】指向指针的指针变量应用。

程序清单如下：

```
#include<stdio.h>
main()
{ char *name[ ]={ "C Program","BASIC","Computer English","Word"};
    char **p;
    for(p=name;p<name+4;p++)
        printf("%s\n",*p);
    getch();
}
```

程序运行的结果如下：

```
C Program
BASIC
Computer English
Word
```

程序说明

p 是指向指针的指针变量，第一次执行循环体时，它指向 name 数组的第 0 个元素 name[0]，*p 是第 0 个元素的值 name[0]，它是第一个字符串 "C Program" 的起始地址，printf()函数按格式符%s 输出第 0 个字符串。接着执行 p++，p 指向 name 数组的第 1 个元素 name[1]，输出第 1 个字符串。依次输出其余各字符串。

9.4.3　指针数组作 main()函数的参数

在前面介绍的程序中，main()函数后的括号内不加参数，实际上，main()函数可以带参数，指针数组的一个重要应用是作为 main 函数的形参。人们习惯用 argc 和 argv 作为 main()的形参名。

argc 是命令行中参数的个数，argv 是一个指向字符串的指针数组，这些字符串既包括了正在编写的文件名，也包括该文件的操作对象名，即带参数的 main()函数的函数原型是：

```
main(int argc,char *argv[ ]);
```

main()函数是由系统调用的，C 源程序文件经过编译、连接后得到的与源程序文件同名的可执行文件,在操作系统命令环境下,输入该文件名,系统就调用 main()函数;若 main()中给出了形参,执行文件时必须指定实参,命令行的一般形式为:

文件名 参数 1 参数 2……参数 n

文件名和各参数之间用空格隔开,各参数应当都是字符串。

【例 9-17】编写一个命令文件,把键入的字符串倒序打印出来。设文件名为 invert.c。

分析

这里涉及文件名,带参数的 main()函数的形参中会保存输入的文件名,只需访问 "main(int argc,char *argv[ ]);" 中的这两个参数即可达到目的。

完整的程序清单如下:

```c
#include "stdio.h"
main(int argc,char *argv[])
{ int i;
    for(i=argc-1;i>0;i--)
        printf("%s",argv[i]);
    getch();
}
```

本程序经编译、连接后生成文件名为 invert.exe 的可执行文件,在 DOS 提示符下输入 invert   I love china。

程序运行的结果如下:

china love I

程序分析

执行 main()函数时,文件名 invert 是第一个参数,因此 argc 的值为 4, argc[0]是字符串 "invert" 的首地址, argc[1]是字符串 "I" 的首地址, argc[2]是字符串 "love" 的首地址, argc[3]是字符串 "china" 的首地址, 如图 9-14 所示。

9.5 函数指针变量

任务提出

设有若干学生,每个学生有 6 门课程成绩。输入学生学号,查找并输出其全部成绩,用指针函数实现。

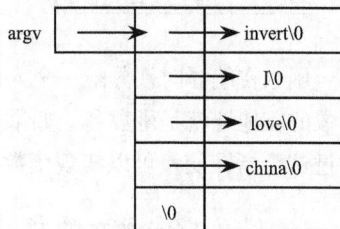

图 9-14

任务分析

本题要求函数的返回值是指针类型,这时的函数称为指针函数。对于一般的返回类型我们已经很熟悉,这里只不过返回值要求的是指针而已。

任务实施

可定义函数 search 的形参 p()是指向包含 6 个元素的一维数组的指针变量。p+n 指向 score 数组第 n 行,*(p+n)是第 n 行第 0 列的元素。函数 search()返回第 n 个学生的成绩开始地址。主函数中的*(k+i)表示第 k 个学生第 i 名课的成绩。

完整的程序清单如下：

```c
#include "stdio.h"
float *search(float (*p)[6],int n)
{
    float *t;   t=* (p+n);
    return(t);
}
main()
{
    float *search(float (*p)[6],int n);
    float score[][6]={{70,85,78,80,90,90},
                      {90,79,63,70,56,68},
                      {49,60,56,50,70,60}};
    int m,i ; float *k;
    printf("enter student NO.(0~2): ");
    scanf("%d",&m);
    k=search(score,m);
    printf("NO.%d student\' s scores: \n",m);
    for(i=0;i<6;i++)
      printf("%5.1f\t",* (k+i));
    getch();
}
```

相关知识

9.5.1 函数的指针

函数在编译时被分配一个入口地址（首地址），这个入口地址就是函数的指针，C 语言规定，函数的首地址就是函数名。如果把这个地址送给某个特定的指针变量，这个变量就指向了函数，通过这个指针变量可以实现函数的调用。整个过程分 3 个步骤。

1. 定义指向函数的指针变量

数据类型   (*指针变量名)( );

2. 将指针变量指向某函数

指针变量名=函数名;

3. 利用指向函数的指针变量调用函数

(*指针变量名)(实参表)

通过示例来说明指向函数的指针变量的应用。

【例 9-18】输入 10 个数，求其中的最大值。

（1）一般函数调用方法：

```c
#include "stdio.h"
main()
```

```
{
    int i,m,a[10];
    for(i=0;i<10;i++)
        scanf("%d",&a[i]);
    m=max(a);
    printf("max=%d",m);
    getch();
}
max(int *p)
{
    int  i,t=*p;
    for(i=1;i<10;i++)
        if(*(p+i)>t) t=*(p+i);
}
```

（2）定义指向函数的指针变量调用函数的方法：

```
#include "stdio.h"
main()
{
    int i,m,a[10],max;
    int (*f)();/*定义指向函数的指针变量 f*/
    for(i=0;i<10;i++)
        scanf("%d",&a[i]);
    f=max;/*指针变量 f 指向函数 max*/
    m=(*f)(a);/*利用指针变量 f 调用函数*/
    printf("max=%d",m);
    getch();
}
max(int *p)
{
    int  i,t=*p;
    for(i=1;i<10;i++)
        if(*(p+i)>t)
            t=*(p+i);
}
```

程序说明

（1）定义指向函数的指针变量时，*f必须用( )括起来。如果写成*f( )，则意义不同，它表示 f 是一个返回指针值的函数。

（2）指针变量的数据类型必须与被指向的函数类型一致。

（3）在给函数指针变量赋值时，只需给出函数名而不必给出参数，如 "f=max;"，因为函数名即为函数入口地址，不能随意添加实参或形参。

（4）用函数指针变量调用函数时，只需将（*f）代替函数名，在(*f)之后的括号中根据需要写上实参。

9.5.2 用指向函数的指针作函数参数

前面我们介绍过，函数的参数可以是变量、指向变量的指针变量、数组名、指向数组的指针变量等。现介绍用指向函数的指针变量作函数参数，在函数调用时把某几个函数的首地址传递给被调函数，使被传递的函数在被调用的函数中调用，如下所示：

主调函数	被调函数
p1=max;	inv(int (*x1)(int,int),int (*x2)(int,int));
p2=min;	{
…	…
	y1=(*x1)(a,b);
inv(p1,p2);	y2=(*x2)(a,b);
…	…
	}

它的工作原理可简述如下：有一个函数 inv()，它有两个参数（x1,x2），定义 x1,x2 为指向函数的指针变量，x1 所指向的函数(*x1)有两个整型参数，x2 所指向的函数（*x2）有两个整型参数。在主调函数中，实参用两个指向函数的指针变量 p1,p2 给形参传递函数地址，此处也可直接用函数名 max,min 作函数实参。这样在函数 inv 中就可以利用(*x1)和(*x2)调用 max()和 min()两个函数了。

下面通过一个简单的例子说明这种方法的应用。

【例 9-19】编制函数 process()，在调用它的时候，每次实现不同的功能。对于给定的两个数 a 和 b，第 1 次调用 process()时找到 a 和 b 中的大数；第 2 次调用 process()时找到 a 和 b 中的小数；第 3 次调用 process()时返回 a 和 b 的和。

程序清单如下：

```c
#include "stdio.h"
main()
{
    int max(int,int);
    int min(int,int);
    int add(int,int);
    int a,b;
    printf("enter two number to a and b: ");
    scanf("%d,%d",&a,&b);
    printf("max=");
    process(a,b,max);
    printf("min=");
    process(a,b,min);
    printf("add=");
    process(a,b,add);
    getch();
}
max(int x,int y)
{
    int z;
    z=(x>y)?x:y;
}
min(int x,int y)
{
    int z;
    z=(x<y)?x:y;
    return 0;
}
add(int x,int y)
{
    int z;
```

```
        z=x+y;
        return 0;
}
/*函数定义, 参数 fun 是指向函数的指针, 该函数有两个整型形式, 函数类型是整型*/
process(int x,int y,int (*fun)(int,int))
{
        int  result;
        result=(*fun)(x,y);
        printf("%d\n",result);
}
```

程序运行的结果如下:

```
enter two number to a and b:3,8✓
max=8
min=3
add=11
```

说明

（1）max、min 和 add 是已定义的 3 个函数, 分别实现了最大数、最小数和求和的功能。main() 函数第 1 次调用 process() 时, 除了将参数 a,b 作为实参传递给 process() 中的形参 x,y 外, 还将函数名 max 作为实参传递给形参 fun, 这时 fun 指向 max, 如图 9-15 所示, process() 函数中的 (*fun)(x,y) 相当于 max(x,y), 执行 process() 函数后输出 a、b 中的大数。main() 函数第 2 次调用 process() 时, 将函数名 min 作为实参传递给形参 fun, fun 指向函数 min, 如图 9-15 所示, process() 函数中的 (*fun)(x,y) 相当于 min(x,y), 执行 process() 函数后输出 a、b 中的小数。同理, main() 函数第 3 次调用 process() 后输出 a、b 的和。

图 9-15

（2）过去我们曾说明, 对本文件中的整型函数可以不加说明就可以调用, 但那只限于函数调用的情况, 函数调用时在函数名后跟括号与实参, 编译时能根据此形式判断它为函数名, 而在 process() 函数中, max 作为实参, 后面没有括号和参数, 编译系统无法判断它是变量名还是函数后, 因而必须事先申明 max,min,add 是函数名, 而非变量名, 这样编译时将它们按函数名处理, 即将函数的入口地址作实参值, 不致出错。

9.6 指针型函数

相关知识

一个函数可以返回一个整型值、实型值或字符型值, 也可以返回指针型数据。这种返回指针值的函数, 一般定义形式为:

类型名 *函数名（参数表）

例如, int *fun(int x,int y) 表示 fun 是函数名, 调用以后能得到一个指向整型数据的指针（地址）。

函数 fun()的两个整型形参是 x 和 y。

请注意在*fun 两侧没有括号，在 fun 两侧分别有*运算符和( )运算符，( )优先级高于*，因此 fun 先与( )结合，表明 fun 是函数名。函数前有一个*，表示此函数返回值类型是指针，最前面的 int，表示返回的指针指向整型变量。这种形式容易与定义指向函数的指针变量混淆，使用时要十分小心。

【例 9-20】以下函数把两个整数形参中较大的那个数的地址作为函数值传回。

程序清单如下：

```
#include "stdio.h"
main()
{
    int *fun(int,int);/*函数说明*/
    int *p,i,j;
    printf("enter two number to i,j: ");
    scanf("%d,%d",&i,&j);
    p=fun(i,j);/*调用函数 fun,返回最大数的地址赋值指针变量 p*/
    printf("max=%d",*p);
    getch();
}
int *fun(int x,int y)/*函数 fun 定义,指定返回值为整型指针*/
{
    int *z;
    if(x>y) z=&x;
    else z=&y;
}
```

程序运行的结果如下：

```
enter two number to i,j:12,38✓
max=38
```

程序说明

调用函数 fun()时，将变量 i、j 的值 12、38 分别传递给形参 x、y，在函数 fun()将 x 和 y 中的大数地址&y 赋给指针变量 z，函数调用完毕，将返回值 z 赋给变量 p，即 p 指向大数 j。

9.7 指针运算举例

【例 9-21】编写函数 length(char *s)，函数返回指针 s 所指字符串的长度。

```
#include "stdio.h"
length(char *s)
{
    int n=0;
    while(*(s+n)!='\0') n++;
}
main()
{
    char str[]="this is a book";
    printf("%d=",length(str));
    getch();
}
```

程序说明

形参 s 指向字符串的首地址，依次统计串中字符个数，直到遇到串结束标志\0'为止。变量 n 有计数和作字符串访问偏移量的作用。Main()函数中将实参指针 str 传递给形参 s，返回串中字符个数并输出。

【例 9-22】已知存放在数组 a 中的数互不重复，在数组 a 中查找与值 x 相等的位置。若找到，输出该值和该值在数组 a 中的位置；若没找到，输出相应的信息。

```c
#include "stdio.h"
#define NUM 20
main()
{
  int  a[NUM],x,n,p;
  n=input(a);
  printf("enter the number to search:x=");
  scanf("%d",&x);
  p=search(a,x,n);
  if(p!=-1) printf("%d index is:%d\n",x,p);
  else printf("%d cannot be found!\n",x);
  getch();
}
input(int *a)
{
  int i,n;
  printf("Enter number to elements ,0<n<%d",NUM);
  scanf("%d",&n);
  for(i=0;i<n;i++)
     scanf("%d",a+i);
}
search(int *a,int x,int n)
{
  int i,p;
  i=0;
  a[n]=x;
  while(x!=a[i]) i++;
  if(i==n) p=-1;
  else p=i;
}
```

程序说明

（1）函数 input()用来输入数据，函数首先要求输入一个整数，以确定将给数组输入数据的个数。然后用循环语句给整个数组赋值。

（2）函数 search()用来查找 x 在数组中的位置 p，p 的值为–1 表示数组 a 查找不到 x，否则 p 中的值即为所找到的位置。本函数使用了查找算法的一点技巧，将待查找的数 x 放在边界单元 a[n] 中，然后依次将 x 与数组元素 a[0],a[1]，…，a[n]进行比较，由于 a[n]中事先已赋值为 x，所以循环一定能结束；结束循环后变量 i 值等于 n 就成为查找不成功的标志。若在循环过程中 x 与某个元素的值相等，循环也结束，此时变量 i 的值就是与 x 相同的元素的位置。这种将待查找的数放在数组最后的算法比较简单，不必检查下标是否超过待查数组的范围。

本章小结

　　本章介绍了指针的基本概念和初步应用。指针是 C 语言最灵活的部分，使用指针具有提高程序效率、实现动态存储分配等优点，但它非常容易出错，而且这种错误往往往难以发现，因此使用指针必须小心谨慎，并积累经验。

指针的数据类型包括：指向变量的指针（如 int *p）；指向数组元素的指针（如 int *p,a[10]；p=a）；指向含 n 个一维数组的指针变量（如 int (*p)[n]）；指针数组（如 int *p[n]）；指向函数的指针（如 int (*p)( )）；返回指针的函数（如 int *p1( )）；指向指针的指针（如 int **p）等。

使用指针变量之前必须给指针变量赋值：向指针变量直接送地址、函数调用时由实参向形参送地址。虽然地址值是整数，但不允许直接向指针变量送普通值，这样会引起混乱。

指针变量可以进行自增、自减、+i、-i 等算术运算，其结果仍为地址，但算术运算的基本单位是它所指向的变量的长度，如果一个指针变量指向 float 型数据，它的增量以 4 个字节为基本单位，如果一个指针变量指向 int 型数据，它的增量以 2 个字节为基本单位。

指针作为函数的参数，本质上仍通过"值传递"的方式，将实参的地址值传递给形参变量，在调用函数中改变了的值能够为主调函数使用，即可以得到多个可改变的值。

习题 9

一、选择题

1. 变量的指针，其含义是指该变量的_____。

    A. 值   B. 地址   C. 名   D. 一个标志

2. 有语句"int m=6, n=9, *p, *q; p=&m; q=&n;"如图 9-16 所示，若要实现下图所示的存储结构，可选用的赋值语句是_____。

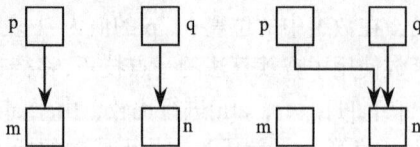

图 9-16 存储结构

    A. *p=*q;   B. p=*q;   C. p=q;   D. *p=q;

3. 若有说明"int a=2, *p=&a, *q=p;"，则以下非法的赋值语句是_____。

    A. p=q;   B. *p=*q;   C. a=*q;   D. q=a;

4. 下面程序的运行结果是_____。

```
#include <stdio.h>
#include <string.h>
main()
{ char *s1="AbDeG";
  char *s2="AbdEg";
  s1+=2;s2+=2;
  printf("%d\n",strcmp(s1,s2));
```

```
    getch();
  }
```

  A．正数   B．负数   C．零   D．不确定的值

5．若定义 "int a=511, *b=&a;"，则 "printf("%d\n", *b);" 的输出结果为_____。

  A．无确定值   B．a 的地址   C．512   D．511

6．若需要建立如图 9-17 所示的存储结构，且已有说明 double *p, x=0.2345; 则正确的赋值语句是_____。

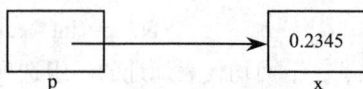

图 9-17 存储结构

  A．p=x;   B．p=&x;   C．*p=x;   D．*p=&x;

7．以下程序中调用 scanf()函数给变量 a 输入数值的方法是错误的，其错误原因是_____。

```
#include <stdio.h>
main()
{
int *p, *q, a, b;
p=&a;
printf("input a:");
scanf("%d", *p);
…
}
```

  A．*p 表示的是指针变量 p 的地址

  B．*p 表示的是变量 a 的值，而不是变量 a 的地址

  C．*p 表示的是指针变量 p 的值

  D．*p 只能用来说明 p 是一个指针变量

8．已有定义 "int a=2, *p1=&a, *p2=&a;"，下面不能正确执行的赋值语句是_____。

  A．a=*p1+*p2;   B．p1=a;   C．p1=p2;   D．a=*p1*(*p2);

9．下面程序的功能是从输入的十个字符串中找出最长的那个串。请在_____处填空。

```
#include "stdio.h"
#include "string.h"
#define N 10
main()
{ char s[N][81], * t;
  int j;
  for (j=0; j<N; j++)
  gets (s[j]);
  t= *s;
  for (j=1; j<N; j++)
  if (strlen(t)<strlen(s[j]))_____;
  printf("the max length of ten strings is: %d, %s\n", strlen(t), t);
  getch();
}
```

  A．t=s[j]   B．t=&s[j]   C．t= s++   D．t=s[j][0]

10．下面判断正确的是_____。

  A．char *s="girl";   等价于   char *s; *s="girl";

B. char s[10]={"girl"};　　　　　等价于　char s[10]; s[10]={"girl"};

C. char *s="girl";　　　　　　等价于　char *s; s="girl";

D. char s[4]= "boy", t[4]= "boy";　等价于　char s[4]=t[4]= "boy"

11. 设 "char *s="\ta\017bc";" 则指针变量 s 指向的字符串所占的字节数是_____。

　　A. 9　　　　　　　　B. 5　　　　　　　　C. 6　　　　　　　　D. 7

12. 若指针 p 已正确定义，要使 p 指向两个连续的整型动态存储单元，不正确的语句是_____。

　　A. p=2*(int *)malloc(sizeof(int));　　　　B. p=(int *)malloc(2*sizeof(int));

　　C. p=(int *)malloc(2*2);　　　　　　　　D. p=(int*)calloc(2, sizeof(int));

13. 若有语句 "int *p, a=10; p=&a;"，下面均代表地址的一组选项是_____。

　　A. a, p, *&a　　　　B. &*a, &a, *p　　　　C. *&p, *p, &a　　　D. &a, &*p, p

14. 若有说明语句 "int a, b, c, *d=&c;"，则能正确从键盘读入 3 个整数分别赋给变量 a、b、c 的语句是_____。

　　A. scanf("%d%d%d", &a, &b, d);　　　　　B. scanf("%d%d%d", a, b, d);

　　C. scanf("%d%d%d", &a, &b, &d);　　　　D. scanf("%d%d%d", a, b,*d);

15. 设有如下的程序段 "char s[]="girl", *t;　t=s;"，则下列叙述正确的是_____。

　　A. s 和 t 完全相同

　　B. 数组 s 中的内容和指针变量 t 中的内容相等

　　C. s 数组长度和 t 所指向的字符串长度相等

　　D. *t 与 s[0]相等

二、填空题

1. 定义语句 "int *f();" 和 "int (*f)();" 的含义分别_____和_____。

2. 若有定义和语句："int a[4]={1，2，3，4}，*p; p=&a[2];"，则*--p 的值是_____。

3. 若有定义和语句："int a[2][3]={0}, (*p)[3];　p=a;"，则 p+1 表示数组_____。

4. 若有如下定义和语句：

```
int *p[3], a[6], n;
for (m=0;m<3;m++)  p[m]=&a[2*m];
```

则*p[0]引用的是 a 数组元素_____。

　　*(p[1]+1)引用的是 a 数组元素_____。

5. 若有以下定义和语句，在程序中引用数组元素 a[m]的 4 种形式是：_____、_____、_____和 a[m]。（假设 m 已正确说明并赋值。）

```
int a[10], *p;
p=a;
```

6. 下面程序的输出结果是_____。

```
#include "stdio.h"
main()
{ int b[2][3]={1,3,5,7,9,11};
  int *a[2][3];
  int i,j;
  int **p, m;
  for(i=0;i<2;i++)
  for(j=0;j<3;j++)
```

```
        a[i][j]=* (b+i)+j;
        p=a[0];
        for(m=0;m<6;m++)
        {
            printf("%4d", **p);
            p++;
        }
        getch();
}
```

7. 请根据运行结果，完成 main()函数中的填空。

```
Array_add( int a[], int n)
{
    int m, sum=0;
    for (m=0;m<n;m++)  sum+=a[m];
    return (sum);
}
main()
{ int Array_add(int a[], int n);
    static int a[3][4]={2,4,6,8,10,12,14,16,18,20,22,24};
    int *p, total1, total2;
    _____;
    pt=Array_add;
    p=a[0];
    total1=Array_add(p,12);
    total2=(*pt) (_____);
    printf("total1=%d\ntotal2=%d\n", total1,total2);
    getch();
}
```

假设运行结果为：

```
total1=156
total2=156
```

三、编程题

1. 编写一个程序，将字符串 computer 赋给一个字符数组，然后从第一个字母开始间隔地输出该串，请用指针完成。

2. 输入一个字符串 string，然后在 string 里面每个字母间加一个空格，请用指针完成。

3. 用选择法对 5 个整数按由大到小排序（要求用指针方法处理）。

第10章

文件

在程序运行时，程序本身和数据一般都存放在内存中（会随系统断电而丢失），当程序运行结束后，存放在内存中的数据被释放。如果需要长期保存程序运行所需的原始数据或程序运行产生的结果，就必须以文件形式存储到外部存储介质（如磁盘、光盘、硬盘）上。这种永久保存的最小存储单元为文件，因此文件管理是计算机系统中的一个重要的问题。

10.1 文件概述

相关知识

10.1.1 文本文件

文本文件是一种典型的顺序文件，其文件的逻辑结构又属于流式文件。 特别的是，文本文件是指以 ASCII 码方式（也称文本方式）存储的文件，更确切地说，英文、数字等字符存储的是 ASCII 码，而汉字存储的是机内码。文本文件中除了存储文件有效字符信息（包括能用 ASCII 码字符表示的回车、换行等信息）外，不能存储其他任何信息，因此文本文件不能存储声音、动画、图像、视频等信息。

设某个文件的内容是下面一行文字：中华人民共和国 CHINA 1949。 如果以文本方式存储，机器中存储的是下面的代码（以十六进制表示，机器内部仍以二进制方式存储）：

D6 D0 BB AA C8 CB C3 F1 B9 B2 BA CD B9 FA 20 43 48 49 4E 41 20 31 39 34 39 A1 A3

其中，D6D0、BBAA、C8CB、C3F1、B9B2、BACD、B9FA 分别是"中华人民共和国" 7 个汉字的机内码，20 是空格的 ASCII 码，43、48、49、4E、41 分别是 5 个英文字母"CHINA"的 ASCII 码，31、39、34、39 分别是数字字符"1949"的 ASCII 编码，A1A3 是标点"。"的机内码。

从上面可以看出，文本文件中信息是按单个字符编码存储的，如 1949 分别存储 "1"、"9"、"4"、"9"这四个字符的 ASCII 编码，如果将 1949 存储为 079D（对应二进制为 0000 0111 1001 1101，即十进制 1949 的等值数），则该文件一定不是文本文件。

10.1.2　二进制文件

文件作为信息存储的一个基本单位，根据其存储信息的方式不同，分为文本文件（又名 ASCII 文件）和二进制文件。如果将存储的信息采用字符串方式来保存，那么称此类文件为文本文件。如果将存储的信息严格按其在内存中的存储形式来保存，则称此类文件为二进制文件。例如下面的一段信息：

```
"This is 1000"
```

在 C 语言中，分别采用字符串和整数来表示，例如，

```
char szText[]="This is"; int a=1000;
```

其中，"This is" 为一个字符串，1000 为整型数据。如果这两个数据在内存中是连续存放的，则其二进制编码的十六进制形式为：54 68 69 73 20 69 73 20 00 03 E8。如果将上述信息全部按对应的 ASCII 编码来存储，则其二进制编码的十六进制形式为：54 68 69 73 20 69 73 20 00 31 30 30 30。如果上述信息保存到文件中是按 54 68 69 73 20 69 73 20 00 03 E8 形式来存储，则称此文件为二进制文件。如果是按 54 68 69 73 20 69 73 20 00 31 30 30 30 形式来存储，则称此文件为文本文件。

在 C 语言中，把文件看作一组字符或二进制数据的集合，也称为 "数据流"。"数据流" 的结束标志为–1，在 C 语言中，规定文件的结束标志为 EOF。EOF 为一个符号常量，其定义在头文件 "stdio.h" 中，形式如下：

```
#define EOF (-1) /* End of file indicator */
```

10.2　文件指针

相关知识

在 C 语言中用一个指针变量指向一个文件，这个指针称为文件指针。通过文件指针就可对它所指的文件进行各种操作。定义说明文件指针的一般形式为：

```
FILE*  指针变量标识符;
```

其中，FILE 应为大写，它实际上是系统定义的一个结构，该结构中含有文件名、文件状态和文件当前位置等信息。在编写源程序时不必关心 FILE 结构的细节。例如："FILE * fp;" 表示 fp 是指向 FILE 结构的指针变量，通过 fp 即可找存放某个文件信息的结构变量，然后按结构变量提供的信息找到该文件，实施对文件的操作。习惯上也笼统地把 fp 称为指向一个文件的指针。在进行读写操作之前要先将文件打开，使用完毕要关闭文件。

10.3　文件的打开与关闭

任务提出

打开名为 "a.txt" 的文件，并向文件输出字符串 "This is my C program!"，然后关闭文件，同

时在屏幕上输出 fclose()的返回值，应该怎么设计呢？

任务分析

如果需要将程序运行结果存放外存时，应该用什么方法存储呢？应该怎样读入数据或存储数据？打开文件的操作可以用 fopen()函数，写入文件有多种方式，以后章节将详细介绍，注意在文件处理的最后调用 fclose()函数关闭文件。在关闭文件之后，不可再对文件进行读写操作。

任务实施

程序清单如下：

```
#include "stdio.h"
void main()
{
    FILE *fpFile;
    int nStatus=0;
    if((fpFile=fopen("a.txt","w+"))= =NULL)
    {
        printf("文件打开失败!\n");
        exit(0);
    }
    fprintf(fpFile,"%s"," This is my C program!");
    fclose(fpFile);
    getch();
}
```

相关知识

10.3.1 文件打开

进行文件处理时，首先要打开一个文件，在 C 语言中，所谓打开文件，实际上是建立文件的各种有关信息，并使文件指针指向该文件，以便进行其他操作。在 C 语言中，文件的打开操作是通过 fopen()函数来实现。此函数的声明在 "stdio.h" 中，原型如下：

```
FILE * fopen (const char *path, const char *mode);
```

函数形式参数说明如下：

（1）const char *path ——文件名称，用字符串表示。

（2）const char *mode ——文件打开方式，同样用字符串表示。

（3）函数返回值——FILE 类型指针。如果运行成功，fopen 返回文件的地址，否则返 NULL。

应当注意：检测 fopen()函数的返回值，防止打开文件失败后，继续对文件进行读写而出现严重错误。

文件名称一般要求为文件全名，文件全名由文件所在目录名加文件名构成。

例如，文件 8_4.C 存储在 C 驱动器的 temp 目录中，则文件所在目录名为 "c:\temp"，文件名为 "8_4.C"，文件全名为 "c:\temp\8_4.C"。如果用字符串来存储文件全名，语句如下：char szFileName[256]= "c:\\temp\\8_4.c"。

fopen()函数允许文件名称仅仅为文件名，那么此文件的目录名由系统自动确定，一般为系统的当前目录名。

假设 ctest.c 中包括如下的程序语句：

```
FILE *fpFile;
fpFile =fopen("C:\\a.txt", "w+");
```

编译连接后形成可执行程序 ctest.exe。无论 ctest.exe 在什么目录下运行，都会准确的打开 C 盘根目录下的 a.txt 文件。但是如果包括如下的程序语句：

```
FILE *fpFile;
fpFile =fopen ("a.txt", "w+");
```

则文件 "a.txt" 的位置则与 ctest.exe 所在的目录有关。

应当注意：文件名称的格式要求路径的分割符为 "\\"，而不是 "\"，因为在 C 语言中 "\\" 代表字符 "\"。例如 "C:\\a.txt t".

根据不同的需求，文件的打开方式有如下几种模式。

（1）只读模式：只能从文件读取数据，也就是说只能使用读取数据的文件处理函数，同时要求文件本身已经存在。如果文件不存在，则 fopen()的返回值为 NULL，打开文件失败。由于文件类型不同，只读模式有两种不同参数。"r" 用于处理文本文件（例如.c 文件和.txt 文件），"rb" 用于处理二进制文件（例如.exe 文件和.zip 文件）。

（2）只写模式：只能向文件输出数据，也就是说只能使用写数据的文件处理函数。如果文件存在，则删除文件的全部内容，准备写入新的数据。如果文件不存在，则建立一个以当前文件名命名的文件。如果创建或打开成功，则 fopen()返回文件的地址。同样只写模式也有两种不同参数，"w" 用于处理文本文件，"wb" 用于处理二进制文件。

（3）追加模式：一种特殊写模式。如果文件存在，则准备从文件的末端写入新的数据，文件原有的数据保持不变。如果此文件不存在，则建立一个以当前文件名命名的新文件。如果创建或打开成功，则 fopen()的返回此文件的地址。其中参数 "a" 用于处理文本文件，参数 "ab" 用于处理二进制文件。

（4）读写模式：可以向文件写数据，也可从文件读取数据。此模式下有如下的几个参数："r+"，"rb"，要求文件已经存在，如果文件不存在，则打开文件失败。"w+" 和 "wb+"，如果文件已经存在，则删除当前文件的内容，然后对文件进行读写操作；如果文件不存在，则建立新文件，开始对此文件进行读写操作。"a+" 和 "ab+"，如果文件已经存在，则从当前文件末端的内容，然后对文件进行读写操作；如果文件不存在，则建立新文件，然后对此文件进行读写操作。文件打开模式对应表如表 10-1 所示。

表 10-1　　　　　　　　　　　　　　文件打开模式

char *mode	含　义	注　　释
"r"	只读	打开文本文件，仅允许从文件读取数据
"w"	只写	打开文本文件，仅允许向文件输出数据
"a"	追加	打开文本文件，仅允许从文件尾部追加数据
"rb"	只读	打开二进制文件，仅允许从文件读取数据
"wb"	只写	打开二进制文件，仅允许向文件输出数据

续表

char *mode	含　义	注　释
"ab"	追加	打开二进制文件，仅允许从文件尾部追加数据
"r+"	读写	打开文本文件，允许输入/输出数据到文件
"w+"	读写	创建新文本文件，允许输入/输出数据到文件
"a+"	读写	打开文本文件，允许输入/输出数据到文件
"rb+"	读写	打开二进制文件，允许输入/输出数据到文件
"wb+"	读写	创建新二进制文件，允许输入/输出数据到文件
"ab+"	读写	打开二进制文件，允许输入/输出数据到文件

应当注意：文件打开模式参数为字符串，不是字符。另外，对不同的操作系统或不同的 C 语言编译器，文件打开模式参数可能不同。

10.3.2　文件关闭

在 C 语言中，在文件操作完成之后要关闭文件。关闭文件则是指断开指针与文件之间的联系，也就是禁止再对该文件进行操作。在 C 语言中，文件的关闭是通过 fclose()函数来实现。此函数的声明在 "stdio.h" 中，原型如下：

```
int fclose (FILE *stream);
```

函数形式参数说明如下。

（1）FILE *stream——打开文件的地址。

（2）函数返回值——int 类型，如果为 0，则表示文件关闭成功，否则表示失败。

文件处理完成之后，最后的一步操作是关闭文件，保证所有数据已经正确读写完毕，并清理与当前文件相关的内存空间。在关闭文件之后，不可以再对文件进行读写操作，除非再重新打开文件。

10.4　文件的读写

任务提出

设计一个程序，将字符 This is a test txt file!、Ok!、Q 写入文件 "c:\test.txt" 中，然后再从文件 "c:\test.txt" 中读出所有的字符并显示在屏幕上。

任务分析

要能从键盘上读取字符，再输出到 "text.txt" 文件中。必须要先将从键盘输入的内容先存到内存，再通过写入文件函数写入到文件中，要能在屏幕上显示文件的内容。也是同样的道理，应先将文件内容读入到内存，再通过以前的输出函数输出到屏幕上。

任务实施

程序清单 1:

```
#include "stdio.h"
main()
{    FILE *fpFile;
     char c;
     if((fpFile=fopen("c:\\test.txt","w"))==NULL)
     {
          printf("文件打开失败!\n");
          exit(0);
     }
     while((c=getchar())!='Q')
       fputc(c,fpFile);
     fclose(fpFile);
     getch();
}
```

程序运行结果如下所示。

输入:

```
This is a test txt file!
Ok!
Q
```

文件 c:\test.txt 的内容如下:

```
This is a test txt file!
Ok!
```

程序清单 2:

```
#include "stdio.h"
main()
{    FILE *fpFile;
     char szFileName[20];
     int c;
     printf("请输入文件名字:\n");
     scanf("%s",szFileName);
     if((fpFile=fopen(szFileName,"w+"))==NULL)
     {
          printf("文件打开失败!\n");
          exit(0);
     }
     while((c=fgetc(fpFile))!=EOF)
       putchar(c);
     fclose(fpFile);
     getch();
}
```

程序运行结果如下:

```
请输入文件名字:
c:\test.txt
输出:
This is a test txt file!
Ok!
```

10.4.1 字符的读写

fputc()与 fgetc()函数和标准输入输出函数 getchar()与 putchar()类似,其"stdio.h"中的原型如下:

```
int fputc (int c, FILE *stream);
int fgetc (FILE *stream);
```

fputc()函数的作用是从当前文件位置开始向文件输出一个字符。函数说明如下。

(1)int c ——准备输出的字符。

(2)FILE *stream——文件地址,为 FILE *类型变量。

(3)函数返回值——int 类型。如果返回值为–1(EOF),则表示字符输出失败,否则返回值为 c,即与输出的字符相等。

Fgetc()函数的作用是从当前文件位置读取一个字符。函数形式参数说明如下:

(1)FILE *stream——用读写模式和只读模式打开的文件地址,为 FILE *类型变量。

(2)函数返回值——int 类型。如果返回值为–1,表示已经读到文件末尾,否则返回读到的字符。

10.4.2 格式化读写

文件输入输出函数中提供了与 scanf()和 printf()类似的函数——fscanf()和 fprintf(),其在"stdio.h"中的原型如下:

```
int fprintf (FILE *stream, const char *format, ...);
int fscanf (FILE *stream, const char *format, ...);
```

对比

```
int printf (const char *format, ...);
int scanf (const char *format, ...);
```

发现,文件输入输出函数中仅仅多了形式参数 FILE *stream,即文件地址,其他的形式参数完全相同。例如:

scanf("%d",&d)的作用是从键盘中读取一个整型数据到变量 d 中。

fscanf(stream,"%d",&d) 的作用是从当前打开的文件中读取一个整型数据到变量 d 中。

【例 10-1】从键盘读入 5 位同学的姓名、数学成绩、物理成绩和化学成绩,并计算总分后输出到文本文件"student.dat"中。

分析

要求从键盘上输入 5 位同学的信息并求出总分到文件中,首先得从键盘上输入信息存到变量中,再由变量存到文件中,即先用 scanf()函数输入到变量,并算出总分,再用 fprintf()写入到文件中。

程序清单如下:

```
#include "stdio.h"
main()
{    FILE *fpFile;float fPhyscial,fMath,fChemical;
     float fTotal;
```

```
        char szName[20];
        int i;
        if((fpFile=fopen("student.dat","w"))==NULL)
        {
            printf("文件打开失败!\n");
            exit(0);
        }
        Printf("请输入信息: \n");
        printf("姓名\t 物理\t 数学\t 化学\n");
        for(i=0;i<5;i++)
        {
            scanf("%s%f%f%f",szName,&fPhyscial,&fMath,&fChemical);
            fTotal=fPhyscial+fMath+fChemical;
            fprintf(fpFile,"%s\t%2.2f\t%2.2f\t%2.2f\t%2.2f\n",szName,fPhyscial,\
            fMath,fChemical,fTotal);
        }
        fclose(fpFile);
        if((fpFile=fopen("student.dat","r"))==NULL)
        {
            printf("文件打开失败!\n");
            exit(0);
        }
        printf("您所写入到文件的内容是: \n");
        printf("姓名\t 物理\t 数学\t 化学\t 总分\n");
        while(!feof(fpFile))
        {
            fscanf(fpFile,"%s%f%f%f",szName,&fPhyscial,&fMath,&fChemical,&fTotal);
            printf("%s\t%2.2f\t\t%2.2f\t%2.2f\t%2.2f\n",szName,fPhyscial,fMath,\
                fChemical,fTotal);
        }
        getch();
}
```

程序运行结果如下:

```
请输入信息:
姓名  物理  数学  化学
John 78.50 85.50 90.00
Bob 89.50 91.00 82.00
Lili 82.50 90.00 87.00
您所写入到文件的内容是:
姓名  物理  数学  化学  总分
John 78.50 85.50 90.00 254.00
Bob 89.50 91.00 82.00 262.50
Lili 82.50 90.00 87.00 259.50
```

10.4.3　块的读写

文件输入输出函数中还提供了块的输入输出函数，即将内存中的一段信息作为一个整体进行输入输出操作，其在 "stdio.h" 中的原型如下:

```
size_t fread (void *ptr, size_t size, size_t n, FILE *stream);
size_t fwrite (const void *ptr, size_t size, size_t n,FILE *stream);
```

其中，size_t 在"stdio.h"中的定义如下：

typedef unsigned size_t;

函数说明如下。

（1）void *ptr ——数据在内存中的首地址。可以为任何类型的指针变量。在 fread()函数中此参数为输出参数，必须输入有效的内存地址，并有足够的内存空间；在 fwrite()函数中，其为输入参数，仅仅要求输入有效的内存地址。

（2）size_t size——块数据的大小，以字节为单位。

（3）size_t n——块数据的数量，以字节为单位。

（4）FILE *stream——已经打开文件的地址。

（5）函数的返回值——size_t 类型。如果函数运行成功，则返回块数据的大小，否则返回 0。

此函数的主要应用在几个方面。

简单变量的读写、数组的读写、结构体变量的读写。

首先介绍应用上述函数读取简单变量。例如：

```
char c;
int n;
float f;
double d;
FILE *fp;
/*写数据*/
fwrite(&c,sizeof(char),1, fp);
fwrite(&n,sizeof(int),1, fp);
fwrite(&f,sizeof(float),1, fp);
fwrite(&d,sizeof(double),1, fp);
/*读数据*/
fread (&c,sizeof(char),1, fp);
fread (&n,sizeof(int),1, fp);
fread (&f,sizeof(float),1, fp);
fread (&d,sizeof(double),1, fp);
```

其次介绍函数在数组读写方面的应用。由于数组具有连续的存储空间，数据连续存放，如果一个一个元素的读写，效率低下。而使用块读写函数实现整体的读写，可以到大幅度提高文件读写速度。例如下面的代码：

```
char szText[50];
double dArray[20];
FILE *fp;
/*写数据*/
fwrite(szTexr,sizeof(char),50, fp);
fwrite(dArray,sizeof(double),20, fp);
/*读数据*/
fread (&c,sizeof(char),1, fp);
fread (szTexr,sizeof(char),50, fp);
fread (dArray,sizeof(double),20, fp);
```

【例 10-2】从键盘读取 10 个整型数据存储到文件中，然后再从文件中读取数据，并输出到屏幕。

分析：

同前例样，首先得从键盘上输入数据存到数组变量中，再通过 fwrite()函数将数组变量的内容写到文件中，再用 fread()函数读出到数组中（此题不用再次读取也可直接输出到屏幕上），最后用 printf()输出数组内容。

程序清单如下：

```
#include "stdio.h"
main()
{
    FILE *fpFile;
    int nArray[10];
    int i ;
    if((fpFile=fopen("data.dat","w"))==NULL)
    {
        printf("文件打开失败!\n");
        exit(0);
    }
    i=0;
    printf("请输入 10 个数：\n");
    while(i<10)
    {
        scanf("%d",&nArray[i]);
        i++;
    }
    fwrite(nArray,sizeof(int),10,fpFile);
    fread(nArray,sizeof(int),10,fpFile);
    printf("您所存储的数是：\n");
    for(i=0;i<10;i++)
        printf("%4d",nArray[i]);
    fclose(fpFile);
    getchar(); /*暂停*/
    getch();
}
```

程序运行结果如下：

```
请输入 10 个数：
1 2 3 4 5 6 7 8 9 0
您所存储的数是：
1 2 3 4 5 6 7 8 9 0
```

10.4.4　字符串的读写

在文件输入输出函数中还提供了与 gets()与 puts()类似的字符输入输出函数，其原型如下：

```
char * fgets (char *s, int n, FILE *stream);
int fputs (const char *s, int n FILE *stream);
```

fgets()函数说明如下。

（1）char *s——有效内存地址，以便可以存储从文件读取的字符串。

（2）int n——读取字符串的长度，确定从文件中读取多少个字符。实质上，此函数从文件中读取 n-1 个字符到当前的字符串中，然后自动添加字符串结束符'\0'。但是如果此文件中一行长度小于 n，则到此行的换行符为止，并将此换行符读取到字符串中。

（3）FILE *stream——文件地址。

（4）函数返回值——字符串首地址，如果函数运行成功，则返回 s 的值；否则返回 NULL。

Fputs()函数说明如下。

（1）const char *s——有效的字符串，此字符串中不包括'\n'。

（2）int n——字符串长度。实质上，在向文件输出信息时，并不输出'\0'。

（3）FILE *stream——文件地址。

（4）函数返回值——整型数据，如果函数运行成功，则返回 0；否则返回 EOF。

如下面的程序实现了将一个字符串 "Hello" 写入文件，或从文件中读取一个字符串的方法。

```
char szText[1024];
szText="Hello";
FILE *fp;
fputs (szText,strlen(szText),fp);
fget(szText,1024,fp);/*读入一行*/
```

【例 10-3】从 student.c 文件中读入一个学生的姓名，然后在 student.txt 文件中追加一个字符串。

分析

根据题意，由于要追加字符串到已有文件中，因此必须用 "ab+" 的方式打开文件，再用 fgets() 函数读入一个学生的姓名，然后通过 scanf()或 gets()从键盘中输入要写入文件中的字符串，最后关闭文件。

程序清单如下：

```
main()
{
   FILE *fp;
   char str[10],ch;
   clrscr();
   if((fp=fopen("c:\\turboc2\\unit10\\student.txt","ab+"))==NULL)
   {
     printf("文件打开失败!按任意键结束!");
     getch();
     exit(1);
   }
   fgets(str,10,fp);
   printf("%s\n",str);
   printf("请输入字符串:\n");
   scanf("%s",str);
   fputs(str,fp);
   rewind(fp);                              /*将文件的位置指针指向文件的开始位置*/
   printf("您添加数据后的文件内容是:\n");
   while((ch=fgetc(fp))!=EOF)
   {
         putchar(ch);
   }
   printf("\n");
   fclose(fp);
   getch();
}
```

程序运行结果如下：

eileen　　（从文件 student.txt 中读取的姓名字符串）

请输入字符串：（提示信息）

shining　　（打算追加到文件的字符串）

您添加数据后的文件内容是：（提示信息）

eileenshining　（写入后文件的内容）

10.5　文件定位函数

任务提出

请读取"c:\turboc2\unit10\student.txt"文件中第奇数个学生的信息并输出。

任务分析

首先使用 fopen()函数以二进制只读"rb"的方式打开该文件，然后采用重定函数对文件的指针进行定位，每次指针位置移动两个结构体大小，直到全部输出为止。

任务实施

程序清单如下：

```
struct student                                  /* 结构体的定义 */
{
    int num;
    char name[20];
    int chinese,math,english;
};
main()
{
    FILE *fp;
    int i;
    char ch,filename[30];
    float f;
    struct student stu[30];                      /* 定义结构体数组 */
    clrscr();
    printf("\n 请输入文件名字:");
    scanf("%s",filename);                         /* 从键盘读入文件名 */
    if((fp=fopen(filename,"rb"))==NULL)           /* 以只读方式打开文件 */
    {
        printf("不能打开 %s 文件\n",filename);
        exit(0);
    }
    printf("\n 学生成绩信息是:");
    printf("\n 学号  姓名  语文   数学  英语:\n");
    for(i=0;i<3;i+=2)
    {
```

```
        fseek(fp,i*sizeof(struct student),0);              /* 对文件指针进行重定位 */
        fread(&stu[i],sizeof(struct student),1,fp);        /* 读出第 i 个学生信息 */
        printf("\n%5d%9s%7d%9d%7d",stu[i].num,stu[i].name,stu[i].chinese,\
        stu[i].math,stu[i].english);
    }
    fclose(fp);
    getch();
}
```

程序的运行结果如下:

请输入文件名字:c:\turboc2\unit10\student.txt
学生成绩信息是:

学号	姓名	语文	数学	英语:
1	Jacob	89	66	94
3	eileen	90	75	88

相关知识

文件可以理解为一个完整的数据流,因此可以将"数据流"分为文件头、文件尾和文件主体 3 个部分。在 C 语言中通过 FILE 类型指针描述文件流的位置,因此 FILE 类型指针又称为文件指针如图 10-1 所示。

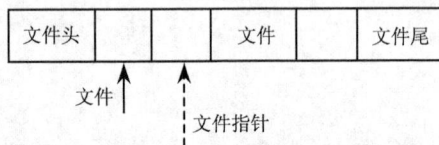

图 10-1　文件定位

在默认情况下,文件的读取是按顺序进行的。在完成一段信息的读写之后,文件指针移动到其后的位置上准备读取下一次读写。在特殊情况下,需要对文件进行随机的读写,即读取当前位置的信息后,并不读取紧接其后的信息,而是根据需要读取特定位置处的信息。为了满足文件的随机读写操作,C 语言中提供了文件指针定位函数。

10.5.1　fseek

fseek()函数是最重要的文件定位函数,此函数在"stdio.h"中的原型如下:

```
int fseek (FILE *stream, long offset, int whence);
```

函数的形式参数如下所示。

(1) FILE *stream——文件地址。

(2) long offset——文件指针偏移量。

(3) int whence——偏移起始位置。

(4) 函数返回值——非零值表示是成功,零表示失败。

在计算文件指针偏移量时,首先要确定其相对位置的起始点。相对位置的起始点分为如下 3 类:文件头、文件尾和文件当前位置,并定义可以用符号常量表示(见表 10-2)。

表 10–2　　　　　　　　　　　　　　　　　相对位置起始点

相对位置起始点	符号常量	整 数 值	说　　明
文件头	SEEK_SET	0	相对的偏移量的参照位置为文件头
文件尾	SEEK_END	2	相对的偏移量的参照位置为文件尾
文件当前位置	SEEK_CUR	1	相对的偏移量的参照位置为文件指针的当前位置

文件偏移量的计算单位为字节，文件偏移量可为负值，表示从当前位置向反方向偏移。

提示：由于运行 DOS 系统的 PC 机中，长整型数的有效范围为–231 ~ 231–1，因此 DOS 可以管理的最大文件为 2048 MB=2GB。

注意：fseek()函数对文本文件和二进制文件的处理方式有所不同。对于二进制文件，可以获得准确的定位。对于文本文件要注意如下的问题，首先文件偏移量必须为 0 或者通过 ftell()函数获得的文件指针的当前位置，并且相对位置的起始点必须为 SEEK_SET。

另外 fseek()将指针移动到文件的开始和结束位置时，产生一个文件状态标志，必须使用 clearerr()函数清除文件状态标志后，才可以继续读写此文件。

将文件指针移动到文件开始位置的程序如下：

```
FILE *fp;
fseek(fp,0L,SEEK_SET);
```

将文件指针移动到文件末尾位置的程序如下：

```
fseek(fp,0L,SEEK_END);
```

10.5.2　rewind

rewind()函数的作用是将当前文件指针重新移动到文件的开始位置，此函数在"stdio.h"中的原型：

```
void rewind (FILE *stream);
```

函数的形式参数如下：

（1）FILE *stream——文件地址。

（2）函数返回值——无。

此函数的作用相当于如下的程序，将文件指针移动到文件头，并清除状态标志。

```
fseek(fp,0L,SEEK_SET);
clearerr(fp);
```

10.5.3　ftell

ftell()函数用来检测当前位置指针的位置即检测流式文件中当前位置指针的位置距离文件头有多少个字节的距离，此函数在"stdio.h"中的原型：

```
long ftell(FILE *stream)
```

函数说明如下：

（1）FILE *stream——文件地址。

（2）成功则返回实际位移量（长整型），否则返回–1L。

```
i=ftell(fp);
```

```
if(i=-1L) printf("Error\n");
```
利用这个函数，我们也可以测试一个文件所占的字节数。例如：

```
fseek(fp,0L,2);          /* 将文件位置指针移到文件末尾 */
volume=ftell(fp);        /* 测试文件尾到文件头的位移量 */
```

10.5.4   ferror

在调用输入输出库函数时，如果出错，除了函数返回值有所反映外，也可利用 ferror()函数来检测，此函数在"stdio.h"中的原型：

```
int ferror(FILE *stream);
```
函数的形式参数如下：

（1）FILE *stream——文件地址。

（2）如果函数返回值为 0，表示未出错；如果返回一个非 0 值，表示出错。

对同一文件，每次调用输入输出函数均产生一个新的 ferror()函数值。因此在调用了输入输出函数后，应立即检测，否则出错信息会丢失。

在执行 fopen()函数时，系统将 ferror()的值自动置为 0。

10.5.5   clearerr

用来将文件错误标志（即 ferror()函数的值）和文件结束标志（即 feof()函数的值）置 0。此函数在"stdio.h"中的原型：

```
int clearer(FILE *stream)
```
为什么要用它？因为，对同一文件，只要出错就一直保留，直至遇到 clearerr()函数或 rewind()函数，或其他任何一个输入输出库函数。

本章小结

存储在变量和数组中的数据是临时的，这些数据在程序运行结束后都会消失，而保存文件中的大量的数据可以长久的保存下来。C 语言将文件当做"数据流"来进行处理，可以文本形式或二进制形式存放。对文件的存取方式有两种：顺序存取和随机存取，因此文件也分为随机文件和顺序文件。在文件处理过程中，最重要的是了解文件的读写顺序。在操作文件之前必须先打开文件，然后根据打开方式进行相应的读写操作，在完成读写之后要关闭文件，以保证信息完整。ANSI C 中规定，文件的读写操作是通过一组函数来实现，并且函数的形式与标准设备的输入输出函数类似。文件处理函数的原型在"stdio.h"中，本章主要是对相关函数的介绍。

习 题 **10**

一、选择题

1. 对 C 语言的文件存取方式中，正确的是_____。
   A. 只能顺序存取　　　　　　　　　　B. 只能随机存取（也称直接存取）
   C. 可以是顺序存取，也可以是随机存取　D. 只能从文件的开头存取

2. C 语言可以处理的文件类型是_____。
   A. 文本文件和数据文件　　　　　　　B. 文本文件和二进制文件
   C. 数据文件和二进制文件　　　　　　D. 以上都不完全

3. 默认状态下，系统的标准输入文件（设备）是指_____。
   A. 键盘　　　　　　B. 硬盘　　　　　　C. 软盘　　　　　　D. 显示器

4. 默认状态下，系统的标准输出文件（设备）是指 _____。
   A. 键盘　　　　　　B. 显示器　　　　　C. 软盘　　　　　　D. 硬盘

5. 若要以只读打开一个新的二进制文件，则打开时使用的方式字符串是_____。
   A. "wb"　　　　　　B. "a+"　　　　　　C. "rb"　　　　　　D. "rb+"

6. 若要打开 A 盘上 user 子目录下名为 abc.txt 的文本文件进行读、写操作，下面符合此要求的函数调用是 _____。
   A. fopen("A:\user\abc.txt","r")　　　　B. fopen("A:\\user\\abc.txt","r+")
   C. fopen("A:\user\abc.txt","rb")　　　　D. fopen("A:\\user\\abc.txt","w")

7. 已知函数 fwrite() 的一般调用形式是 fwrite(buffer,size,count,fp)，其中 buffer 代表的是_____。
   A. 一个指向要输出文件的文件指针
   B. 存放输出数据项的存储区
   C. 要输出数据项的总数
   D. 存放要输出的数据的地址或指向此地址的指针

8. 若调用 fputc( ) 的函数输出字符成功，则其返回值是_____。
   A. EOF　　　　　　B. 1　　　　　　　C. 0　　　　　　　D. 输出的字符

9. 标准函数 fgets(s, n, f) 的功能是_____。
   A. 从文件 f 中读取长度为 n 的字符串存入指针 s 所指的内存
   B. 从文件 f 中读取长度不超过 n–1 的字符串存入指针 s 所指的内存
   C. 从文件 f 中读取 n 个字符串存入指针 s 所指的内存
   D. 从文件 f 中读取长度为 n–1 的字符串存入指针 s 所指的内存

10. 若 fp 是指向某文件的指针，且已读到该文件的末尾，则 C 语言库函数 feof(fp) 的返回值是 _____。
    A. EOF　　　　　　B. –1　　　　　　C. 非零值　　　　　D. NULL

11. 以下叙述中错误的是 _____。
    A. 二进制文件打开后可以先读文件的末尾，而顺序文件不可以
    B. 在程序结束时，应当用 fclose() 函数关闭已打开的文件

C. 在利用 fread()函数从二进制文件中读数据时，可以用数组名给数组中所有元素读入数据

D. 不可以用 FILE 定义指向二进制文件的文件指针

12. 在 C 程序中,可把整型数以二进制形式存放到文件中的函数是_____。

A. fprintf()函数　　　　B. fread()函数　　　　C. fwrite()函数　　　　D. fputc()函数

13. 下面的程序执行后，文件 test.t 中的内容是_____。

```
#include "stdio.h"
void fun(char *fname.,char *st)
 {
    FILE *myf; int i;
    myf=fopen(fname,"w" );
    for(i=0;i<strlen(st); i++)  fputc(st[i],myf);
     fclose(myf);
 }
main()
{ fun("test.t","new world"); fun("test.t","hello");
  getch();
}
```

A. hello　　　　　　B. new worldhello　　　C. new world　　　　D. hello, rld

14. 有以下程序:

```
#include "stdio.h"
main()
{  FILE *fp; int i=20,j=30,k,n;
   fp=fopen ("d1.dat", "w" );
   fprintf(fp, "%d\n",i);fprintf(fp, "%d\n",j);
   fclose(fp);
   fp=fopen("d1.dat", "r");
   fp=fscanf(fp, "%d%d", &k,&n);  printf("%d%d\n",k,n);
   fclose (fp);
   getch();
}
```

程序运行后的输出结果是_____。

A. 20　30　　　　　B. 20　50　　　　　C. 30　50　　　　　D. 30　20

15. 以下程序的功能是_____。

```
#include "stdio.h"
main()
{
  FILE *fp;
   fp=fopen("abc","r+");
     while(!feof(fp))
      if(fgetc(fp)=='*')
       {fseek(fp,-1L,SEEK_CUR);
        fputc('$',fp);
        fseek(fp,ftell(fp),SEEK_SET);
       }
  fclose(fp);
  getch();
}
```

A. 将 abc 文件中所有'*'替换为'$'　　　　　B. 查找 abc 文件中所有'*'

C. 查找 abc 文件中所有'$'　　　　　　　　D. 将 abc 文件中所有字符替换为'$'

16. 如下程序执行后，abc 文件的内容是_____。

```
#include<stdio.h>
main()
 { FILE *fp;
   char *str1="first";
   char *str2="second";
   if((fp=fopen("abc","w+"))==NULL)
   {
      printf("Can't open abc  file\n");
      exit(1);
   }
   fwrite(str2,6,1,fp);
   fseek(fp,0L,SEEK_SET);
   fwrite(str1,5,1,fp);
   fclose(fp);
   getch();
 }
```

A. first　　　　　　B. second　　　　　　C. firstd　　　　　　D. 为空

二、填空题

1. 在 C 程序中，文件可以用_____方式存取，也可以用_____存取。

2. 在 C 程序中，数据可以用_____和_____两种代码形式存放。

3. 函数调用语句"fgets(buf,n,fp);"从 fp 指向的文件中读入_____个字符放到 buf 字符数据中，函数值为_____。

4. 下面的程序用来统计文件中字符的个数，请填空。

```
#include <stdio.h>
main()
{  FILE *fp;
   long num=0;
   if(( fp=fopen("fname.dat","r"))==NULL)
   { printf("Can't open file! \n"); exit(0);}
   while _____
     { fgetc(fp); num++;}
   printf("num=%d\n", num);
   fclose(fp);
   getch();
 }
```

三、编程题

1. 设文件 number.dat 中存放了一组整数。请编程统计并输出文件中的正整数、零、负整数的个数。

2. 设文件 student.dat 中存放着大一学生的基本情况，这些情况由结构体来描述，请编程输出学号在 09101101～09100130 之间的学生学号、姓名、年龄和性别。

第11章

位运算

C语言既具有高级语言的特点，也具有低级语言的特点。本节所讲的位运算就具有低级语言的特点，并被广泛用于对底层硬件、外围设备的状态检测和控制。

计算机真正执行的是由0和1信号组成的计算机指令，数据也是以二进制形式表示的。因此最终要实现计算机的操作，就要对这些0和1进行操作。每一个0和1的状态称为一个"位"（bit）的状态。有了位运算，C语言就能编写出直接对计算机硬件进行操作的程序。

11.1 位运算及位运算符概述

相关知识

11.1.1 位运算概述

所谓位运算是指对操作数以二进制位（bit）为单位进行的数据处理。每一个二进制位只能存放一位二进制数"0"或"1"，因此位运算符的运算对象是一个二进制数位的集合。

通常把组成一个数据的最右边的二进制位称作第0位，从右向左依次称为第1位，第2位，…，最左边一位称作最高位。

11.1.2 位运算符的种类

C语言中，位运算包括逻辑运算和移位位运算。

（1）逻辑位运算分为4种：位反、位与、位或、位异或，如表11-1所示。

表 11-1　　　　　　　　　　　　　　逻辑位运算符

运 算 符	含 义	运算类型	用法举例
~	按位取反	单目运算符	~ 5=2　　（即 ~ 101=010）
&	按位与	双目运算符	5&6=4（101&110=100）
|	按位或	双目运算符	5|4= 5（即 101&100=101）
^	按位异或	双目运算符	5^6= 3（101&110=011）

（2）移位位运算分为两种：左移与右移，如表 11-2 所示。

表 11-2　　　　　　　　　　　　　　移位位运算符

运 算 符	含 义	运算类型	用法举例
<<	左移	双目运算符	a<<2（a 的各位全部左移 2 位）
>>	右移	双目运算符	a>>2（a 的各位全部右移 2 位）

在 C 语言中的移位不是循环移动，经过移位后一端的位被"挤掉"，而另一端空出的位补 0。

（3）位复合赋值运算符：类似于算术的复合运算符，位运算符和赋值运算符也可以构成复合赋值运算符，如表 11-3 所示。

表 11-3　　　　　　　　　　　　　　位复合运算符

运 算 符	含 义	运算类型	用法举例
&=	与赋值	双目运算符	x&=y
|=	或赋值	双目运算符	x|=y
>>=	右移赋值	双目运算符	x>>=y
<<=	左移赋值	双目运算符	x<<=y
^=	异或赋值	双目运算符	x^=y

（4）关于位运算符的几点说明。

① 在逻辑位运算中，"~"的优先级高于算术运算符、关系运算符、逻辑运算符。

其他位运算符则低于关系运算符、高于逻辑运算符。

② 参加位运算的操作数必须是整型或字符型数据（常量或变量），不能是其他类型的数据。

③ 两个长度不同的数据进行位运算时，系统先将两者的右端对齐，短的运算对象若是有符号数则按符号位扩展，若是无符号数则以"0"扩充。

④ 位运算符的优先级如下：按位取反运算符"~"的优先级最高，高于所有的双目运算符；其次是左移运算符"<<"和右移运算符">>"，其优先级高于关系运算符；最低的是按位与"&"、按位异或"∧"和按位或"|"运算符，其优先级低于关系运算符。

⑤ 除了按位取反运算符"~"的结合方向是自右至左外，其余位运算符的结合方向都是自左至右。

⑥ 位运算符和逻辑运算符很相似，要注意区别。关系运算和逻辑运算的结果只能是 1 或 0，而按位运算的结果不一定是 1 或 0，还可以是其他数。

11.2 位运算

如何统计一个字符对应的 ASCII 码中 1 的个数？

此问题首先要从键盘输入一个字符，然后统计出该字符对应的 ASCII 码值转换成二进制后 1 的个数。

解决此问题的难点在于如何判断该字符对应 ASCII 码值转换成二进制后每个位上的数字是 0 还是 1。

设从键盘输入的字符用 ch 表示，该问题需对字符 ch 的 ASCII 码的每一位进行测试，判断是 0 还是 1。方法是：设置一个屏蔽字与 ch 进行 "&" 运算，从而取所需的某位的状态（0 或 1）。从高位开始，第 8 位所需设置的屏蔽字 mask 为 0x80，即二进制 10000000，若 ch&mask 的结果为 0，则说明 ch 的第 8 位为 0，否则为 1。第 7 位所需设置的屏蔽字 mask 为 0x40，即将 mask 右移一位。如此一直下去，直到结束。

完成以上功能的程序清单如下：

```c
#include "stdio.h"
main()
{
  char ch;
  int mask,i,count=0;
  printf("请输入一个字符: ");
  ch=getchar();
  printf("该字符的 ASCII 是%d\n",ch);
  mask=0x80;
  for(i=0;i<8;i++)
  {
    if((ch&mask)!=0)  count++;
    mask>>=1;
  }
  printf("ASCII 中 1 的个数有: %d\n",count);
  getch();
}
```

程序运行结果如下：

请输入一个字符: x↙
该字符的 ASCII 是 78
ASCII 中 1 的个数有: 4 个

附简要算法描述，如图 11-1 所示。

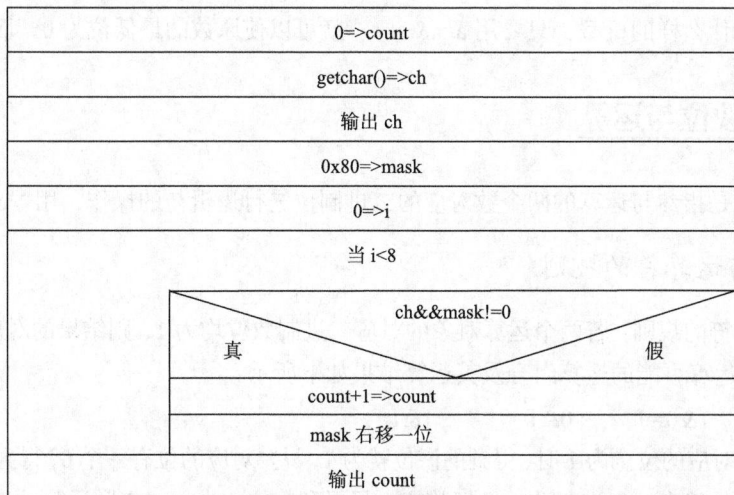

| 0=>count |
| getchar()=>ch |
| 输出 ch |
| 0x80=>mask |
| 0=>i |
| 当 i<8 |

图 11-1 算法描述

相关知识

11.2.1 按位取反运算

按位取反运算是用来对二进制按位进行取反运算，是单目运算符。按位取反运算符用"～"表示。按位取反运算符是位运算中唯一的单目运算符，运算对象应置于运算符的右边。

1. 按位取反运算的运算规则

按位取反运算的运算规则：把运算对象的内容按位取反，将每一位上的 0 变 1，1 变 0。即 ～0=1，～1=0。

例如：对十六进制数 32 进行取反。

～0 0 1 1 0 0 1 0 = 1 1 0 0 1 1 0 1

结果为 1 1 0 0 1 1 0 1。

又如：

a=0000 0000 0000 1011，则表达式 ～a 的值为 1111 1111 1111 0100。

```
unsigned  char  a,b;           /*定义两个无符号字符型变量 a, b*/
…
b=~a                           /*对变量 a 全部位取反，结果赋值给 b*/
…
printf("~a =%d\n",b);          /*输出十进制 b 值*/
```

2. 按位取反运算的主要应用

按位取反运算的主要应用：用来适应不同字长型号的机型，帮助得到使原数最低位为 0。例如：想使 a 中最低位为 0，可让 a=a& ～1。如果 a 是 16 位，其中 ～1 等于 0177776，与 a 相与后，使最低位为 0。如果是 a 是 32 位，其中 ～1 等于 0377776，与 a 相与后，使最低位为 0。

总之，不管什么样的机型，只要用 a=a& ~ 1，就可以使原数的最低位为 0，而其余位不变。

11.2.2　按位与运算

按位与运算是指参与运算的两个数对应的二进制位进行逻辑与的操作，用 "&" 表示。

1.　按位与运算符的规则

按位与运算符的规则：若两个运算对象的对应二进制数位均为 1，则结果的对应数位为 1，否则为 0。按位与运算可能的运算组合及其运算结果如下所示：

0&0=0　　　1&0=0　　0&1=0　　1&1=1

即当两个数对应的位全为 1 时，得到的该位就为 1，只要对应的位有一个 0，得到的该位就为 0。

按位与运算的特点：二进制数的任何数位，只要和数位 0 进行 "与" 运算，该位清零；和数位 1 进行 "与" 运算，该位保留原值不变。

例如，x=0000 0000 0000 1011，y=0000 0000 0000 1010，则表达式 x&y 的计算结果如下：

```
     0000000000001011
(&)  0000000000001010
     0000000000001010
```

2.　按位与运算的主要应用

（1）**按位清零**：只要把需要进行清零的位与 0 进行 "按位与" 操作，其余与 1 进行 "按位与" 操作即可。

【例 11-1】把整型变量 a 的高八位清 0，保留低八位。

方法是：把 a 和一个高八位为 0，低八位为 1 的数进行按位与运算。

程序清单如下：

```
main()
{ int a=268,b=0x00ff,c;
  c=a&b;
  printf("a=%d,b=%d,c=%d\n",a,b,c);
  getch();
}
```

运行结果：

```
a=264,b=255,c=13
```

（2）**测试指定位的值**：要判断某一指定位的值是否为 1 或 0，只需将这一位与 1 进行 "按位与" 操作，然后判断结果是否为 1 或 0 即可。

【例 11-2】设 x 是一个字符型变量（8 位二进制位），判断 x 的最低位是否为 1。

方法是：把 x 和 0x01 进行 "按位与" 运算，如果结果为 1 则 x 的最低位是 1。

```
x =* * * * * * * *
& 0 0 0 0 0 0 0 1
```

结果：0 0 0 0 0 0 0 *。

程序清单如下：

```
main()
{ int x=268,y=0x001,z;
```

```
  z=x&y;
  printf("x=%d,y=%d,z=%d\n",x,y,z);
  getch();
}
```

运行结果：

```
x=268,y=1,z=0
```

应当注意："按位与"运算&的优先级低于关系运算符!、=和==，所以在判断结果是否为零时，表达式（x&0x01）!=0 中的圆括号不能省略。

（3）获取指定位的值：要想获取某些位的判断某些位的值，只需将这些位的与 1 进行"按位与"操作，其余与 0 进行"按位与"操作。

比如，设 a=00101101，想取出 a 中的 2～5 位，方法是：令 a&00011110。结果为：00001100。

【例 11-3】设 x 是一个整型变量（16 位二进制位），获取 x 的低 8 位。

方法是：将 x 与数 0x00ff 进行按位与运算：

设　　x =＊＊＊＊＊＊＊＊＊＊＊＊＊＊＊＊

　　　&0 0 0 0 0 0 0 0 1 1 1 1 1 1 1 1

结果：0 0 0 0 0 0 0 0＊＊＊＊＊＊＊＊。

最后的结果是保存了 x 的低八位。

程序清单如下：

```
main()
{ int x=268,y=0x00ff,z;
  z=x&y;
  printf("x=%d,y=%d,z=%d\n",x,y,z);
  getch();
}
```

运行结果：

```
x=268,y=255,z=12
```

11.2.3　按位或运算

按位或运算符是指参与运算的两个数对应的二进制位进行逻辑或的操作，用"|"表示。

1. 按位或运算符的运算规则

按位或运算符的运算规则：当两个数对应的位全为 0 时，得到的该位就为 0，只要对应的位有一个 1，得到的该位就为 1。

按位或运算可能的运算组合及其运算结果如下所示：

0|0=0　　　　　　　1|0=1　　　　　　　0|1=1　　　　　　　1|1=1

例如，x=0000 0000 0000 1011，y=0000 0000 0000 1010，则表达式 x|y 的计算结果如下：

```
    0000000000001011
(|) 0000000000001010
    0000000000001011
```

结果为十进制 11。

2. 按位或运算的主要应用

按位或运算的主要应用：按位置 1。只要把需要置 1 的位与 1 进行"按位或"的操作，其余与此 0 进行"按位或"的操作。

【例 11-4】 设 x 是一个整型变量，要求将 x 的低八位置 1。

方法是

```
        x =****************
        |0000000011111111
```

结果： ********11111111

最后的结果是将 x 的低八位置 1。

程序清单如下：

```
main()
{ int x=268,y=0x00ff,z;
  z=x|y;
  printf("x=%d,y=%d,z=%d\n",x,y,z);
  getch();
 }
```

运行结果：

```
x=268,y=255,z=511
```

11.2.4 按位异或运算

按位异或运算符是指参与运算的两个数对应的二进制位进行逻辑按位异或的操作，用"∧"表示。

1. 按位异或运算符的运算规则

按位异或运算符的运算规则：若两个运算对象的对应二进制位不同，则结果的对应数位为 1，否则为 0。按位异或运算可能的运算组合及其运算结果如下所示：

0∧0=0   1∧0=1   0∧1=1   1∧1=0

例如，x=0000 0000 0000 1011，y=0000 0000 0000 1010，则表达式 x∧y 的计算结果如下：

```
        0000000000001011
(∧)     0000000000001010
        0000000000000001
```

又如：

c=10^6

10: 0000,0000,0000,1010

& 6: 0000,0000,0000,0110

c: 0000,0000,0000,1100   （12）

2. 按位异或运算的主要应用

按位异或运算的主要应用：特定位翻转和保留原值。

（1）特定位翻转方法：特定位与 1 异或。对某些位进行操作，如该位为 1 则将它变为 0，如该位为 0 则将它变为 1。

例如：设 a 是一个字符型变量，现要求将 a 的低 4 位翻转。

a=0 1 1 0 0 1 1 0

　^0 0 0 0 1 1 1 1

结果：0 1 1 0 1 0 0 1

最后的结果是将 a 的低 4 位翻转。

（2）保留原值方法：与 0 异或。

例如：设 a 是一个字符型变量，现要求将 a 的低 4 位保留原值。

a=0 1 1 0 0 1 1 0

　^0 0 0 0 0 0 0 0

结果：0 1 1 0 0 1 1 0

最后的结果是将 a 的低 4 位保留原值。

（3）不用临时变量，实现交换两个变量的值。

【例 11-5】将一个整数的低 4 位，如果是 1 变为 0，如果是变为 1。

```
#include "stdio.h"
main()
{
    int a,b=0xf,c;
    printf("请输入一个十六进制数 a：\n");
    scanf("%x",&a);
    c=a^b;/*将 a 和 b 进行按位异或运算，其结果存入 c*/
    printf("翻转后的数为:%x\n",c);
    getch();
}
```

运行情况如下：

```
请输入一个十六进制数 a：
ff
翻转后的数为:f0
```

11.2.5　左移运算

左移运算符是把"<<"符号左边的运算数的各二进制位全部左移若干位，移动的若干位由"<<"符号右边的数指定，高位丢弃，低位补 0，用"<<"表示。

左移运算符的运算规则：将运算对象中的每个二进制数位向左移动若干位，从左边移出去的高位部分被丢弃，右边空出的低位部分用"0"补齐。

例如：x=0000 0000 0000 1011，则 x<<2 的结果为 0000 0000 0010 1100。

又例如：左移运算举例：

```
char a=30;
a=a<<2;
```

结果如下：

（30）=（0001，1110）（二进制）

左移后为（120）=（0111，1000）（二进制）

注意：若移出的高位部分不包含数位 1，则每左移 1 位，相当于乘 2，左移 n 位相当于乘 2 的 n 次方。

若对 c=44(00101100)进行下面的操作：

　　　c=c<<1；c 的值变为 88（01011000）

　　　c=c<<1；c 的值变为 176（10110000）

11.2.6　右移运算

右移运算符把运算符左边的运算数的各二进制位全部右移若干位，用 ">>" 表示，移动的若干位由 ">>" 符号右边的数指定。

右移运算符的运算规则：将运算对象中的每个二进制数位向右移动若干位，从右边移出去的低位部分被丢弃，左边空出的高位部分的处理分两种情况。对无符号数和正数来讲，左边空出的高位部分补 "0"；对负数来讲，左边空出的高位部分补 "0" 还是补 "1"，与所使用的编译程序有关，有的编译程序补 "0"，称为逻辑右移，有的编译程序补 "1"，称为算术右移。

例如，

char a=0x78；

a=a>>2；

结果如下：

16 进制 78=120=（0111，1000）（二进制）

右移后为：（30）=（0001，1110）（二进制）

又例如，x=0000 0000 0000 1011，则 x>>2 的结果为 0000 0000 0000 0010。如果当 x 为负，如 x=1000 0000 0000 1011，则 x>>2 按逻辑右移的结果为 0010 0000 0000 0010，算术右移的结果为 1110 0000 0000 0010。

注意

（1）若移出的位全为 0，则每右移 1 位，相当于除 2，右移 n 位相当于除 2 的 n 次方。

（2）当进行右移运算时，操作结果与操作数是否带符号有关。

❖　无符号操作数右移时，左端出现的空位补 0，右端移出的数据舍去。

❖　带符号操作数右移时，左端出现的空位补符号位。若符号位为 0 则左边也是移入 0，若符号位为 1 则左端也是移入 1，移出的数据舍去。

例如，带符号数 a=−16 和无符号数 b=240，进行下列操作：

a=a>>1；a 的值变为−8（11111000）

b=b>>1；b 的值变为 120（01111000）

a=a>>1；a 的值变为−4（11111100）

b=b>>1；b 的值变为 60（00111100）

11.3 位域

相关知识

在程序设计中，有时存储一个信息不必用一个或多个字节，可以在一个字节中存放一个或多个信息。例如，"真"或"假"用 1 或 0 表示，只需一位即可，如果用一个变量来存储，则将浪费存储空间。为了解决该问题，C 语言提供了位段操作。

在前面介绍的位与运算、位或运算、位异或运算、反运算、左移运算、右移运算等几种的综合运算，可以实现对某一位或某几位的存取，但较麻烦。C 语言中允许在结构体中以位为单位来指定其成员所占的内存长度，这种以位为单位的成员就称为位段或位域（bit field）。

所谓位段是由一个或多个二进制数位组成的，它是数据的一种压缩形式。位段是一种特殊的压缩形式结构体结构中的成员，它的特殊性在于它是以位为单位定义长度的。

11.3.1 位域或位段(bit field)的定义形式

位域或位段（bit field）的定义形式如下：

```
struct  位域结构体名
{
位域列表
}
```

其中，位域列表的形式为：

```
类型说明符  位域名：位域长度；
```

其中，位域名的类型必须指定为 unsigned int 型或 int 型，一般为 unsigned 型。位域长度以二进制位为单位。例如，

```
struct  bs
    {
     unsigned  int  a:1;
    unsigned  int  b:3;
    unsigned  int  c:4;
   }bit, *pbit;
```

定义了结构体 bs，该结构体变量共有 3 个成员，其中 a，b，c 成员是位段，分别占 1 位、3 位、4 位，共占 1 个字节。

又如，

```
struct  wd
{
  unsigned a:2;
  unsigned b:3;
  unsigned c:6;
  unsigned d:4;
  int k;
}dat;
```

定义了结构体 wd，该结构体变量共有 5 个成员，其中 a、b、c、d 成员是位段，分别占 2 位、

3 位、6 位、4 位，k 是的一般成员，k 占 2 个字节。

11.3.2 位域的引用

位域的引用方法与引用结构体变量中的成员相同，即：

位域结构体名.位域名

在 C 语言中，可以通过赋值语句给位域赋值。例如，

```
struct bs
 {
   unsined a:6;
   int b:2;
   int c:8;
 }data;
```

这里定义一个位域结构 bs，同时定义了 data 为 bs 变量，共占两个字节。其中位域 a 占 6 位，b 占 2 位，c 占 8 位。

位域中数据的引用为：

```
data.a=7;
data.b=1;
data.c=9;
```

应当注意：赋值时不能超过位域允许的最大值范围，如 data.b 只占 2 个位，最大值为 3，此时若把 8（二进制为 1000）赋给它，就会自动取赋予该数的低位，也是就 00，最终 data.b 的值为 0。

另一方面，位域还可以用整型格式符输出。例如，

```
printf("%d,%d,%d\n",data.a,data.b,data.c);
```

也可以用%u、%o、%x 等格式符输出。

11.4 位运算应用举例

【例 11-6】从键盘上输入一个正整数 n，判断此数是奇数还是偶数。

分析：奇数的二进制表示中右边的第 1 位为 1，偶数的二进制表示中右边的第 1 位为 0。因此该题就转换为取该数右边的第 1 位，并判断其值是否为 0。

程序清单如下：

```
main()
{
  int  n;
  printf("请输入一个大于 0 的数 n:");
  scanf("%d",&n);
  if((n&0x01)==0)    /*取 n 的最后一位，若其值为 0，则为偶数，否则为奇数*/
    printf("%d 是一个偶数。\n",n);
  else
    printf("%d 是一个奇数。\n",n);
  getch();
}
```

程序运行结果如下：

请输入一个大于 0 的数 n:<u>10</u>✓

10 是一个偶数。

请输入一个大于 0 的数 n:<u>9</u>✓

9 是一个奇数。

【例 11-7】将十六进制数转换为二进制数。

分析：人们有时希望知道某个十六进制数的二进制数是什么，但 C 语言的 printf() 函数只提供 %x，%d，%o 方式输出一个整数（即十六进制，十进制，八进制）而不能直接输出一个整数的二进制形式，需要人工转换，很不方便。在这里可以用位运算来实现此功能。

采用的方法是：对一个整数 num（16 位）的每一位进行测试，视其为 0 还是为 1，可以设置一个屏蔽字与该数进行 & 运算，从而保留（取出）所需的一个位的状态。从高低（第 15 位）开始，此时设置的屏蔽字为 0x8000（十六进制数 8000），即二进数 1000 0000 0000 0000，其最高位（15）为 1，其余位为 0，将它赋予一个变量 mask，使 mask & num，若结果为 1 说明 num 的 15 位为 1，否则为 0。把这个 1 或 0 存放在 bit 中，即：

```
bit=(mask & num)?1:0;
```

该 bit 的值（非 1 即 0）就是 num 第 15 位之值。下面处理第 14 位，此时 mask 应改为 0x4000，也就是使 mask 右移一位。

程序清单如下：

```
main()
{
  int  j,num,bit;
  unsigned  int mask;
  mask=0x8000;
  printf("\n 请输入一个数十六进制的数:");
  scanf("%x", &num);
  printf("十六进制数% 0x 的二进制数是 :",num);
  for(j=0;j<16;j++)
    {
     bit=(mask & num)?1:0;
     printf("%d",bit);
      if(j==7)
        printf("--");
     mask>>=1;
    }
  getch();
}
```

注意：输入时用十六进制形式输入数据，程序输出相应的二进制形式。

程序运行结果如下：

请输入一个数十六进制的数:<u>1</u>✓

十六进制数 1 的二进制数是:00000000- -00000001

请输入一个数十六进制的数:<u>f1e2</u>✓

十六进制数 f1e2 的二进制数是 :11110001- -11101111

请输入一个数十六进制的数:<u>cdef</u>✓

十六进制数 cdef 的二进制数是 :11001101- -11101111

本章小结

C 语言是为了描述系统而设计的，它既具有高级语言的特点，又具有低级语言的功能。位运算就是其低级语言的功能，本章介绍了位运算和位域。

1．位运算

所谓位运算是指对二进制数位进行的运算。每一个二进制数位只能存放 0 或 1，因此位运算符的运算对象是一个二进制数位的集合。本章介绍了 C 语言提供的六种位运算符（按位与&、按位或|、按位异或^、按位取反～、左移<<、右移>>）的格式、运算规则、主要用途及实现方法。

2．位域

位域是一种比较简单的结构体，它以位为单位来指定其成员所占内存的长度，这种以位为单位的成员构成的结构称为"位域"或称为"位段"。本章介绍了位域的概念、定义及引用方法。

习 题 11

一、选择题

1．若 x=1,y=3，则 x&y 的结果是_____。
  A．1   B．2   C．3   D．5

2．以下运算符中优先级最高的是_____。
  A．&&   B．&   C．|| D．|

3．设 int b=2; 表达式(b<<2)/(b>>1)的值是_____。
  A．5   B．6   C．7   D．8

4．位运算中，操作数每左移一位，则结果相当于_____。
  A．操作数乘以 2   B．操作数除以 2
  C．操作数除以 4   D．操作数乘以 4

5．在 C 语言中，要求操作数必须是整型或字符型的运算符是_____。
  A．&&   B．&   C．!   D．||

6．以下叙述不正确的是_____。
  A．表达式 a&=b 等价于 a=a&b   B．表达式 a|=b 等价于 a=a|b
  C．表达式 a!=b 等价于 a=a!b   D．表达式 a^=b 等价于 a=a^b

7. 设 int a=4,b;，执行 b=a<<3;后，b 的值是_____。
   A. 4　　　　　　　　B. 8　　　　　　　　C. 16　　　　　　　　D. 32

8. 表达式 ~ 0x12 的值是_____。
   A. 0xFFED　　　　　　B. 0xFF71　　　　　　C. 0xFF68　　　　　　D. 0xFF17

9. 表达式 0x12&0x16 的值是_____。
   A. 0x16　　　　　　　B. 0x12　　　　　　　C. 0xf8　　　　　　　D. xec

10. 测试 char 型变量 a 的第六位（设最右边为第一位）是否为 1 的表达式是_____。
    A. a&32　　　　　　　B. a&4　　　　　　　C. a|32　　　　　　　D. a|4

二、填空题

1. 位运算是对运算量的_____位进行运算。

2. 位运算的运算对象只能是_____和_____数据。

3. 位运算符有&、_____、^、<<、_____、~ 六种，其中运算符_____是单目运算符。

4. 若要想使一个数 a 的低 4 位全改为 1，需要 a 与_____进行按位或运算。

5. 设有一个二进制数 a=00101101，若想使 a 的高 4 位取反，低 4 位不变，则只需将 a 与二进制数_____进行异或运算即可。

6. 按位与运算的运算规则是：0&0=0，_____，_____。

7. 以位为单位的成员构成的结构体称为_____。

8. 在 C 语言中，&运算符作为单目运算符时表示的是_____运算，作为双目运算符时表示的是_____运算。

9. 在左移运算中，对于右边移出的位补_____值。

10. 对一个正整数进行右移运算，对于左边移出的位补_____值。

三、程序分析题

1. 下列程序的输出结果是_____。

```
#include "stdio.h"
main( )
{
  unsigned char a,b,c;
  a=0x7;b=a||0x4;c=b<<1;
  printf("%d,%d\n",b,c);
  getch();
}
```

2. 以下程序的运行结果是_____。

```
#include "stdio.h"
main()
{
  char x=020;
  printf("%o\n",x<<2);
  getch();
}
```

3. 以下程序的运行结果是_____。

```
#include "stdio.h"
main()
```

```
{
  unsigned char a,b;
  a=26;
  b=~a;
  printf("%x\n",b);
  getch();
}
```

4. 以下程序的运行结果是_____。

```
#include "stdio.h"
main()
{
  int a=0234;
  char c='A';
  printf("%0\n",~a);
  printf("%0\n",a&c);
  printf("%0\n",a|c);
  getch();
}
```

四、编程题

1. 编程取出一个整数最高端的 3 个二进制位。

2. 编写一个函数 getbits，从一个 16 位单元中取出某几位。

3. 用位运算实现一个数的乘 2 和除 2 操作。

4. 输入两个正数存入 a 和 b 中，并由 a 和 b 两个数生成新的数 c。生成规则是：将 a 的低字节作为 c 的高字节，将 b 的高字节作为 c 的低字节，并显示出来。

C 语言的关键字

1. 数据类型关键字（12 个）

（1）char ：声明字符型变量或函数。

（2）double ：声明双精度变量或函数。

（3）enum ：声明枚举类型。

（4）float：声明浮点型变量或函数。

（5）int： 声明整型变量或函数。

（6）long ：声明长整型变量或函数。

（7）short ：声明短整型变量或函数。

（8）signed：声明有符号类型变量或函数。

（9）struct：声明结构体变量或函数。

（10）union：声明共用体（联合）数据类型。

（11）unsigned：声明无符号类型变量或函数。

（12）void ：声明函数无返回值或无参数，声明无类型指针（基本上就这 3 个作用）。

2. 控制语句关键字（12 个）

A. 循环语句

（1）for：一种循环语句（可意会不可言传）。

（2）do ：循环语句的循环体。

（3）while ：循环语句的循环条件。

（4）break：跳出当前循环。

（5）continue：结束当前循环，开始下一轮循环。

B. 条件语句

（1）if：条件语句。

（2）else：条件语句否定分支（与 if 连用）。

（3）goto：无条件跳转语句。

C．开关语句

（1）switch：用于开关语句。

（2）case：开关语句分支。

（3）default：开关语句中的"其他"分支。

D．返回语句

return：函数返回语句（可以带参数，也可不带参数）。

3．存储类型关键字（4个）

（1）auto：声明自动变量（默认）。

（2）extern：声明变量是在其他文件中声明（也可以视为是引用变量）。

（3）register：声明寄存器变量。

（4）static：声明静态变量。

4．其他关键字（4个）

（1）const：声明只读变量。

（2）sizeof：计算数据类型长度。

（3）typedef：用以给数据类型取别名（还有其他作用）。

（4）volatile：说明变量在程序执行中可被隐含地改变。

运算符优先级和结合性

级 别	类 别	功 能	运 算 符	结 合 性
1	强制转换、数组、结构、联合	强制类型转换	( )	左结合
		下标	[ ]	
		存取结构或联合成员	->或.	
2	逻辑	逻辑非	!	右结合
	字位	按位取反	~	
	增量	加一	++	
	减量	减一	− −	
	指针	取地址	&	
		取内容	*	
	算术	单目减	−	
	长度计算	长度计算	sizeof	
3	算术	乘	*	左结合
		除	/	
		取模	%	
4	算术和指针运算	加	+	
		减	−	
5	字位	左移	<<	
		右移	>>	
6	关系	大于等于	>=	
		大于	>	
		小于等于	<=	
		小于	<	

续表

级　别	类　别	功　能	运　算　符	结　合　性
7		恒等于	==	
		不等于	!=	
8	字位	按位与	&	
9		按位异或	^	
10		按位或	|	
11	逻辑	逻辑与	&&	
12		逻辑或	||	
13	条件	条件运算	?:	右结合
14	赋值	赋值	=	
		复合赋值	Op=	
15	逗号	逗号运算	,	左结合

附录三

常用字符 ASCII 码

八进制	十六进制	十进制	字符	八进制	十六进制	十进制	字符
0	0	0	nul	31	19	25	em
1	1	1	soh	32	1a	26	sub
2	2	2	stx	33	1b	27	esc
3	3	3	etx	34	1c	28	fs
4	4	4	eot	35	1d	29	gs
5	5	5	enq	36	1e	30	re
6	6	6	ack	37	1f	31	us
7	7	7	bel	40	20	32	sp
10	8	8	bs	41	21	33	!
11	9	9	ht	42	22	34	"
12	0a	10	nl	43	23	35	#
13	0b	11	vt	44	24	36	$
14	0c	12	ff	45	25	37	%
15	0d	13	er	46	26	38	&
16	0e	14	so	47	27	39	`
17	0f	15	si	50	28	40	(
20	10	16	dle	51	29	41	)
21	11	17	dc1	52	2a	42	*
22	12	18	dc2	53	2b	43	+
23	13	19	dc3	54	2c	44	,
24	14	20	dc4	55	2d	45	−
25	15	21	nak	56	2e	46	.
26	16	22	syn	57	2f	47	/
27	17	23	etb	60	30	48	0
30	18	24	can	61	31	49	1

八进制	十六进制	十进制	字符	八进制	十六进制	十进制	字符
62	32	50	2	131	59	89	Y
63	33	51	3	132	5a	90	Z
64	34	52	4	133	5b	91	[
65	35	53	5	134	5c	92	\
66	36	54	6	135	5d	93	]
67	37	55	7	136	5e	94	^
70	38	56	8	137	5f	95	_
71	39	57	9	140	60	96	'
72	3a	58	:	141	61	97	a
73	3b	59	;	142	62	98	b
74	3c	60	<	143	63	99	c
75	3d	61	=	144	64	100	d
76	3e	62	>	145	65	101	e
77	3f	63	?	146	66	102	f
100	40	64	@	147	67	103	g
101	41	65	A	150	68	104	h
102	42	66	B	151	69	105	i
103	43	67	C	152	6a	106	j
104	44	68	D	153	6b	107	k
105	45	69	E	154	6c	108	l
106	46	70	F	155	6d	109	m
107	47	71	G	156	6e	110	n
110	48	72	H	157	6f	111	o
111	49	73	I	160	70	112	p
112	4a	74	J	161	71	113	q
113	4b	75	K	162	72	114	r
114	4c	76	L	163	73	115	s
115	4d	77	M	164	74	116	t
116	4e	78	N	165	75	117	u
117	4f	79	O	166	76	118	v
120	50	80	P	167	77	119	w
121	51	81	Q	170	78	120	x
122	52	82	R	171	79	121	y
123	53	83	S	172	7a	122	z
124	54	84	T	173	7b	123	{
125	55	85	U	174	7c	124	|
126	56	86	V	175	7d	125	}
127	57	87	W	176	7e	126	~
130	58	88	X	177	7f	127	del

库函数并不是 C 语言的一部分，它是由编译程序根据一般用户的需要编制并提供用户使用的一组程序。每一种 C 编译系统都提供了一批库函数，不同的编译系统所提供的库函数的数目和函数名以及函数功能是不完全相同的。ANSIC 标准提出了一批建议提供的标准库函数。它包括了目前多数 C 编译系统所提供的库函数，但也有一些是某些 C 编译系统未曾实现的。考虑到通用性，本书列出 Turbo C 2.0 版提供的部分常用库函数。

由于 Turbo C 库函数的种类和数目很多（如屏幕和图形函数、时间日期函数、与本系统有关的函数等，每一类函数又包括各种功能的函数），限于篇幅，本附录不能全部介绍，只从教学需要的角度列出最基本的库函数。读者在编制 C 程序时可能要用到更多的函数，请查阅有关的 Turbo C 库函数手册。

1. 库函数分类

（1）字符类型分类函数：用于对字符按 ASCII 码分类：字母，数字，控制字符，分隔符。

（2）转换函数：用于字符或字符串的转换；在字符量和各类数字量（整型，实型等）之间进行转换；在大、小写之间进行转换。

（3）目录路径函数：用于文件目录和路径操作。

（4）诊断函数：用于内部错误检测。

（5）图形函数：用于屏幕管理和各种图形功能。

（6）输入输出函数：用于完成输入输出功能。

（7）接口函数：用于与 DOS，BIOS 和硬件的接口。

（8）字符串函数：用于字符串操作和处理。

（9）内存管理函数：用于内存管理。

（10）数学函数：用于数学函数计算。

（11）日期和时间函数：用于日期，时间转换操作。

（12）进程控制函数：用于进程管理和控制。

（13）其他函数：用于其他各种功能。

以上各类函数不仅数量多，而且有的还需要硬件知识才会使用，因此要想全部掌握则需要一个较长的学习过程。应首先掌握一些最基本、最常用的函数，再逐步深入。

2. 常用的库函数

（1）数学函数。使用数学函数时，应该在源文件中使用命令：

#include "math.h"

函 数 名	函数和形参类型	功　　　能	返　回　值
acos	double　acos(x) double　x	计算 $\cos^{-1}(x)$ 的值 $-1<=x<=1$	计算结果
asin	double　asin(x) double　x	计算 $\sin^{-1}(x)$ 的值 $-1<=x<=1$	计算结果
atan	double　atan(x) double　x	计算 $\tan^{-1}(x)$ 的值	计算结果
atan2	double　atan2(x,y) double　x,y	计算 $\tan^{-1}(x/y)$ 的值	计算结果
cos	double　cos(x) double　x	计算 $\cos(x)$ 的值 x 的单位为弧度	计算结果
cosh	double　cosh(x) double　x	计算 x 的双曲余弦 $\cosh(x)$ 的值	计算结果
exp	double　exp(x) double　x	求 e^x 的值	计算结果
fabs	double　fabs(x) double　x	求 x 的绝对值	计算结果
floor	double　floor(x) double　x	求出不大于 x 的最大整数	该整数的双精度实数
fmod	double　fmod(x,y) double　x,y	求整除 x/y 的余数	返回余数的双精度实数
frexp	double frexp(val,eptr) double　val int　　*eptr	把双精度数 val 分解成数字部分（尾数）和以 2 为底的指数，即 $val=x*2^n$,n 存放在 eptr 指向的变量中	数字部分 x $0.5<=x<1$
log	double　log(x) double　x	求 $\log_e x$ 即 lnx	计算结果
log10	double　log10(x) double　x	求 $\log_{10}x$	计算结果
modf	double modf(val,iptr) double　val int　　*iptr	把双精度数 val 分解成数字部分和小数部分，把整数部分存放在 iptr 指向的变量中	val 的小数部分

函 数 名	函数和形参类型	功　　能	返 回 值
pow	double　pow(x,y) double　x,y	求 x^y 的值	计算结果
sin	double　sin(x) double　x	求 sin(x)的值 x 的单位为弧度	计算结果
sinh	double　sinh(x) double　x	计算 x 的双曲正弦函数 sinh(x)的值	计算结果
sqrt	double　sqrt (x) double　x	计算 $\sqrt{x}$,x≥0	计算结果
tan	double　tan(x) double　x	计算 tan(x)的值 x 的单位为弧度	计算结果
tanh	double　tanh(x) double　x	计算 x 的双曲正切函数 tanh(x)的值	计算结果

（2）字符函数。在使用字符函数时，应该在源文件中使用命令：

#include "ctype.h"

函 数 名	函数和形参类型	功　　能	返 回 值
isalnum	int　isalnum(ch) int　ch	检查 ch 是否字母或数字	是字母或数字返回 1； 否则返回 0
isalpha	int　isalpha(ch) int　ch	检查 ch 是否字母	是字母返回 1；否则返 回 0
iscntrl	int　iscntrl(ch) int　ch	检查 ch 是否控制字符（其 ASCⅡ码在 0 和 0xlF 之间）	是控制字符返回 1；否 则返回 0
isdigit	int　isdigit(ch) int　ch	检查 ch 是否数字	是数字返回 1；否则返 回 0
isgraph	int　isgraph(ch) int　ch;	检查 ch 是否是可打印字符（其 ASCⅡ码 在 0x21 和 0x7e 之间），不包括空格	是可打印字符返回 1； 否则返回 0
islower	int　islower(ch) int　ch;	检查 ch 是否是小写字母 （a～z）	是小字母返回 1；否则 返回 0
isprint	int　isprint(ch) int　ch;	检查 ch 是否是可打印字符（其 ASCⅡ码 在 0x21 和 0x7e 之间），不包括空格	是可打印字符返回 1； 否则返回 0
ispunct	int　ispunct(ch) int　ch;	检查 ch 是否是标点字符（不包括空格）即 除字母、数字和空格以外的所有可打印字 符	是标点返回 1；否则返 回 0
isspace	int　isspace(ch) int　ch;	检查 ch 是否是空格、跳格符（制表符）或 换行符	是则返回 1；否则返回 0
issupper	int　issupper(ch) int　ch;	检查 ch 是否是大写字母 （A～Z）	是大写字母返回 1；否 则返回 0

函 数 名	函数和形参类型	功　　能	返 回 值
isxdigit	int　isxdigit(ch) int　ch;	检查 ch 是否是一个十六进制数字 （即 0~9，或 A 到 F，a~f）	是则返回 1；否则返回 0
tolower	int　tolower(ch) int　ch;	将 ch 字符转换为小写字母	返回 ch 对应的小写字母
toupper	int　toupper(ch) int　ch;	将 ch 字符转换为大写字母	返回 ch 对应的大写字母

（3）字符串函数。使用字符串中函数时，应该在源文件中使用命令：

#include "string.h"

函 数 名	函数和形参类型	功　　能	返 回 值
memchr	void　memchr(buf，chc，count) void *buf;charch; unsigned int count;	在 buf 的前 count 个字符里搜索字符 ch 首次出现的位置	返回指向 buf 中 ch 的第一次出现的位置指针；若没有找到 ch，返回 NULL
memcmp	int memcmp(buf1，buf2，count) void *buf1，*buf2; unsigned int count;	按字典顺序比较由 buf1 和 buf2 指向的数组的前 count 个字符	buf1<buf2，为负数 buf1=buf2，返回 0 buf1>buf2，为正数
memcpy	void *memcpy(to，from，count) void *to，*from; unsigned int count;	将 from 指向的数组中的前 count 个字符拷贝到 to 指向的数组中。from 和 to 指向的数组不允许重叠	返回指向 to 的指针
memove	void *memove(to，from，count) void *to，*from; unsigned int count;	将 from 指向的数组中的前 count 个字符拷贝到 to 指向的数组中。from 和 to 指向的数组不允许重叠	返回指向 to 的指针
memset	void　*memset(buf，ch，count) void *buf; char ch; unsigned int count;	将字符 ch 拷贝到 buf 指向的数组前 count 个字符中	返回 buf
strcat	char *strcat(str1，str2) char *str1，*str2;	把字符 str2 接到 str1 后面，取消原来 str1 最后面的串结束符'\0'	返回 str1
strchr	char *strchr(str1，ch) char *str1; int ch1;	找出 str 指向的字符串中第一次出现字符 ch 的位置	返回指向该位置的指针，如找不到，则应返回 NULL
strcmp	int *strcmp(str1，str2) char *str1，*str2;	比较字符串 str1 和 str2	str1<str2，为负数 str1=str2，返回 0 str1>str2，为正数

续表

函 数 名	函数和形参类型	功　　能	返 回 值
strcpy	char *strcpy(str1，str2) char *str1，*str2;	把 str2 指向的字符串拷贝到 str1 中去	返回 str1
strlen	unsigned int strlen(str) char *str;	统计字符串 str 中字符的个数（不包括终止符'\0'）	返回字符个数
strncat	char *strncat(str1,str2，count) char *str1，*str2; unsigned int count;	把字符串 str2 指向的字符串中最多 count 个字符连到串 str1 后面，并以 null 结尾	返回 str1
strncmp	int strncmp(str1，str2，count) char *str1，*str2; unsigned int count;	比较字符串 str1 和 str2 中至多前 count 个字符	str1<str2，为负数 str1=str2，返回 0 str1>str2，为正数
strncpy	char *strncpy(str1，str2，count) char *str1，*str2; unsigned int count;	把 str2 指向的字符串中最多前 count 个字符拷贝到串 str1 中去	返回 str1
strnset	void *strnset(buf，ch，count) char *buf; char ch; unsigned int count;	将字符 ch 拷贝到 buf 指向的数组前 count 个字符中	返回 buf
strset	void *setset(buf，ch) void *buf; char ch;	将 buf 所指向的字符串中的全部字符都变为字符 ch	返回 buf
strstr	char *strstr(str1，str2) char *str1，*str2;	寻找 str2 指向的字符串在 str1 指向的字符串中首次出现的位置	返回 str2 指向的字符串首次出向的地址。否则返回 NULL

（4）输入输出函数。在使用输入输出函数时，应该在源文件中使用命令：

#include "stdio.h"

函 数 名	函数和形参类型	功　　能	返 回 值
clearerr	void clearerr(fp) FILE *fp	清除文件指针错误指示器	无
close	int close(fp) int fp	关闭文件（非 ANSI 标准）	关闭成功返回 0，不成功返回–1
creat	int creat(filename，mode) char *filename; int mode	以 mode 所指定的方式建立文件。（非 ANSI 标准）	成功返回正数，否则返回–1
eof	int eof(fp) int fp	判断 fp 所指的文件是否结束	文件结束返回 1，否则返回 0
fclose	int fclose(fp) FILE *fp	关闭 fp 所指的文件，释放文件缓冲区	关闭成功返回 0，不成功返回非 0
feof	int feof(fp) FILE *fp	检查文件是否结束	文件结束返回非 0，否则返回 0

函 数 名	函数和形参类型	功　　能	返 回 值
ferror	int ferror(fp) FILE *fp	测试 fp 所指的文件是否有错误	无错返回 0； 否则返回非 0
fflush	int fflush(fp) FILE *fp	将 fp 所指的文件的全部控制信息和 数据存盘	存盘正确返回 0； 否则返回非 0
fgets	char *fgets(buf，n，fp) char *buf；int n； FILE *fp	从 fp 所指的文件读取一个长度为 （n–1）的字符串，存入起始地址为 buf 的空间	返回地址 buf；若遇文件 结束或出错则返回 EOF
fgetc	int fgetc(fp) FILE *fp	从 fp 所指的文件中取得下一个字符	返回所得到的字符；出 错返回 EOF
fopen	FILE *fopen(filename,mode) char *filename，*mode	以 mode 指定的方式打开名为 filename 的文件	成功，则返回一个文件 指针；否则返回 0
fprintf	int fprintf(fp，format，args，…) FILE *fp；char *format	把 args 的值以 format 指定的格式输 出到 fp 所指的文件中	实际输出的字符数
fputc	int fputc(ch，fp) char ch；FILE *fp	将字符 ch 输出到 fp 所指的文件中	成功则返回该字符；出 错返回 EOF
fputs	int fputs(str，fp) char str；FILE *fp	将 str 指定的字符串输出到 fp 所指的 文件中	成功则返回 0；出错返回 EOF
fread	int fread(pt，size，n，fp) char *pt；unsigned size，n；FILE *fp	从 fp 所指定文件中读取长度为 size 的 n 个数据项，存到 pt 所指向的内 存区	返回所读的数据项个 数，若文件结束或出错 返回 0
fscanf	int fscanf(fp，format，args，…) FILE *fp；char *format	从 fp 指定的文件中按给定的 format 格式将读入的数据送到 args 所指向 的内存变量中（args 是指针）	以输入的数据个数
fseek	int fseek(fp，offset，base) FILE *fp；long offset；int base	将 fp 指定的文件的位置指针移到 base 所指出的位置为基准、以 offset 为位移量的位置	返回当前位置；否则， 返回–1
siell	FILE *fp； long siell(fp)；	返回 fp 所指定的文件中的读写位置	返回文件中的读写位 置；否则，返回 0
fwrite	int fwrite(ptr，size，n，fp) char *ptr；unsigned size，n；FILE *fp	把 ptr 所指向的 n*size 个字节输出到 fp 所指向的文件中	写到 fp 文件中的数据项 的个数
getc	int getc(fp) FILE *fp	从 fp 所指向的文件中的读出下一个 字符	返回读出的字符；若文 件出错或结束返回 EOF
getchar	int getchar()	从标准输入设备中读取下一个字符	返回字符；若文件出错 或结束返回–1
gets	char *gets(str) char *str	从标准输入设备中读取字符串存入 str 指向的数组	成功返回 str，否则返回 NULL
open	int open(filename，mode) char *filename； int mode	以 mode 指定的方式打开已存在的名 为 filename 的文件（非 ANSI 标准）	返回文件号（正数）；如 打开失败返回–1

续表

函 数 名	函数和形参类型	功　能	返 回 值
Printf	int printf(format, args, …) char *format	在 format 指定的字符串的控制下，将输出列表 args 的指输出到标准设备	输出字符的个数；若出错返回负数
prtc	int prtc(ch, fp) int ch; FILE *fp;	把一个字符 ch 输出到 fp 所值的文件中	输出字符 ch；若出错返回 EOF
putchar	int putchar(ch) char ch;	把字符 ch 输出到 fp 标准输出设备	返回换行符；若失败返回 EOF
puts	int puts(str) char *str;	把 str 指向的字符串输出到标准输出设备；将`\0`转换为回车行	返回换行符；若失败返回 EOF
putw	int putw(w, fp) int i; FILE *fp;	将一个整数 i（即一个字）写到 fp 所指的文件中（非 ANSI 标准）	返回读出的字符；若文件出错或结束返回 EOF
read	int read(fd, buf, count) int fd; char *buf; unsigned int count;	从文件号 fp 所指定文件中读 count 个字节到由 buf 知识的缓冲区（非 ANSI 标准）	返回真正读出的字节个数，如文件结束返回 0，出错返回–1
remove	int remove(fname) char *fname;	删除以 fname 为文件名的文件	成功返回 0；出错返回–1
rename	int remove(oname, nname) char *oname, *nname;	把 oname 所指的文件名改为由 nname 所指的文件名	成功返回 0；出错返回–1
rewind	void rewind(fp) FILE *fp;	将 fp 指定的文件指针置于文件头，并清除文件结束标志和错误标志	无
scanf	int scanf(format, args, …) char *format	从标准输入设备按 format 指示的格式字符串规定的格式，输入数据给 args 所指示的单元。args 为指针	读入并赋给 args 数据个数。如文件结束返回 EOF；若出错返回 0
write	int write(fd, buf, count) int fd; char *buf; unsigned count;	从 buf 指示的缓冲区输出 count 个字符到 fd 所指的文件中（非 ANSI 标准）	返回实际写入的字节数，如出错返回–1

（5）动态存储分配函数。在使用动态存储分配函数时，应该在源文件中使用命令：

#include "stdlib.h"

函 数 名	函数和形参类型	功　能	返 回 值
callloc	void *calloc(n, size) unsigned n; unsigned size;	分配 n 个数据项的内存连续空间，每个数据项的大小为 size	分配内存单元的起始地址。如不成功，返回 0
free	void free(p) void *p;	释放 p 所指内存区	无
malloc	void *malloc(size) unsigned size;	分配 size 字节的内存区	所分配的内存区地址，如内存不够，返回 0

续表

函 数 名	函数和形参类型	功　　能	返 回 值
realloc	void *realloc(p，size) void *p; unsigned size;	将 p 所指的以分配的内存区的大小改为 size。size 可以比原来分配的空间大或小	返回指向该内存区的指针。若重新分配失败，返回 NULL

（6）其他函数。"其他函数"是 C 语言的标准库函数，由于不便归入某一类，所以单独列出。使用这写函数时，应该在源文件中使用命令：

　　#include"stdlib.h"

函 数 名	函数和形参类型	功　　能	返 回 值
abs	int abs(num) int num	计算整数 num 的绝对值	返回计算结果
atof	double atof(str) char *str	将 str 指向的字符串转换为一个 double 型的值	返回双精度计算结果
atoi	int atoi(str) char *str	将 str 指向的字符串转换为一个 int 型的值	返回转换结果
atol	long atol(str) char *str	将 str 指向的字符串转换为一个 long 型的值	返回转换结果
exit	void exit(status) int status;	中止程序运行。将 status 的值返回调用的过程	无
itoa	char *itoa(n，str，radix) int n，radix; char *str	将整数 n 的值按照 radix 进制转换为等价的字符串，并将结果存入 str 指向的字符串中	返回一个指向 str 的指针
fabs	float labs(num) float num	计算实型数 num 的绝对值	返回计算结果
ltoa	char *ltoa(n，str，radix) long int n; int radix; char *str;	将长整数 n 的值按照 radix 进制转换为等价的字符串，并将结果存入 str 指向的字符串	返回一个指向 str 的指针
rand	int rand()	产生 0 到 RAND_MAX 之间的伪随机数。RAND_MAX 在头文件中定义	返回一个伪随机（整）数
random	int random(num) int num;	产生 0 到 num 之间的随机数。	返回一个随机（整）数
rand_omize	void randomize()	初始化随机函数，使用是包括头文件 time．h。	
strtod	double strtod(start，end) char *start; char **end	将 start 指向的数字字符串转换成 double，直到出现不能转换为浮点的字符为止，剩余的字符串给指针 end。*HUGE_VAL 是 Turbo C 在头文件 math．h 中定义的数学函数溢出标志值	返回转换结果。若为转换则返回 0。若转换出错返回 HUGE_VAL 表示上溢，或返回–HUGE_VAL 表示下溢

函 数 名	函数和形参类型	功　　能	返　回　值
strtol	Long int strtol(start, end, radix) char *start; char **end; int radix;	将 start 指向的数字字符串转换成 long，直到出现不能转换为长整形数的字符为止，剩余的字符串符给指针 end。 转换时，数字的进制由 radix 确定。 *LONG_MAX 是 TurboC 在头文件 limits．h 中定义的 long 型可表示的最大值	返回转换结果。若为转换则返回 0。若转换出错返回 LONG_MAX 表示上溢，或返回–LONG_MAX 表示下溢
system	int system(str) char *str;	将 str 指向的字符串作为命令传递给 DOS 的命令处理器	返回所执行命令的退出状态

参考文献

1. 白羽，刘畅，刘苗苗. C语言实用教程[M]. 北京：电子工业出版社，2009.
2. 方少卿. C语言程序设计[M]. 北京：中国铁道出版社，2009.
3. 丁爱萍，郝小会，孙宏莉. C语言程序设计实例教程[M]. 2版. 西安：西安电子科技大学出版社，2004.
4. 徐受蓉. C语言程序设计[M]. 重庆：西南师范大学出版社，2006.
5. 李丽娟. C语言程序设计教程[M]. 2版. 北京：人民邮电出版社，2009.
6. 沈大林. C语言程序设计案例教程[M]. 北京：中国铁道出版社，2007.
7. 杨庆祥等. C和C++程序设计教程[M]. 北京：航空工业出版社，2005.
8. 高维春. C语言程序设计项目教程[M]. 北京：人民邮电出版社，2010.
9. 李凤霞. C语言程序设计教程[M]. 2版. 北京：北京理工大学出版社，2004.
10. 苏传芳. C语言程序设计基础[M]. 北京：电子工业出版社，2004.
11. 刘兆宏，温荷，毛丽娟. C语言程序设计案例教程[M]. 北京：清华大学出版社，2008.